高等职业教育"十四五"规划教材

辽宁职业学院教育部现代学徒制项目建设成果

发酵食品加工

史淑菊　主编

中国农业大学出版社

·北京·

内容简介

本书共分为 9 个项目,主要介绍了食品发酵与酿造认知、啤酒酿造、白酒酿造、果酒酿造、黄酒酿造、醋类酿造、酱油生产、酱类加工、豆腐乳和豆豉生产。本书从生产过程入手,以操作方法为重点,难点内容配以微课动画作讲解。内容设计以生产过程需求为标准,将理论知识渗透到实际操作中。本书可供高等职业院校食品类相关专业教学使用,也可供发酵食品生产相关从业人员学习参考。

图书在版编目(CIP)数据

发酵食品加工 / 史淑菊主编. —北京:中国农业大学出版社,2020.6
ISBN 978-7-5655-2372-4

Ⅰ.①发… Ⅱ.①史… Ⅲ.①发酵食品 - 食品加工 - 高等职业教育 - 教材 Ⅳ.①TS26

中国版本图书馆 CIP 数据核字(2020)第 109787 号

书　名	发酵食品加工		
作　者	史淑菊　主编		

策划编辑	张　玉	责任编辑	韩元凤
封面设计	郑　川		
出版发行	中国农业大学出版社		
社　址	北京市海淀区圆明园西路 2 号	邮政编码	100193
电　话	发行部 010-62733489,1190	读者服务部	010-62732336
	编辑部 010-62732617,2618	出　版　部	010-62733440
网　址	http://www.caupress.cn	E-mail	cbsszs @ cau.edu.cn
经　销	新华书店		
印　刷	北京时代华都印刷有限公司		
版　次	2021 年 2 月第 1 版　2021 年 2 月第 1 次印刷		
规　格	787×1 092　16 开本　19.25 印张　420 千字		
定　价	56.00 元		

图书如有质量问题本社发行部负责调换

◆◆◆◆◆ 系列教材编审委员会

编写人员 ◆◆◆◆◆

主　编　史淑菊（辽宁职业学院）

副主编　曾宪红（辽宁职业学院）

　　　　刘　畅（辽宁职业学院）

　　　　戴良俊（辽宁职业学院）

　　　　吴利民（辽宁职业学院）

参　编　钟　彦［康师傅（沈阳）方便食品有限公司］

　　　　刘宇珠（辽宁职业学院）

总　序

　　历经两年的辛苦努力,辽宁职业学院教育部现代学徒制项目建设成果系列教材正式出版了。为贯彻执行《教育部关于开展现代学徒制试点工作的意见》(教职成〔2014〕9号)、《教育部办公厅关于全面推进现代学徒制工作的通知》(教职成厅函〔2019〕12 号)文件精神,落实《国家职业教育改革实施方案》中建设一大批校企"双元"合作开发的国家规划教材要求,现代学徒制试点项目组充分利用校企共建四大平台,发挥校企双方的场所、设备、人员优势,吸纳新技术、新工艺、新规范和典型生产案例,与合作企业、行业、同类院校共同开发此系列教材,并配套信息化资源,形成共建共享的教学资源体系,落实了立德树人根本任务,打造了"双导师"师资队伍,提升了学徒培养质量。

　　本着"课程内容与职业标准对接,教学过程与生产过程对接"的原则,在行业企业调研的基础上,以满足企业岗位能力需求、遵循企业工作流程、参照行业标准、符合学徒培养目标为理念,以学徒职业能力培养、职业素养提升为主线,以生产项目、工作任务为载体,立足服务区域经济发展、食品加工岗位工作实际,认真总结、吸取国内外经验,明确"如何教、教什么"的问题,校企共同开发了现代学徒制系列数字化教材。本系列教材具有如下特点:

　　1.开发主体多元化。教材开发在校企共建的前提下,组织学术水平高、教学经验丰富的学院导师,"康师傅"一线技术人员、高级技师,兄弟院校和行业资深专家共同联合开发教材。

　　2.对接职业标准化。教材以最新国家标准、行业标准为依据,融合最新教育理念及相关研究成果,以生产项目、工作任务为载体,突出学生岗位能力、职业素养培养。

　　3.教材形式立体化。教材不仅包括纸质内容,还配有视频、音频、动画等数字资源,使学习者可以在手机、电脑等移动终端随时随地观看学习,满足学习者移动学习、个性化学习的需要。

　　4.立德树人全程化。本教材设有"思政花园"栏目,把思政教育融入教材编写中,体

现到课堂教学环节,实现全员、全方位、全过程育人。

辽宁职业学院教育部现代学徒制项目建设成果——校企合作理实一体化特色系列数字化教材,凝聚了多方开发人员的智慧和心血,凝聚了出版界的关心与关爱,希望该系列教材的出版能发挥示范引领作用,辐射、带动同类高职院校的课程改革和建设。

本系列教材适应面广、选择性强,使用者可根据不同学习需求,学习部分项目或任务。本系列教材既可用于高职教学,也可用于各类相关培训。

由于编写时间有限,教材疏漏之处在所难免。真诚希望同行及教材使用者多提宝贵意见。

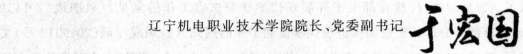

辽宁机电职业技术学院院长、党委副书记　于宏国

2020 年 5 月

前言
Preface

　　为了贯彻落实《国家中长期教育改革和发展规划纲要（2010—2020）》和《国家中长期人才发展纲要（2010—2020）》精神，加强校企合作建设，培养高素质技能型人才，结合我院现代学徒制试点工作的实施，在深入食品发酵酿造行业企业调研的基础上，紧密结合企业生产实际，以就业需求为导向，以职业岗位能力培养为中心，以酿造食品生产为主线，以典型工作任务为载体，我们组织编写了《发酵食品加工》。

　　本书充分考虑高职学生的认知能力、动手能力和可持续发展能力，以典型产品基本操作为前提，以师生共研加以巩固，以相关知识为辅助点，满足不同层次人才的需求。

　　本书适合作为高职高专生物技术及应用、食品加工类专业教材，亦可作为相关行业企业专业技术人员的培训用书。

　　本教材包括食品发酵与酿造认知、啤酒酿造、白酒酿造、果酒酿造、黄酒酿造、醋类酿造、酱油生产、酱类加工、豆腐乳和豆豉生产9个项目。本书从生产过程入手，以操作方法为重点，难点内容配以微课动画作讲解。内容设计以生产过程需求为标准，将理论知识渗透到实际操作中。书中配以图片，更加直观，力求图文并茂，易于理解。在栏目设计上，以参考标准、操作技术、师生共研、知识链接为主，便于读者有重点、有选择地学习，并提高读者的质量意识，给消费者以安全感。

　　本书由辽宁职业学院教师史淑菊、刘畅、曾宪红、刘宇珠、戴良俊、吴利民和康师傅（沈阳）方便食品有限公司钟彦编写。编写分工是：项目一食品发酵与酿造认知由吴利民编写；项目二啤酒酿造由史淑菊编写；项目三白酒酿造、项目四果酒酿造由刘畅编写；项目五黄酒酿造、项目七酱油生产由曾宪红编写；项目八酱类加工由戴良俊编写；项目六醋类酿造、项目九豆腐乳和豆豉生产由刘宇珠编写。本书图片、图表由钟彦整理。

　　编写过程中错误和疏漏之处在所难免，恳请使用本教材的师生和读者批评指正。

编者

2020 年 5 月

目 录
Contents

项目一
食品发酵与酿造认知

▶ **知识目标**

1. 掌握食品发酵、食品酿造、发酵技术、发酵食品、发酵工艺等基本概念。
2. 掌握发酵产品的种类。
3. 了解食品酿造的发展。

▶ **技能目标**

1. 能够区分不同的发酵食品。
2. 了解食品酿造的发展方向。

▶ **德育目标**

认识发酵食品生产过程、原理的科学性、严谨性。

1

1 食品发酵的意义

发酵现象早已被人们所认识,但了解它的本质却是近 200 年来的事。英语中发酵一词是从拉丁语派生而来的,原意为"翻腾",它描述酵母作用于果汁或麦子浸出液时的现象,是由浸出液中的糖在缺氧条件下降解产生二氧化碳而引起的。

工业意义上的发酵泛指利用微生物的某种特定功能,通过现代工程技术手段生产有用物质的过程。或者说,发酵是利用特定的微生物,控制适宜的工艺条件,生产人们所需要的产品或达到某种特定目的的过程。它既包括厌氧培养的生产过程,也包括有氧培养的生产过程。

在工业上,发酵既包括传统的发酵(有时称酿造),也包括近代的发酵工业。在我国,人们常常把由复杂成分构成的,并有较高风味要求的发酵食品,如啤酒、白酒、黄酒、清酒、葡萄酒等饮料酒以及酱油、食醋、酱、豆豉、腐乳、酱腌菜等佐餐调味品的生产称为酿造工业。把经过纯种培养提炼精制获得的成分单纯、无风味要求的酒精、抗生素、柠檬酸、谷氨酸、酶制剂、单细胞蛋白等的生产叫作发酵工业。

发酵技术是指人们利用微生物的发酵作用,运用一些技术手段控制发酵过程,生产发酵产品的技术。

发酵食品是指人们利用有益微生物加工制造的一类食品。

发酵工艺是指通过微生物群体的生命活动(工业发酵)来加工或制作产品所对应的加工或制作过程。

发酵工程是指采用现代工程技术手段,利用微生物的某些特定功能,为人类生产有用的产品,或直接把微生物应用于工业生产过程的一种新技术。发酵工程的内容包括菌种的选育、培养基的配制、灭菌、扩大培养和接种、发酵过程和产品的分离提纯等方面。

生物技术是应用自然科学与工程学的原理,依靠微生物、动物、植物体作为反应器,将物料进行加工以提供产品为社会服务的技术。一般认为,生物技术通常包括基因工程、蛋白质工程、细胞工程、发酵工程、生化工程等五个方面的内容。此外,还有基因诊断与基因治疗技术、克隆动物技术、生物芯片技术、生物能源技术、利用生物降解环境中有毒有害化合物的技术等生物技术范畴的重要内容。

2 食品发酵过程概述

2.1 食品发酵过程

典型的食品发酵过程大致可以分为以下四个基本过程:原料的预备处理及培养基的制备;菌种的制备;生物反应器及反应条件的选择;产品的分离与纯化。

2.2 食品发酵过程的特点

(1)安全简单 发酵与酿造过程绝大多数是在常温常压下进行的,操作条件温和,不需考虑防爆问题,生产过程安全,所需的生产条件比较简单。

(2)原料广泛 发酵与酿造通常以淀粉、糖类或其他农副产品的原料,再添加少量营养因子,就可以进行反应了。目前,发酵与酿造的原料范围已大大扩展,矿产资源和石油产品都可以作为发酵与酿造的原料,甚至生产中的废水、废料都可以作为发酵与酿造的原料。

(3)反应专一 食品发酵与酿造过程是通过生物体的自动调节方式来完成的,反应专一性强。因而,可以得到较为单一的代谢产物,避免不利或有害副产物混杂其中。

(4)代谢多样 各种生物体的代谢方式、代谢过程多样化,生物体化学反应的选择性非常高,即使是非常复杂的高分子化合物,也能在自然界找到所需的代谢产物,因而,发酵与酿造的使用范围非常广。

(5)易受污染 由于发酵培养基营养丰富,各种来源的微生物都很容易生长,因此发酵与酿造过程要严格控制杂菌污染,有许多产品必须在密闭条件下进行发酵,在接种前设备和培养基必须灭菌,反应过程中所需的空气或添加营养物必须保持无菌状态。发酵过程避免污染是发酵成功的关键。

(6)需进行菌种选育 发酵与酿造最重要的因素是菌种,通过各种菌种选育手段(包括现代基因工程)得到高产的优良菌种,是能否创造显著经济效益的关键。另外,生产过程中菌种会不断地变异,因此,自始至终都要进行菌种的选育和优化工作,以保持菌种的基本特征和优良性状。

与传统的发酵工艺相比,现代发酵工业除了上述发酵特点之外更具优越性。如采用基因构建的"基因工程菌"或微生物发酵所生产的酶制剂来进行生物产品的工业化生产,而且发酵设备也为自动化连续化设备所代替,使发酵水平在原有基础上得到大幅度提高,发酵类型不断创新。

3 食品发酵产品的种类

3.1 按发酵产业部门来分

(1)酿酒工业产品 如黄酒、啤酒、白酒、葡萄酒等。

(2)调味品工业产品 如酱、酱油、食醋、腐乳、豆豉等。

(3)乳制品工业产品 如酸奶、干酪等。

(4)有机酸发酵工业产品 如柠檬酸、苹果酸、葡萄糖酸等。

(5)酶制剂发酵工业产品 如淀粉酶、蛋白酶、脂肪酶、纤维素酶、木聚糖酶、植酸酶等。

(6)氨基酸发酵工业产品 如谷氨酸、丝氨酸、苯丙氨酸、天门冬氨酸、赖氨酸、腺苷蛋氨酸等。

(7)功能性食品工业产品 如低聚糖、真菌多糖、灵芝多糖、微生态制剂等。

(8)食品添加剂工业产品 如黄原胶、海藻糖、乳酸菌素、红曲等。

(9)菌体制造工业产品 如单细胞蛋白、酵母、菌体活性饲料、食用菌等。

（10）维生素发酵工业产品　如维生素 B_2、维生素 B_{12}、维生素 C 等。

（11）核苷酸发酵工业产品　如环磷腺苷、肌苷酸、肌苷等。

（12）其他新型发酵食品工业产品　如发酵饮料、生物活性物质等。

3.2　按产品性质来分

（1）生物代谢产物发酵产品　以生物体代谢产物为产品的发酵产品，包括初级代谢物、中间代谢产物和次级代谢产物，如各种氨基酸、核苷酸、蛋白质、核酸、脂类、糖类等。

（2）酶制剂发酵产品　利用发酵法制备和生产并提取微生物产生的各种酶，已是当今发酵工业的重要组成部分。工业用酶大多来自微生物发酵产生的酶，如 α-淀粉酶、β-淀粉酶、葡萄糖苷酶、支链淀粉酶、转化酶、葡萄糖异构酶、纤维素酶、碱性蛋白酶、酸性蛋白酶、中性蛋白酶、氨基酰化酶等。曲的生产也可看成复合酶制剂的生产。

对利用微生物生产的胞内酶或胞外酶加以分离，可以提取得到酶制剂。现在也有很多酶制剂被加工成固定化酶，使酶制剂行业前进了一大步。

（3）生物转化发酵产品　生物转化是利用生物细胞中的一种或多种酶，作用于一些化合物的特定部位（基团），使它转变成结构相似但具有更大经济价值的化合物的生化反应。可进行的转化反应包括脱氢、氧化、脱水、缩合、脱羧、羟化、氨化、脱氨、异构化等。发酵工业中比较重要的是甾体转化。

（4）菌体制造　这是以获得具有特定用途的生物细胞为目的的一种发酵，包括单细胞蛋白、藻类、食用菌和人畜防治疾病用的疫苗以及生物杀虫剂等的生产。

3.3　按所利用微生物的种类来分

（1）单用酵母菌发酵的产品　如啤酒、葡萄酒、果酒、B族维生素、甘油、食用酵母等。

（2）单用霉菌发酵的产品　如苹果酸、柠檬酸、糖化酶、蛋白酶、果胶酶、豆腐乳、豆豉等。

（3）单用细菌发酵的产品　如丁酸、乳酸、谷氨酸、赖氨酸、酸乳、葡萄糖酸、蛋白酶、淀粉酶、果胶酶、纤维素酶、豆腐乳、豆豉等。

（4）酵母与霉菌混合使用的发酵产品　如酒酿、黄酒、日本清酒等。

（5）酵母与细菌混合使用的发酵产品　如腌菜、奶酒、双菌饮料、酸面包、果醋等。

（6）酵母、霉菌、细菌混合使用的发酵产品　如黄酒、食醋、白酒、酱油及酱类发酵产品等。

3.4　按所利用的原料来分

（1）发酵谷物粮食产品　如面包、酸面包、米酒、黄酒、白酒、食醋、格瓦斯等。

（2）发酵豆产品　如酸豆奶、豆腐乳、豆豉、豆酱、酱油、丹贝、纳豆等。

（3）发酵果蔬产品　如果酒、果醋、果汁发酵饮料、蔬菜发酵饮料、泡菜等。

（4）发酵肉产品　如发酵香肠、培根等。

（5）发酵水产品　如鱼露、虾油、蟹酱、酶香鱼等。

（6）其他原料发酵产品　如食用菌发酵产品、藻类发酵产品等。

3.5　按传统发酵食品和现代发酵食品的概念来分

（1）传统发酵食品　如白酒、啤酒、黄酒、葡萄酒、清酒、酱油、食醋、豆酱、泡菜、纳豆、丹贝、鱼露、发酵香肠等。

（2）现代发酵食品　如柠檬酸、苹果酸、醋酸、淀粉酶、蛋白酶、真菌多糖、细菌多糖、红曲、维生素 C、维生素 B_2、维生素 B_{12}、发酵饮料、微生物油脂、食用酵母、单细胞蛋白等。

4　食品发酵与酿造的发展历程

4.1　天然发酵时期

几乎所有原始部族都从含糖的果实在贮藏时出现自然发酵的现象中学会了酿造的方法。公元前 4000 至公元前 3000 年,古埃及人已熟悉了酒、醋的酿造方法。约在公元前 2000 年,古希腊人和古罗马人已会利用葡萄酿造葡萄酒。当时在巴比伦有专门的酿造行业。古埃及人对古巴比伦外销啤酒的评价很高,随后就发明了加入红花和各种植物作为香料的啤酒,并且许多啤酒的酒精含量高达 12％～15％。但是随着古埃及帝国的解体,古代的酿造技术随之失传了。

据考古证实,我国在距今 4200 到 4000 年前的龙山文化时期已有酒器出现,公元前 1000 多年前,商朝甲骨文中就有醋、酒的记载。《周礼》记载了当时能酿造久陈不坏的黄酒。北魏时期的《齐民要术》中记载了我国劳动人民已能用蘖制造饴糖,用散曲中的黄曲霉的蛋白质分解力和淀粉糖化力制造酱和酿醋等。属于传统的微生物发酵技术产品的还有酱油、泡菜、奶酒、干酪等,此外还有面团发酵、粪便和秸秆的沤制、用发霉的豆腐治疮的技术。

但那时人们并不知道微生物与发酵的关系,因而很难人为控制发酵过程,生产也只能凭经验,口传心授,所以被称为天然发酵时期。

4.2　纯培养技术的建立时期

1680 年,荷兰人列文虎克制成了放大率为 40～150 倍的显微镜,第一个通过显微镜观察到用肉眼看不见的微生物,包括细菌、酵母等。1857 年,法国著名生物学家巴斯德用巴氏瓶实验,证明了酒精发酵是由活酵母引起的,各种不同的发酵产物是由不同的微生物产生的。1897 年,德国的化学家比希纳发现将酵母细胞磨碎,得到的酵母汁仍能使糖液发酵产生酒精,他把这种具有发酵能力的物质称为酒化酶。在这之后,德国人柯赫于 1905 年因其防治肺结核的出色工作获得了诺贝尔奖,他首先发明了固体培养基,得到了细菌的纯培养物,由此建立了微生物的纯培养技术。这就开创了人为控制发酵过程的时期,再加上简单密闭式发酵罐的发明,以及发酵管理技术的改进,发酵工业逐渐进入了近代化学工业的行列。这时期的产品有酵母、酒精、丙酮、丁醇、有机酸、酶制剂等,主要是一些厌氧发酵和表面固体发酵产生的初级代谢产物。

4.3　深层培养技术的应用与发展时期

1928年,英国细菌学家弗莱德发现了能够抑制葡萄球菌的点青霉,其产物被称为青霉素。当时弗莱德的成果并没有引起人们的重视。20世纪40年代初,第二次世界大战中对于抗细菌感染药物的极大需求促进人们重新研究青霉素。经过多年的研究,青霉素于1945年大规模投入生产。同时,由于采用了深层培养技术,即机械搅拌通气技术,从而推动了抗生素工业乃至整个发酵工业的快速发展。随后链霉素、氯霉素、金霉素、红霉素、四环素等发酵的次级代谢产物相继投产。经过半个多世纪的发展,不仅抗生素产品的种类在不断增加,发酵水平也有了大幅度的提高,以青霉素为例,发酵的效价单位从最初的40U/mL提高到目前的90 000 U/mL,菌种的活力提高了2 000倍以上。在产品分离纯化上,由最初的纯度仅20%左右,得率35%,提高到现在的纯度99.9%,得率90%。

抗生素工业的发展很快促进了其他发酵产品的出现。如20世纪50年代的氨基酸发酵工业在引进了"代谢控制发酵技术"后得以快速发展,即将微生物通过人工诱变,获得代谢发生改变的突变株,在一定的控制条件下,选择性地大量生产某种人们所需要的产品。这项技术也被用于核苷酸、有机酸和抗生素的生产中。

4.4　开拓新型发酵原料时期

传统的发酵原料主要是粮食、农副产品等淀粉质(糖)原料,随着作为饲料酵母及其他单细胞蛋白的需要日益增多,急需开拓和寻找新的代粮原料。石油化工副产物石蜡、醋酸、甲醇、乙醇以及甲烷等碳氢化合物被用来作为发酵原料,开始了所谓的石油发酵时期。目前,用醋酸生产谷氨酸,用甲烷、甲醇以及正构石蜡生产单细胞蛋白、柠檬酸等已达到工业化水平。与此同时,大型发酵罐的研制与应用,使生产规模大大提高;采用计算机控制进行灭菌,控制发酵pH和应用溶氧电极等措施,使发酵生产朝自动控制迈进了一大步。

4.5　基因工程阶段

1953年,美国的Watson和Crick发现了DNA双螺旋结构。1973年,美国加利福尼亚旧金山分校的Herbert Boyer和斯坦福大学的Stanley Cohen将两个质粒用限定性内切酶$EcoR$ I 酶切后,在连接酶存在的条件下连接起来,获得了具有两个复制起始位点的杂合质粒,并转化为大肠杆菌。尽管他们的实验并没有涉及任何的目的基因,但意义极为重大、深远,为基因工程的理论和实际应用奠定了基础,建立了DNA重组技术。此后,全世界各国的研究人员很快发展出大量基因分离、鉴定和克隆的方法,不断构建出高产量的基因工程菌,还使微生物产生出它们本身不能产生的外源蛋白质,包括植物、动物和人类的多种生理活性蛋白,而且很快形成了产品,如胰岛素、生长激素、细胞因子等多种单克隆抗体等基因工程药物和产品已正式上市。可以说,发酵和酿造技术已经不再是单纯的微生物的发酵,已扩展到植物和动物细胞领域,包括天然微生物、人工重组工程菌、动植物细胞等生物细胞的培养。生物设备——生物反应器也不再是传统意义上的钢铁设备,昆虫的躯体,动植物细胞的乳腺,植物细胞的根、茎、果实等,都可以看成是一种生物反应器。因此,随着基因工程、细胞工程、酶工程和生化工程的发展,传统的发酵与酿造工业已经被赋予崭新的内容,现在发酵与酿造工业已开辟了一片崭新的领域。

5 食品发酵与酿造的发展趋势

现代生物技术包括基因工程、蛋白质工程、细胞工程、酶工程和发酵工程等领域。现代生物技术的迅猛发展,成就非凡,推动着科学的进步,促进着经济的发展,改变着人类的生活与思维,影响着人类社会的发展进程。现代生物技术的成果,越来越广泛地应用于医药、食品、能源、化工、轻工和环境保护等诸多领域。在我国的食品工业中,生物技术工业化产品占有相当大的比重。近年,酒类和新型发酵产品以及酿造产品的产值占食品工业总产值的17%。食品发酵与酿造产业是现代生物产业发展的重点领域之一,现代生物技术在食品发酵领域中有广阔的市场和美好的发展前景。

5.1 现代生物技术的应用

5.1.1 基因工程技术在食品发酵生产中的应用

基因工程技术是现代生物技术的核心内容,采用类似工程设计的方法,按照人类的特殊需要将具有遗传性的目的基因在离体条件下进行剪切、组合、拼接,再将人工重组的基因通过载体导入受体细胞,进行无性繁殖,并使目的基因在受体细胞中高速表达,产生出人类所需要的产品或组建成新的生物类型。

食品发酵工业的关键是优良菌株的获取,除选用常用的诱变、杂交和原生质体融合等传统方法外,还可与基因工程结合,进行菌种的改造、生产。

(1)改良面包酵母菌的性能 面包酵母是最早采用基因工程改造的食品微生物。将优良酶基因转入面包酵母菌中后,其含有的麦芽糖透性酶以及麦芽糖的含量比普通面包酵母显著提高,面包加工中产生的二氧化碳气体量提高,应用改良后的酵母菌种可生产出蓬松的面包。

(2)改良酿酒酵母菌的性能 基因工程技术培育出新的酿酒酵母菌株,用于改进传统的酿酒工艺,并使之多样化。采用基因工程技术将大麦中的淀粉酶基因转入啤酒酵母中后,即可直接利用淀粉发酵,使生产流程缩短,工序简化,革新啤酒生产工艺。目前,已成功地选育出分解 β-葡萄糖和分解糊精的啤酒酵母菌株、嗜杀啤酒酵母菌株以及提高生香物质含量的啤酒酵母菌株。

(3)改良乳酸菌发酵剂的性能 通过基因工程得到的乳酸菌发酵剂具有优良的发酵性能,产双乙酰能力、蛋白质分解能力、胞外多糖的稳定形成能力、抗杂菌和病原菌的能力较强。

5.1.2 细胞工程技术在食品发酵生产中的应用

细胞工程是生物工程的主要组成内容之一。细胞融合技术是一种改良微生物发酵菌种的有效方法,主要用于改良微生物菌种的特性、提高目的产物的产量、使菌种获得新的性状、合成新产物等。与基因工程技术结合,为对遗传物质进行进一步修饰提供了多样的可能性。例如,日本味之素公司应用细胞融合技术使产生氨基酸的短杆菌杂交,获得了比原产量高3倍的赖氨酸产生菌和苏氨酸高产新菌株。酿酒酵母和糖化酵母的种间杂交,分离后代中个别菌株具有糖化和发酵的双重能力。日本国税厅酿造试验使用该技术获得了优良的高性能谢利酵母,利用它来酿造西班牙谢利白葡萄酒获得了成功。日本研究人员利用原生质体的细胞融合技术,对构巢曲霉、产黄青霉、总状毛霉等的种内或种间进行细胞融合,选育蛋白酶分泌能力强、发育速度快的优良菌株,应用于酱油的生产中,既提高了生产效率,又提高了酱油的品质。目前,微生物细胞融合的对象已扩展到酵母、霉菌、放线菌等多种微生物的种间以至属间,不断培育出用于各种领域的新菌种。

5.1.3　酶工程技术在食品发酵生产中的应用

酶是活细胞中产生的具有高效催化功能、高度专一性和高度受控性的一类特殊生物催化剂。酶工程是现代生物技术的一个重要组成部分,是在一定的生物反应器内,利用生物酶作为催化剂,使某些物质定向转化的工艺技术,包括酶的研制与生产,酶和细胞或细胞器的固定化技术,酶分子的修饰改造,以及生物传感器等。酶工程技术在发酵生产中主要用于两个方面:一是用酶技术处理发酵原料,有利于发酵过程的进行。如在啤酒的酿制过程中,主要原料麦芽的质量欠佳或大麦、大米等辅助原料使用量较大时,会造成淀粉酶、葡萄糖酶、纤维素酶的活力不足,使糖化不充分,蛋白质降解不足,从而减慢发酵速度,影响啤酒的风味和收率。使用微生物淀粉酶、蛋白酶、葡聚糖酶等制剂,可弥补麦芽中酶活力不足的缺陷,提高麦芽汁的可发酵度和麦芽汁糖化的组分,缩短糖化时间,减少麦皮中色素、单宁等不良杂质在糖化过程中的浸出,从而降低麦芽汁色泽。二是用酶来处理发酵菌株的代谢产物,可缩短发酵过程,促进发酵风味的形成。啤酒中的双乙酰是影响啤酒风味的主要因素,是判断啤酒成熟程度的主要指标。当啤酒中双乙酰的浓度超过阈值时,就会产生一种馊酸味儿。双乙酰是由酵母繁殖时生成的α-乙酰乳酸和α-乙酰羟基丁酸氧化脱羧而形成的,一般在啤酒发酵后期,还原双乙酰需要5～10 d的时间,发酵罐中加入α-乙酰乳酸脱羧酶能催化α-乙酰乳酸直接形成羧基丁酮,可缩短发酵周期,减少双乙酰的含量。

5.2　食品发酵的发展方向

（1）发酵食品及生产用微生物的安全性与稳定性　在发酵食品微生物的菌种选育过程中,首先要注重安全性,用于生产的微生物菌种本身应是安全的,为非致病菌。代谢产物不含毒素,生产的发酵食品对人体不能有任何损害;其次是菌种的遗传稳定性也非常重要,只有生产性能稳定的菌种,才能保证产品质量均一稳定。

（2）发酵食品生产用微生物的个性化　在分子生物学突飞猛进发展的今天,国内外研究机构和生产企业正在利用筛选、诱变、基因重组等技术进行发酵食品微生物的研究与生产。因此,在菌种的选育上要重视产品的个性化,突出优势,根据产品所要求的不同特性,研究生产个性化的微生物发酵剂,且保存运输及使用方便,质量稳定,价格适中,产品的针对性及个性化强。同时,发酵食品要优先考虑顾客的爱好,让产品最大限度地符合顾客和市场的需要。

(3)发酵食品的功能性　功能性发酵食品主要是以高新生物技术(包括发酵法、酶法)制取的具有某种生理活性的物质,生产出能调节机体生理功能的食品,这些食品不仅味道鲜美,而且具有保健作用,甚至可以治疗某些疾病。目前,大部分食品发酵背后的生化原理和起作用的机理仍需揭示,这些知识也可以用作开发新工艺和新产品。

(4)发酵食品的工艺创新性　发酵食品的工艺创新性表现在配合优良菌种,利用现代发酵工程技术、代谢工程技术等生物技术手段,以优化产业生产发酵工艺为重点,实行自主创新,实现发酵工业原料结构的最优组合,降低生产成本,改善产品品质。积极推动节能减排,走循环经济的发展道路,推进节能减排新技术、新设备在行业内的推广应用。

在发酵食品生产工艺创新性研究中,还要重点考虑以酶法工艺生产代替微生物发酵法生产发酵食品,如在豆腐乳生产用菌的酶学特性研究基础上,可利用其产生的酶液取代培菌发酵来简化生产,提高生产效率。

项目二
啤酒酿造

知识目标

1. 了解啤酒类生产的现状和发展趋势。
2. 知道啤酒的定义及分类。
3. 掌握啤酒的生产过程。

技能目标

1. 根据啤酒生产工艺流程,学会各工艺操作要点与操作方法。
2. 根据生产技术规范和设备性能操作设备、控制生产过程。
3. 会运用相关知识解决啤酒生产过程中的质量问题,会进行成本分析。

德育目标

通过对各项工艺的环节的实践操作,培养学生有效组织、合理分工、相互协作、团队合作的能力。

任务一 麦芽制备

【任务描述】

原料大麦是活的生命有机体。当你给它提供适宜的水分、温度、空气等环境条件,它就会萌发长出绿麦芽,并产生多种水解酶。将绿麦芽烘干、除根,还能产生必要的色香味成分,可以长期贮存。

【参考标准】

GB 8952—2016 食品安全国家标准 啤酒生产卫生规范

GB 4927—2008 中华人民共和国国家标准 啤酒

【工艺流程】

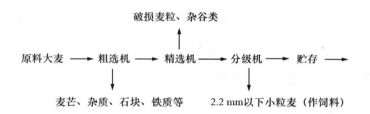

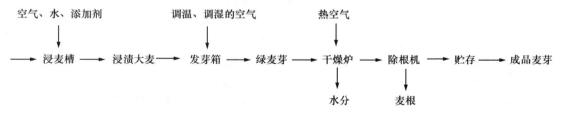

【任务实施】

1 大麦的清选和分级

1.1 大麦的清选

除去大麦中的石粒、铁屑、尘土、杂谷、草籽等杂质。

清选操作方式:①筛析,除去粗大和细碎夹杂物。②震析,震散泥块,提高筛选效果。③风析,除灰尘和轻微杂质。④磁吸,除去铁质等磁性物质。⑤滚打,除麦芒和泥块。⑥洞埋,利用筛选机中孔洞,分出圆粒/半粒杂谷。

1.2 大麦的分级

①圆筒分级机;②平板分级筛;③大麦精选机。

2 大麦的浸渍

2.1 浸麦方法——喷雾浸麦法

①浸麦槽先放入 12～16℃ 的清水,将精选大麦称量好,把浸麦度测定器放入浸麦槽,边投麦边进水,边用压缩空气通风搅拌,使浮麦和杂质浮在水面与污水一道从侧方溢流槽排出,不断通过槽底上清水,待水清为止,然后按每立方米水加入生石灰 1.3 kg 的浓度加入石灰乳(也可加入其他化学药剂)。投料后水洗和浸渍 6 h,每隔 2 h 通风 20 min。②断水喷雾 18 h,每隔 1～2 h 通风 10～20 min。③水浸 2 h,通风搅拌 20 min。④断水喷雾 10 h,每隔 1～2 h 通风 10～20 min。⑤水浸 2 h,通风 20 min。⑥断水喷雾 8 h,每隔 1 h 通风 20 min。⑦停止喷雾,空休 2 h 出槽。

2.2 浸麦的主要设备——浸麦槽

浸麦槽结构

3 大麦的发芽——萨拉丁发芽箱

经浸泡的大麦带水放入箱内,开动翻麦机,铺平,厚度 0.8～1.2 m。

每隔 6 h,通一次温度为 13～14℃ 干风,使麦粒表面的水分尽快排除,时间一般为 20 min 左右;再用湿度为 95% 以上,温度为 12～16℃ 的湿空气通风 20 min 左右。

入箱 8～12 h 翻麦一次。目的:防止麦根盘结;混入一定的氧气便于大麦发芽。

经 6～8 d 的发芽后,每个大麦粒有 3～5 个根,长度为大麦粒的 1～2.5 倍,有 75% 的麦粒腋芽长度为麦粒长度的 3/4～1 倍时,说明麦粒培养成熟。

大麦经过浸渍以后水质量分数在 43%～48%,制造深色麦芽宜提高至 45%～48%,而制造浅色麦芽一般控制在 43%～46%。

在发芽过程中,由于呼吸产生热量以及麦粒中水分蒸发等原因,发芽室必须保持一定的相对湿度。通风式发芽法,室内的空气相对湿度一般要求在 95% 以上。

4 绿麦芽的干燥

绿麦芽的干燥过程分为排潮和干燥两个阶段。

绿麦芽含水 41%～46% → 排潮(除去游离水,40～50℃,10～12 h) → 水分降至 10% → 焙焦(除去结合水,浅色麦芽温度 82～85℃,深色麦芽 95～105℃) → 干燥结束,浅色麦芽含水 3%～4%,深色麦芽含水 1.5%～2.5%。

5　除根

出炉麦芽的麦根吸湿性很强,应在 24 h 内完成除根操作,否则麦根将很易吸水,难以除去。除根设备常用除根机。除根机有一个缓慢转动的带筛孔的金属圆筒,内装搅刀,滚筒转速以 20 r/min 为宜,搅刀转速为 160～240 r/min,与滚筒转动方向相同。

麦根靠麦粒间相互碰撞和麦粒与滚筒壁撞击作用而脱落。除根后的麦芽再经一次风选,除去灰尘及轻微杂物,并将麦芽冷却至室温(20℃左右),入库贮藏。

【任务评价】

评价单

学习领域	麦芽制备				
评价类别	项目	子项目	个人评价	组内互评	教师(师傅)评价
专业能力（80%）	资讯(5%)	搜集信息(2%)			
		引导问题回答(3%)			
	计划(5%)	计划可执行度(3%)			
		计划执行参与程度(2%)			
	实施(40%)	操作熟练度(40%)			
	结果(20%)	结果质量(20%)			
	作业(10%)	完成质量(10%)			
社会能力（20%）	团结协作（10%）	对小组的贡献(10%)			
	敬业精神（10%）	学习纪律性(10%)			

[师徒共研]

1.小麦的特点和小麦麦芽制备难点

小麦在酶的结构以及酶的形成和积累上和大麦十分相近,淀粉、脂肪及其他灰分含量也和大麦差不多,但其纤维素和戍聚糖含量则由于无麦皮的原因而比大麦要低得多。

对于酿造而言,小麦因为有众多缺陷制约了其成为酿造啤酒的基本原料。其一是因为小麦是裸麦无谷皮,因而对糖化麦汁过滤影响深远;其二是因为其蛋白质含量高(11.5%～14%),会给制麦带来诸多困难;其三是小麦胚孔中半纤维素的含量较高,不利于制麦分解;其四因小麦的麦粒腹径较大麦小,所以分选较困难;其五因为小麦中的氧化酶会在制麦过程中迅速地氧化酚类物质,难以进行色度控制。

2.工艺措施

选择优良品种　迄今为止，国内外尚没有能够称为"酿造小麦"的品种，为了获得好的制麦效果，必须对小麦进行检测筛选，选出适当的小麦品种。

减少投料量　因为小麦麦粒之间堆积紧密，极易产热，为了便于发芽温度的控制，应采用减少制麦投料量的方法，可比大麦投料量减少30%左右。

浸麦阶段　由于小麦是裸麦，没有谷皮，因此吸水速度比大麦快，必须防止过度浸麦。过度浸麦会导致小麦根芽、叶芽生长不均匀，出现麦粒表面黏糊等现象，严重的会造成死浸。这就要求改进工艺，采用通风式浸麦工艺，在开始阶段先浸湿4~5 h，其后干浸19~20 h，并通风，让浸麦度快速上升到37%~38%；然后在露点率为90%~95%时进行起始发芽。小麦的最大浸麦度应比大麦少1%~2%，以麦粒水分为45%为最佳状态。

发芽控制　小麦麦层透气性差，不利于通风，同时升温迅速，因此必须勤翻麦。可是又因为小麦的根芽、叶芽生长旺盛且无麦皮保护，所以必须慢速翻麦，以免叶芽、根芽脱落。较为实用的是采用升温发芽工艺，降低发芽温度，缩短发芽时间。一般发芽周期以4~5 d为宜。

麦芽制备过程
——浸麦

麦芽制备过程
——发芽

干燥管理　必须特别注意小麦麦芽的凋萎，因为在此期间，小麦的蛋白分解多。故此，在凋萎开始阶段进风温度不能超过42℃，凋萎结束温度以60~65℃为宜，最后在80℃休止2~3 h结束。

这样做的目的在于：一是使小麦中的"过氧化酶"逐步失活，二是使小麦中丰富的高分子氮得以凝固，三是用低强度干燥工艺避免色度上升。

[知识链接]

1　啤酒的概念与工艺

啤酒是以麦芽（包括特种麦芽）为主要原料，以大米或其他谷物为辅助原料，经麦芽汁的制备，加酒花煮沸，并由酵母发酵酿制而成的，含有二氧化碳、起泡的、低酒精度（2.5%~7.5%）的饮料酒。

啤酒是经过糖化、发酵方法而酿制的酿造酒，非配制酒。

1.1　啤酒的分类

1.1.1　按啤酒是否杀菌分类

（1）熟啤酒　经巴氏灭菌的啤酒称为"熟啤酒"，将啤酒在较低的温度下（60~65℃）维持一段时间(20～30 min),杀死啤酒中的微生物细胞,达到较长时间保存的目的。这种啤酒的保质期能达到半年甚至一年,但杀菌的同时也会影响啤酒口味,并破坏营养成分。我国绝大部分瓶装啤酒和罐装啤酒都属于熟啤酒。

(2)生啤酒　生啤酒是采用膜过滤除菌和高温瞬时灭菌等方式达到一定生物稳定性的啤酒。生啤酒的口感新鲜,营养物质较为丰富,但保质期相对于熟啤酒要短,一般为2～3个月。现在的"纯生啤酒"或"原生啤酒"均属此类啤酒。

(3)鲜啤酒　在澄清过滤后,既不经热力灭菌,又不经任何除菌方式处理的新鲜啤酒,又称"散啤酒"。由于鲜啤酒未经杀菌或除菌处理,所以保质期更短,在低温条件下不超过一周。

1.1.2　按啤酒色泽分类

(1)淡色啤酒　色度为5～14 EBC单位的啤酒为淡色啤酒。淡色啤酒突出酒花香味,给人以清爽的感觉,市场上大多数为淡色啤酒。

淡色啤酒按色泽深浅又可分:淡黄色啤酒(色度7 EBC以下)、金黄色啤酒(色度7～10 EBC)、棕色啤酒(色度10～14 EBC)三种。

(2)浓色啤酒　色度为15～40 EBC单位,色泽呈红棕色或红褐色,酒体透明度不高、麦香味突出、口味浓厚,由于其色调给人温暖的感觉,所以适合于天冷的季节饮用。

浓色啤酒按色泽深浅可分为:棕色啤酒(色度15～25 EBC)、红棕色啤酒(色度25～35 EBC)、红褐色啤酒(色度35～40 EBC)。

(3)黑啤酒　色度大于40 EBC单位,色泽呈深棕色或黑褐色,酒体透明度很低或不透明,一般麦汁浓度较高,酒精度可达5.5%(质量分数),黑啤酒突出麦芽香味(焦香味)。

黑啤酒的特点是呈棕褐色,黑里透亮;泡沫洁白细腻,挂杯持久;具有浓郁的焦香味,杀口力较强。该产品颇受消费者的青睐,供不应求。但产品的原麦汁浓度不宜低于11%,否则会使成品酒口味清淡,而失去黑啤酒的风味。

1.1.3　按原麦汁浓度分类

(1)低浓度淡色啤酒　原麦汁浓度小于2.5%～8%(质量分数),酒精含量为0.8%～2.2%(体积分数)。

(2)中等浓度啤酒　原麦汁浓度为9%～12%,酒精含量为2.5%～3.5%。

(3)高浓度啤酒　原麦汁浓度在13%～22%,酒精含量为3.6%～5.5%,少数可达7.5%。黑色啤酒属此类型,该类啤酒生产周期长,固形物含量高,稳定性强,甜味重,黏度大,苦味小,色泽深。

1.1.4　按啤酒的风味特点(特种啤酒)分类

在原辅材料或生产工艺方面有某些重大改变,使其改变了上述原有啤酒的风味,成为独特风格的啤酒。

(1)干啤酒　高发酵度啤酒,实际发酵度在72%以上。

(2)低醇啤酒　酒精度为0.6%～2.5%(体积分数)的啤酒。

(3)小麦啤酒　以小麦麦芽为主要原料(占总原料的40%以上),采用上面发酵或下面发酵酿制的啤酒。

（4）浊啤酒　在成品中含有一定量的活酵母菌,浊度为2.0～5.0 EBC单位的啤酒。

（5）冰啤酒　在酿制过程中经过冰晶化处理的啤酒。

冰啤的概念:将成熟后的啤酒置于冰点温度,使之产生冷混浊(冰晶、蛋白质等),然后滤除,获得清澈的啤酒。一般啤酒的酒精含量在3%～4%,而冰啤则在5.6%以上,甚至高达10%。精制冰啤色泽特别清亮,口味柔和、醇厚、爽口,尤其适合年轻人饮用。

1.1.5 按发酵结束后酵母是否沉降分类

将所有啤酒分为两大类:下面发酵啤酒和上面发酵啤酒。

下面发酵啤酒是指发酵结束后酵母沉降到发酵容器(发酵罐)底部,采用的酵母称为"下面酵母"(或底面酵母)。

上面发酵啤酒是指发酵结束后酵母上升到发酵液(发酵池)表面,采用的酵母称为"上面酵母"。典型的有小麦啤酒、白啤酒。目前国际国内市场上除少量上面发酵啤酒外,其余都属于下面发酵啤酒。

1.2 啤酒工艺流程

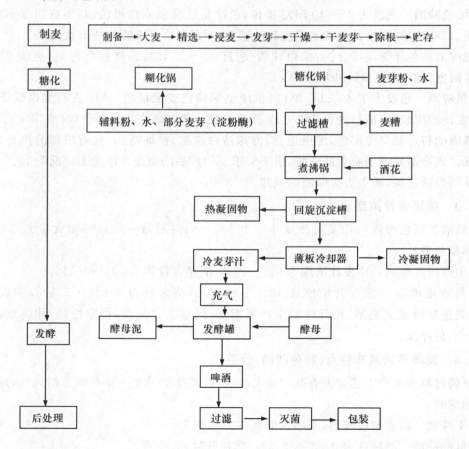

2 麦芽制备

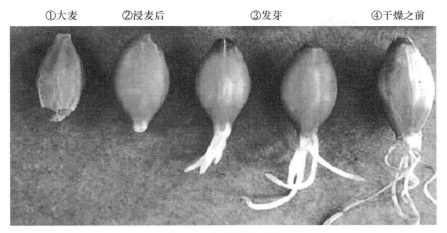

图 2-1 大麦发芽过程

2.1 麦芽制造的目的

(1)通过发芽过程使大麦中固有的酶活化,并产生各种类型的酶。

(2)在发芽过程中,由于酶的作用,使大麦胚乳中贮存的物质进行适度分解。

(3)通过绿麦芽的干燥,除去麦芽中多余的水分和土腥味,产生香味。

2.2 原辅料的选择

2.2.1 主要原料——大麦的选择

(1)大麦的种类选择 适用于酿制啤酒的大麦品种很多,依麦粒在穗轴的排列方式、发育程度及结实性,可分为六棱、四棱和二棱大麦 3 种类型。其形态见图 2-2。

图 2-2 不同品种大麦的横断面

①六棱大麦 六棱大麦蛋白质含量相对较高,淀粉含量相对较低。近年来随着辅料用量增加,已注意六棱大麦的应用,它可制成含酶丰富的麦芽。

②二棱大麦 二棱大麦籽粒均匀整齐,比较大,淀粉含量相对较高,蛋白质含量相对较低,是酿造啤酒的最好原料。

(2)大麦的籽粒构造及其生理作用 大麦粒主要由胚、胚乳、皮层 3 部分组成(图 2-3)。

1. 麦芒　　　　2. 谷皮
3. 果皮和种皮　4. 腹沟
5. 糊粉层　　　6. 胚乳
7. 细胞层　　　8. 胚根
9. 胚芽　　　　10. 盾状体
11. 上皮层

A. 腹部　　　B. 背部

图 2-3　大麦粒的构造

①胚　　胚是大麦最主要的部分。由胚芽和胚根所组成,它和盾状体及上皮层位于麦粒背部的下端。其质量为大麦干物质的 2%～5%。盾状体与胚乳衔接,功能是将胚乳内积累的营养物质传递给生长的胚芽。

胚是大麦的有生命力的部分,由胚中形成各种酶,渗透到胚乳中,使胚乳溶解,以供给胚芽生长的养料。一旦胚组织破坏,大麦就失去发芽能力。

②胚乳　　胚乳与胚毗连,是胚的营养仓库,胚乳质量为大麦干物质的 80%～85%。胚乳由贮藏淀粉的细胞层和贮藏脂肪的细胞层构成。贮藏淀粉的细胞层是胚乳的核心。在细胞之间的空间处由蛋白质组成的"骨架"支撑。外部被一层细胞壁包围,称为糊粉层,其细胞内含有蛋白质和脂肪,但不含淀粉,靠近胚的糊粉层只有一层细胞。胚乳与胚之间还有一层空细胞称为细胞层。

胚乳是麦粒一切生物化学反应的场所。当胚还有生命的时候,胚乳物质便能分解与转化,部分供胚作营养,部分供呼吸时消耗。

③皮层　　由腹部的内皮层和背部的外皮层组成,外皮的延长部分即麦芒,其质量为大麦干物质的 7%～13%。在皮壳的里面是果皮,再里面是种皮。果皮的外表有一层蜡质层,它对赤霉酸和氧具不透性,与大麦的休眠性质有关。种皮是一种半透性的薄膜,可渗透水却不能渗透高分子的物质,但某些离子能同水一道渗入,这对浸渍过程有一定意义。

皮壳的组成物大都是非水溶性的硅酸、单宁和苦味物质等。这些物质对酿造有很多有害作用。但皮壳在麦汁制造时,则作为麦汁过滤层而被利用。

(3)酿造用大麦的质量要求　　酿造用大麦的质量要求为以下几个方面:

①纯度　　大麦应很少含有杂谷、草屑、泥沙等夹杂物;应尽可能属于同一产地、同一品种。因为同一产地、同一品种、同年收割的大麦其品质较一致,在制麦时能做到均匀发芽。

②外观和色泽　　新鲜、干燥、皮壳薄而有皱纹者,色泽淡黄而有光泽,籽粒饱满,这是成熟大麦的标志;如带青绿色,则是未完全成熟;如暗灰色或微蓝色泽的则是长了霉或受过热的大麦。色泽过浅的大麦,多数是玻璃质粒或熏硫所致,不宜用于酿造啤酒。

③香和味　　具有新鲜的麦秆香味,放在嘴里咬尝时有淀粉味,并略带甜味者为佳。

④皮壳特征　　制麦芽用大麦皮壳的粗细度对制麦特别重要。皮薄的大麦有细密的痕

纹,适于制麦芽。皮厚的大麦纹道粗糙、不明显、间隔不密;皮厚的大麦浸出率较低,同时还可能存在较多的有害物质(如鞣质和苦味物质)。

⑤麦粒形态 粒型肥短的麦粒一般谷皮含量低,瘦长的麦粒谷皮含量高。粒型肥短的麦粒浸出物高,蛋白质含量低,发芽较快,易溶解。因此,粒型肥短的麦粒较适合制作麦芽。

(4)大麦用于酿造啤酒的原因

①大麦便于发芽,并产生大量水解酶类(且酶类比较齐全);

②大麦化学成分适合酿造啤酒(给过滤工艺带来很多方便,且使成品酒具有独特风味);

③大麦种植遍及全球;

④大麦非人类食用主粮。

2.2.2 辅助原料的选择

(1)未发芽谷类

①大米 大米是最常用的一种麦芽辅助原料,其特点是价格较低廉,而淀粉高于麦芽,多酚物质和蛋白质含量低于麦芽,糖化麦汁收得率提高,成本降低,又可改善啤酒的风味和色泽,使啤酒泡沫细腻,酒花香气突出,非生物稳定性比较好,特别适宜制造下面发酵的淡色啤酒。国内啤酒厂辅助原料大米用量25%~50%不等,一般是25%~35%。但在大米用量过多的情况下,麦汁可溶性氮源和矿物质含量不够,将导致酵母菌繁殖衰退,发酵迟缓,因而必须经常更换强壮酵母。如果采用较高温度进行发酵,就会产生较多发酵副产物,如高级醇、酯类,对啤酒的香味和麦芽香有不好的影响。

大米种类很多,有粳米、籼米、糯米等,啤酒工业使用的大米要求比较严格,必须是精碾大米,一般都采用碎米,比较经济。

②玉米淀粉 玉米淀粉多采用湿法加工生产,即将原料玉米经净化后,利用亚硫酸浸泡,破坏玉米的组织结构,然后破碎,分离出胚芽、纤维、蛋白质,最后得到成品淀粉。玉米淀粉的糊化温度为62~70℃,现代啤酒工厂大多采用玉米淀粉作为啤酒生产的辅助原料,其主要化学成分如表2-1。

表2-1 玉米淀粉的化学成分　　　　　　　　　　　　　　　　　　%

项目	水分	无水浸出率	蛋白质	脂肪	灰分
含量	14	101~105	0.3~0.5	≤0.15	≤0.15

③小麦 小麦也可作为制造啤酒的辅助原料,用其酿制的啤酒有以下特点:

小麦中蛋白质的含量为11.5%~13.8%,糖蛋白含量高,泡沫好;花色苷含量低,有利于啤酒非生物稳定性,风味也很好;麦汁中含较多的可溶性氮,发酵较快,啤酒的最终pH较低;小麦和大米、玉米不同,富含α-和β-淀粉酶,有利于采用快速糖化法。

德国的白啤酒是以小麦芽为原料,比利时的蓝比克啤酒也是以大麦芽为原料,配以小麦作辅料。一般使用比例为15%~20%。

④大麦 国际上采用大麦为辅助原料,一般用量为15%~20%,以此制成的麦汁黏度稍高,但泡沫较好,制成的啤酒非生物稳定性较高。

发酵食品加工

使用的大麦应气味正常、无霉菌、细菌污染,籽粒饱满。如果糖化时添加淀粉酶、肽酶、β-葡聚糖酶组成的复合酶,可将大麦用量提高到30%～40%。

(2)糖类和糖浆　麦汁中添加糖类,可提高啤酒的发酵度,但含氮物质的浓度稀释,生产出的啤酒具有非常浅的色泽和较高的发酵度,稳定性好,口味较淡爽,符合生产浅色干啤酒的要求。为了保证酵母营养,一般用量为原料的10%～20%。

糖浆生产多采用双酶法工艺,即酶法液化、酶法糖化。淀粉乳在液化酶存在的情况下,经喷射器进行喷射液化,然后进入糖化罐,在酶的作用下水解糖化,达到预期的糖组分要求,后经过滤、脱色、离子交换除去其中的各类杂质,再经蒸发浓缩达到所需的浓度。

(3)添加辅助原料的作用　在啤酒酿造中,可根据地区的资源和价格,采用富含淀粉的谷类(大麦、大米、玉米等)、糖类或糖浆作为麦芽的辅助原料,在有利于啤酒质量,不影响酿造的前提下,应尽量多采用辅助原料。

①采用价廉而富含淀粉质的谷类作为麦芽的辅助原料,以提高麦汁收得率,制取廉价麦汁,降低成本并节约粮食。

②使用糖类或糖浆为辅助原料,可以节省糖化设备容量,调节麦汁中糖与非糖的比例,以提高啤酒发酵度。

③使用辅助原料,可以降低麦汁中蛋白质和易氧化的多酚物质的含量,从而降低啤酒色度,改善啤酒风味和啤酒的非生物稳定性。

④使用部分谷类原料(如小麦),可以增加啤酒中糖蛋白的含量,从而改进啤酒的泡沫性能。

糖蛋白是由分支的寡糖链与多肽链共价相连所构成的复合糖。

谷类辅助原料的使用量在10%～50%,常用的比例为20%～30%,糖类辅助原料一般为10%～20%。

我国啤酒酿造一般都使用辅助原料,多数用大米。有的厂用脱胚玉米,其最低量为10%～15%,最高量为40%～50%,多数为30%左右。

国际上使用辅助原料的情况也极不一致,如美国使用谷类辅助原料,一般为50%左右,多用玉米或大米,少数用高粱;在德国,除制造出口啤酒外,其内销啤酒一般不允许使用辅助原料;在英国,由于其糖化方法采用浸出糖化法,多采用已经糊化预加工的大米片或玉米片为辅助原料;在澳大利亚,多采用蔗糖为辅助原料,添加量达20%以上。主要谷类辅助原料的性状见表2-2。

表2-2　主要谷类辅助原料的性状

品种	水分/%	淀粉含量/%	浸出物含量/%	蛋白质含量/%	脂肪含量/%	糊化温度/℃	一般使用比例/%
碎大米	11～13	76～85	90～95	6～11	0.2～1.0	68～77	30～45
脱胚玉米	11.2～13	69～73	85～92	7.5～8	0.5～1.5	70～78	25～35
大麦	11～13	58～65	72～81	10～12.5	2～3	60～62	20～35
小麦	11.6～14.8	57～62.4	68～76	11.5～13.8	1.5～2.3	52～56	20～25

2.2.3　啤酒花及其制品(图 2-4)

图 2-4　啤酒花及其制品

(1)酒花粉　将酒花于 45℃烘干至含水 6%～7%,直接压成片剂或用塑料袋充惰性气体密封。也可以于－35℃粉碎,收集蛇麻腺压片,α-酸含量可达 20%。酒花粉可提高利用率 5%～10%,通常在煮沸后半小时添加。

(2)酒花浸膏　酒花浸膏的利用率比粉状酒花略有提高。其制备法是将干燥酒花以有机溶剂按逆流分配原理萃取。

(3)酒花精油　酒花油主要含芳香成分,如果添加异构酒花浸膏,则酒花油成分被预先除掉了。此外,在煮沸锅加酒花的方法,其酒花油成分不是挥发,就是被氧化,所以人们制出了许多纯度较高的酒花精油。提取方法有两种:

①常温酒花油蒸馏液　在常压下,利用水蒸气蒸馏法。水蒸气蒸出酒花中的酒花油,制成油水乳浊液。此液碳氢化合物比值大,而且含有一部分在蒸馏过程中形成的含硫化合物,此类物质浓度在 1 μg/L 时,会使啤酒产生恶劣的气味。

②低温酒花油蒸馏液　在真空条件下,20℃左右,用水蒸气蒸馏法蒸出酒花中的酒花油,由此蒸出的馏分,绝大多数是酒花中原有的成分,未经什么变化,含硫物质也比较少,一些低溶解度的碳氢化合物,被残留在酒花中而未被蒸出,因此,这种蒸馏液的碳氢化合物比值相对较低,它的风味相对较好。

低温蒸馏液蒸出后,可直接与水混合,配成 1 000～2 000 mg/L 的乳化液,在贮酒时和滤酒时添加,其用量为 1/4 000～1/1 000,相当于啤酒中含有 0.25～1.0 mg/L 的酒花油。

(4)四氢异构酒花浸膏　四氢异构酒花浸膏是采用液态二氧化碳技术萃取酒花中的

α-酸,并将其异构化后用氢还原其中两个不稳定的双键而制得。含 0.1 kg/L 四氢异 α-酸的钾盐溶液,可提供没有后苦的纯净苦味,通常在精滤前清酒管道中添加。使用时取代 2～5 BU 苦味质,即能显著增加啤酒泡持性和挂杯性,与低 α-酸酒花油配合使用,取代 100％ 酒花,能使啤酒抗日光臭,并显著改善啤酒的泡沫性能,包括泡沫的持久性和挂杯性能。

(5)颗粒酒花 颗粒酒花目前应用较为广泛,其生产方法简要如下:

颗粒酒花是由酒花经粉碎压缩成型的。酒花干燥温度 55℃ 下,使干酒花水分为 5％～9％,易于被粉碎和均质。酒花在烘干后即以锤式粉碎机粉碎,粉碎后的酒花通过一定规格(1～10 mm)的筛子筛出。应避免酒花粉在粉碎机中受热。然后在混合罐中均质,再将酒花粉送入颗粒压制机中,借助压力辊并通过铸模孔将酒花压制成颗粒。铸模通过干冰或液氮冷却。酒花在 −30～−40℃ 下挤压成型,颗粒直径 6 mm 左右,长 15 mm 左右,包装之前使其达到室温。包装时保持真空状态,或再次充入氮气或二氧化碳后常压包装。可在低于 20℃ 下长期贮存。其体积比酒花减少 80％,有效成分利用率比全酒花高 20％。酒花颗粒目前应用较为广泛。

颗粒酒花商品分为 90 型、45 型颗粒酒花两种。90 型属自然加工型,45 型属增富型颗粒酒花。

90 型与普通酒花的区别只是在于去除少量水分。45 型是增富颗粒酒花,已去除约 50％ 的叶和茎。

45 型颗粒酒花的特征是:颗粒呈橄榄绿色,α-酸含量 10％～14％。酒花香味太明显,老化后使人觉得味道不舒服。

(6)酒花在啤酒酿造中的作用 啤酒花作为啤酒工业原料,始于德国,使用的主要目的是利用酒花的苦味、香味、防腐能力和澄清麦芽汁的能力,而增加麦芽汁和啤酒的苦味、香味,增强防腐能力和起到澄清麦芽汁的作用。

在啤酒酿造中,酒花具有不可替代的作用:①使啤酒具有清爽的芳香气、苦味和防腐力。酒花的芳香与麦芽的清香赋予啤酒含蓄的风味。啤酒、咖啡和茶都以香与苦取胜,这也是这几种饮料的魅力所在。由于酒花具有天然的防腐力,故啤酒无须添加有毒的防腐剂。②形成啤酒优良的泡沫。啤酒泡沫是酒花中的异葎草酮和来自麦芽的起泡蛋白的复合体。优良的酒花和麦芽,能酿造出洁白、细腻、丰富且挂杯持久的啤酒泡沫来。③有利于麦汁的澄清。在麦汁煮沸过程中,由于酒花添加,可将麦汁中的蛋白络合析出,从而起到澄清麦汁的作用,酿造出清纯的啤酒来。

(7)酒花制品的优点 在麦汁煮沸锅添加酒花,有效成分利用率仅 30％ 左右。加之酒花贮存体积大,要求低温贮藏,且不断氧化变质,所以,促使人们研制出许多种酒花制品。使用酒花制品有如下优点:①贮运体积大大缩小,可以常温保存。②减少麦汁损失,相应增加煮沸锅有效容积。③废除酒花糟过滤及设备,减少排污水。④可较准确地控制苦味物质含量,提高酒花利用率。⑤有利于推广旋涡分离槽,简化糖化工艺。

2.3 大麦的清选

粗选的目的是除去各种杂质和铁屑。大麦粗选使用去杂、集尘、脱芒、除铁等机械。精选的目的是除掉与麦粒腹径大小相同的杂质,包括荞麦、野豌豆、草籽和半粒麦等。大麦精选可使用精选机(又称杂谷分离机)。

2.4　大麦的分级

2.4.1　分级标准

Ⅰ号大麦:颗粒厚度 2.5 mm 以上;Ⅱ号大麦:颗粒厚度 2.2 mm 以上;Ⅲ号大麦:颗粒厚度 2.2 mm 以下。

2.4.2　分级设备(图 2-5)

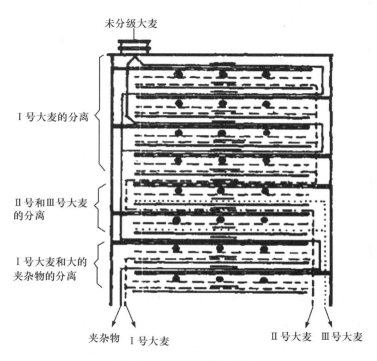

图 2-5　平板分级筛示意图

2.5　大麦浸渍

2.5.1　浸渍目的

(1)提供大麦发芽所需的水分。要求胚乳充分溶解,含水必须达到 43%～48%。

(2)可充分洗涤、除尘、除菌。

(3)在浸麦水中适当添加石灰乳、甲醛等可杀菌。加速酚类、谷皮酸等有害物质的浸出。

2.5.2　浸麦度的检验

(1)用朋氏测定器测定。在测定器内装入 100 g 大麦样品,放入浸麦槽中,与生产大麦一同浸渍。浸渍结束时,取出大麦,拭去表面水分,称其质量,按下式计算:

$$浸麦度=\frac{(浸麦后质量-原大麦质量)+原大麦水分}{浸麦后的质量}\times100\%$$

（2）浸麦度适宜的大麦握在手中软而有弹性。如果水分不够,则硬而弹性小;如果浸渍过度,手感过软而无弹性。

（3）用手指捻开胚乳,浸麦适中的大麦具有省力、润滑的感觉,中心尚有一白点,皮壳易脱离。浸渍不足的大麦,皮壳不易剥下,胚乳白点过大,咬嚼费力。浸渍过度的大麦,胚乳呈浆泥状,呈微黄色。

（4）浸渍大麦的萌芽率,又称露点率。

萌芽率表示麦粒开始萌发而露出根芽的百分数,检测方法是:在浸麦槽中取 200～300 粒大麦,分开露点和未露点麦粒,计算露点百分数,重复 3 次,取平均值。萌芽率 70％以上为浸渍良好,优良大麦一般超过 70％。

2.5.3　影响大麦吸水速度的因素

（1）温度　浸麦水温越高,大麦吸水速度越快,达到相同的吸水量所需要的时间就越短,但麦粒吸水不均匀,易染菌和发生霉烂。水温过低,浸麦时间延长。浸麦用水温度一般在 10～20℃之间,最好在 13～18℃。

（2）麦粒大小　麦粒大小不一,吸水速度也不一样。为了保证发芽整齐,麦粒整齐程度很重要。

（3）麦粒性质　粉质粒大麦比玻璃质粒大麦吸水快;含氮量低、皮薄的大麦吸水快。

（4）通风　通风供氧可增强麦粒的呼吸和代谢作用,从而加快吸水速度,促进麦粒提前萌发。

2.5.4　浸麦与通风

大麦浸渍后,呼吸强度激增,需消耗大量的氧,而水中溶解氧(只能维持 1 h)远不能满足正常呼吸的需要。因此,在整个浸麦过程中,必须经常通入空气,以维持大麦正常的生理需要。

2.5.5　浸麦用水及添加剂

浸麦水必须符合饮用水标准。中等硬度,水中亚硝酸盐含量达到一定量时,对发芽有抑制作用。

为了有效地浸出麦皮中的有害成分,缩短发芽周期,达到清洗和卫生的要求,常在浸麦用水中添加一些化学药剂,如石灰乳、Na_2CO_3、NaOH、KOH、过氧化氢、甲醛、赤霉素等。

浸麦水中加碱可溶出谷皮部分多酚物质;NaOH 可以吸收 CO_2,从而加速浸麦的呼吸作用。碱性条件抑制微生物的生长,石灰乳有杀菌效果。

早期添加大麦质量的 0.1％的石灰(石灰乳),后来采用 0.1％碱(NaOH 或 Na_2CO_3),效果更好。

2.5.6　浸麦方法

（1）间歇浸麦法(浸水断水交替法)　此法是浸水断水交替进行,即大麦每浸渍一定时间后就断水,使麦粒接触空气。浸水断水交替进行,直到达到要求的浸麦度。在浸水断水期间需通风供氧。根据大麦的特性、室温、水温的不同。常采用浸二断六、浸四断四、浸六断六、浸三断九等方法。

现以浸四断四法为例介绍操作要点。

①浸麦槽先放入 12～16℃ 的清水,将精选大麦称量好,把浸麦度测定器放入浸麦槽,边投麦边进水,边用压缩空气通风搅拌,使浮麦和杂质浮在水面与污水一道从侧方溢流槽排出,不断通过槽底上清水,待水清为止,然后按每立方米水加入生石灰 1.3 kg 的浓度加入石灰乳(也可加入其他化学药剂)。

②浸水 4 h 后放水,断水 4 h,此后浸四断四交替进行。

③浸渍时每 1 h 通风一次,每次 10～20 min。

④断水期间每小时通风 10～15 min,并定时抽取 CO_2。

⑤浸麦度达到要求,萌芽率达 70% 以上时,浸麦结束,即可下麦至发芽箱。

此时应注意浸麦度与萌芽率的一致性,如萌芽率滞后应延长断水时间,反之,应延长浸水时间。

(2)喷雾(淋)浸麦法 此法是浸麦断水期间,用水雾对麦粒进行淋洗。既能提供氧气和水分,又能带走麦粒呼吸中产生的热量和 CO_2。由于水雾含氧量高,通风供氧效果明显,因此可显著缩短浸麦时间,还可节省浸麦用水(比断水法节省 25%～35%)。

操作方法如下:

①洗麦同浸断法,然后浸水 2～4 h,每隔 1～2 h 通风 10～20 min。

②断水喷雾 8～12 h,每隔 1～2 h 通风 10～20 min(最好每 1 h 通风 10 min)。

③浸水 2 h,通风一次 10 min,每次浸水均通风搅拌 10～20 min。

④再断水喷雾 8～12 h,反复进行,直至达到浸度,停止喷淋,控水,2 h 后出槽,全过程约 48 h。

生产中还有一些其他浸麦方法,如温水浸麦法、快速浸麦法、长断水浸麦法等。

2.5.7 浸渍设备

(1)传统浸麦槽(图 2-6) 传统浸麦槽圆柱高 1.2～2 m,锥角 45°,锥底设有淋水假底,

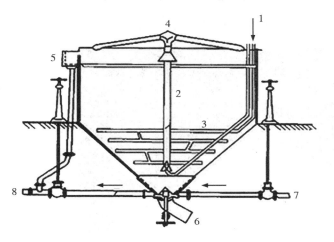

1.压缩空气进口
2.升溢管
3.多孔环形风管
4.旋转式喷料管
5.溢流口
6.大麦排出口
7.进水口
8.出水口

图 2-6 锥底浸麦槽

麦层厚度 2～2.5 m,吸水后体积膨胀 40%。1 t 大麦需水 2.5 m³,国内设备采用钢板制成。直径 5 m,体积 16～30 m³。

(2)新型自动化平底浸麦槽(图 2-7)

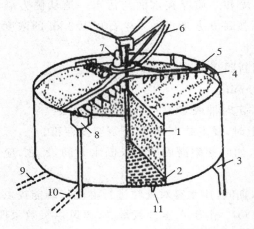

1. 麦层　　　　2. 多孔平底
3. 浸渍麦出口　4. 溢流口
5. 旋转清洗机　6. 下料喷水口
7. 电动机　　　8. 进水口
11. 通风管　　　10. 废水

图 2-7　平底浸麦槽

①特点　直径大于高度,高 3 m,直径 5～20 m,投料量为 20～400 t,底部全部为筛板,通风较均匀,生产能力大,自动化操作。进出料用一多臂的可上下移动的特种搅拌器协助拌料,较锥形槽更适合于长时间空气休止、短时间浸水的工艺。

②平底槽与锥底槽的比较　平底槽与锥底槽的比较见表 2-3。

表 2-3　平底槽与锥底槽的比较

	费用	加工	通风效果	浸麦质量	生产能力	设备清洗
平底	多	复杂	好	好	大	烦琐
锥底	少	简单	稍差	稍差	小	简单

③现代浸麦槽的特点　除空压机外均增设吸风机,增设喷淋设备(图 2-8)。

图 2-8　浸麦槽喷淋

2.6 大麦的发芽

浸渍大麦在理想控制的条件下发芽,生成适合啤酒酿造所需要的新鲜麦芽的过程,称为发芽。因此,发芽是一种生理生化过程。发芽大麦送入焙燥系统制成啤酒麦芽。

2.6.1 发芽的目的

(1)使麦粒生成大量的各种酶类,并使麦粒中一部分非活化酶得到活化增长。

(2)随着酶系统的形成,胚乳中的淀粉、蛋白质、半纤维素等高分子物质得逐步分解,可溶性的低分子糖类和含氮物质不断增加,整个胚乳结构由坚韧变为疏松,这种现象被称为麦芽溶解。

也就是:激活原有的酶;生成新的酶;物质转变。

2.6.2 大麦麦芽中的各种物质变化

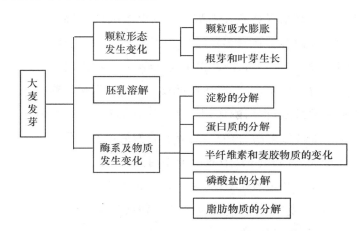

已发现大麦中的酶类达数百种,而且每年都有新酶种发现。经过发芽的大麦所含酶量和种类大量增加。

(1)颗粒形态变化(表观变化) 颗粒吸水膨胀:颗粒吸水后膨胀,体积增大约40%。1 t大麦的体积为1.4 m³,浸渍后体积约为2 m³。根芽和叶芽生长:大麦达到适宜的浸麦度后颗粒开始萌发,见到根芽白点时称为"露点"。

(2)酶系变化

①α-淀粉酶 α-淀粉酶作用于直链淀粉,产物为短链糊精、麦芽糖和葡萄糖。

α-淀粉酶作用于支链淀粉只能任意水解 α-1,4 键,但不能分解 α-1,6 键,也不能越过 α-1,6 键。作用接近 α-1,6 键时速度放慢,其分解产物为 α-界限糊精、麦芽糖和葡萄糖。界限糊精的分支键只有 2~3 个葡萄糖基。

大麦本身 α-淀粉酶含量很少。发芽以后,在赤霉酸的作用下,在糊粉层形成大量的 α-淀粉酶,其活性与大麦品种和发芽条件有关。干燥后可保留 90% 左右。

②β-淀粉酶 β-淀粉酶是一种含—SH 基的外酶,作用于淀粉分子的非还原性末端,依次水解一分子麦芽糖,故作用速度缓慢。β-淀粉酶也只能作用于 α-1,4 键,遇 α-1,6 键即停

发酵食品加工

止水解。作用于淀粉产生 β-麦芽糖、界限糊精。干燥后可剩余 60%～70%。

β-淀粉酶的来源:大麦→发芽→未活化 β-淀粉酶与蛋白质以双硫键结合→未活化的 β-淀粉酶活化→发芽后向胚乳部分分泌。

③界限糊精酶 大麦中此酶活性很低,发芽后活性约增长 20 倍。此酶作用于界限糊精,产生葡萄糖、麦芽糖、麦芽三糖及一系列直链寡糖。

④支链淀粉酶 支链淀粉酶又名 R-酶、界限糊精酶或脱支酶,或总称为脱支酶。大麦中此酶活性很低,发芽后酶活性显著增加,作用和界限糊精酶一样。

⑤蛋白分解酶 蛋白分解酶是分解蛋白质肽键的一类酶的总称。分为内肽酶、端肽酶、二肽酶。内肽酶切断蛋白质内部肽键,产生小分子肽。端肽酶又分为羧肽酶和氨肽酶,羧肽酶从游离羧基端切断肽键,氨肽酶从游离氨基端切断肽键。二肽酶分解二肽为氨基酸。

⑥半纤维素酶类 半纤维素是胚乳细胞壁的主要组成成分,而细胞壁在制麦过程的分解是大麦胚乳分解的主要内容。在众多的半纤维素酶类中,最主要的是 β-葡聚糖酶。分解 β-葡聚糖,降低麦汁和啤酒的黏度,加快过滤速度,提高啤酒的稳定性。

⑦磷酸酯酶 大麦含有此酶,发芽后活性增长 5～6 倍,干燥后剩余 35%～40%。

此酶能分解不同的磷酸酯,根据酶作用的物质不同,可分为淀粉磷酸酯酶、己糖磷酸酯酶、甘油磷酸酯酶、蛋白质磷酸酯酶、植酸盐酶等。它们最主要的作用是在发芽期间,从植酸钙镁中分解出无机磷酸盐,对调节 pH 有很大的作用。

⑧氧化还原酶 主要包括过氧化氢酶、过氧化酶和多酚氧化酶。前两者作用一样,都是分解过氧化氢,此二酶在大麦中含量不多,发芽后分别增长 10 倍、7～9 倍。干燥后,过氧化氢酶几乎全部损失,过氧化酶损失 33%。

对于多酚氧化酶,大麦中具有较高的酶活性,发芽后酶活性增长 2 倍,干燥后剩余 60%。酚类物质的氧化对啤酒的色泽、风味、非生物稳定性有很大的影响。

2.6.3 发芽的机理

(1)发芽时的呼吸作用 呼吸作用即生物体摄取氧气和营养,排出 CO_2 和水的过程。

结果:内容物下降。

控制:控制发芽条件,如水分、温度和供氧等,减少不必要的损失。

(2)麦粒发芽时的代谢作用 代谢过程:发芽开始→胚释放赤霉酸→分泌至糊粉层→诱导形成一系列水解酶→作用于胚乳中的淀粉、蛋白质、半纤维素等→形成低分子物质→供胚部发芽。

(3)胚乳的溶解 大麦胚乳组织:由无数蛋白质联结的胚乳细胞所构成,胚乳细胞的细胞壁由半纤维素所组成,细胞内包含着大小不同的淀粉颗粒。

大麦发芽时,胚乳所含的高分子物质在各种水解酶的作用下生成低分子的可溶性物质,并使坚韧的胚乳变得疏松的现象,称为胚乳的溶解。

溶解过程:蛋白酶溶解联结胚乳细胞的蛋白质→胚乳细胞分离→露出胚乳细胞壁→半纤维素酶分解细胞壁→蛋白质酶分解淀粉颗粒的蛋白质支撑物→淀粉颗粒与淀粉酶接触而分解。胚乳溶解次序:溶解先从胚部开始,沿上皮层向麦尖发展,而后由外向内逐渐遍及全部胚乳(图 2-9)。

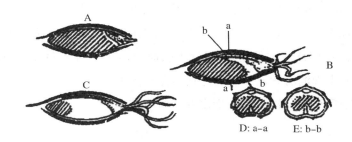

图 2-9　麦芽胚乳溶解过程
A. 未发芽麦粒纵剖面　B. 发芽开始后(白色为溶解胚乳)
C. 发芽中期　D. a—a 断面　E. b—b 断面

控制:若要溶解均匀,必须降低溶解速度,所以,传统制麦工艺发芽时间要 7～8 d。

2.6.4　发芽过程物质转化

(1)淀粉的溶解　淀粉分解为葡萄糖、果糖、蔗糖。支链淀粉长度变短,直链淀粉比例增加。直链淀粉在其分子两端各具有一个简单的还原性和非还性末端,支链淀粉只是在其主链上有一个还原性末端,但支链末端都具有非还原性葡萄糖基,由于长链切断,末端葡萄糖基相应地增加。

支链淀粉与碘作用产生特征性红色,直链淀粉与碘作用产生蓝色。

淀粉分解成低分子糖类(分解量为原淀粉量的 18%),去向有三:一是呼吸消耗;二是作为低分子糖存于胚乳中;三是转移到胚芽,经生物合成又变成淀粉。

(2)蛋白质的变化　蛋白酶作用于蛋白质→低分子肽类和氨基酸→供胚发芽。使胚乳总蛋白质降低,胚蛋白质增加。

蛋白溶解度:可溶性氮占麦芽总氮的百分率即库尔巴哈值,库值大于 41% 为优。

蛋白质的变化直接影响麦芽的质量,关系到酵母的发酵和成品酒的风味、泡沫和稳定性。

(3)半纤维素和麦胶物质的变化

①β-葡聚糖的变化　β-葡聚糖是半纤维素和麦胶物质的主要成分,麦胶物质所含的 β-葡聚糖,其相对分子质量较半纤维素的小,易溶于水,成黏性溶液。相对分子质量越小,黏度也越小。

②戊聚糖的变化　大麦中的戊聚糖分布于谷皮、胚和胚乳中。

发芽过程中戊聚糖总量几乎不变。谷皮中的戊聚糖含量不变,胚乳中戊聚糖受酶分解

成戊糖,输送至胚部,合成新的物质,再度成为不溶性的戊聚糖。

(4)酸度的变化

酸度上升:发芽中4~5 d酸度增加最快,6~7 d达最高。酸度高的麦芽溶解好。

酸的种类:主要是磷酸,其次是甲酸、乙酸、丙酸、丙酮酸、乳酸、氨基酸和苹果酸等。

酸度提高的原因:磷酸酶使磷酸从有机化合物中释放出;糖类缺氧呼吸产生少量的有机酸;麦粒中硫化物转化成少量的硫酸;氨基酸的碱性氨基酸被利用,生成相应的酮酸。

(5)二甲基硫(DMS)的变化 DMS是一种挥发性的含硫物质,大麦发芽时会产生一种非活性、热稳定性较差的DMS前体物,在麦芽干燥时会转化为活性DMS前体物,并能分解产生游离的DMS,使得啤酒有青草味。应尽量避免其产生。

措施:采用低麦芽度和低发芽温度、低麦芽溶解度控制。

(6)其他变化

无机盐类稍有下降。原因:无机盐向浸麦水和麦根中转移。

多酚物质稍有降低。原因:向浸麦水中扩散。

某些维生素在发芽时有增加,但在烘干过程中因受热而被破坏。

脂肪的损失为0.16%~0.34%。原因:部分为呼吸损失,部分则裂解为甘油和高级脂肪酸。

(7)发芽质量的判断 发芽操作结束得到的麦芽称为绿麦芽。

①根芽和叶芽的判断 在浸泡即将结束时,根芽会从麦粒底部长出并看得见;叶芽穿破麦粒种皮长出,但穿破不了谷皮,它沿麦粒背部下端向顶部生长。

根芽:浅色麦芽的根芽较短,一般为麦粒长度的1~1.5倍;深色麦芽的根芽较长,一般为麦粒长度的2~2.5倍。根芽生长强壮、发育均匀是发芽旺盛和麦粒溶解均匀的象征。

叶芽:叶芽的长度视麦芽种类不同而异。在生产正常的条件下,叶芽长度不足,麦芽溶解度低,粉状粒少,酶活力低;如果叶芽过长,麦芽溶解过度,则麦芽浸出率低。对浅色麦芽来说,叶芽平均长度应相当于麦粒长度的0.7左右,3/4者应占75%以上;对深色麦芽来说,其平均长度应相当于麦粒长度的0.8以上,3/4~1者应占75%以上。

②溶解度的判断

感官判断:将绿麦芽的皮剥开,以拇指和食指将胚乳搓开,如呈粉状散开,且感觉细腻者即为溶解良好的麦芽;虽能碾开但感觉粗重者为溶解一般;不能碾开而成胶团状者为溶解不良。将干麦芽切断,其断面为粉状者为溶解良好;呈玻璃状者为溶解不良;呈半玻璃状者介于两者之间。用口咬干麦芽,疏松易碎者为溶解良好;坚硬不易咬断者为溶解不良。

理化测定见表2-4。

表 2-4　常用的麦芽溶解度理化测定方法

	方法	说明
物理方法	1.沉浮试验	利用麦芽不同溶解度的不同相对密度来判断
	2.千粒重	利用大麦和麦芽千粒质量之差来判断
	3.勃氏硬度计测定	利用测出麦芽的硬度值来判断
	4.脆度测定器试验	利用测定麦芽的脆度情况来判断
	5.粗细粉浸出率差	利用粗粉与细粉的浸出物差来判断细胞溶解情况
化学方法	1.麦汁黏度	利用麦汁的黏度来判断细胞溶解的情况
	2.蛋白质溶解度	利用麦汁可溶性氮与总氮之比的百分率判断蛋白质分解情况
	3.45℃哈同值	利用45℃糖化麦汁的浸出率判断发芽细胞溶解情况

2.6.5　发芽设备

目前国内使用的发芽方式分为地板式和通风式两大类,通风式发芽又有多种设备形式。在国内通风式发芽已经完全取代了地板式发芽。

通风式发芽由于使用的设备形式不同,而分为箱式发芽、劳斯曼转移箱式发芽、麦堆移动式发芽和发芽-干燥两用箱等。普遍采用的是箱式发芽设备,它是以发明人法国工程师萨拉丁而命名。

(1)萨拉丁发芽箱

①结构组成　发芽箱、通风装置、搅拌装置(图 2-10)。

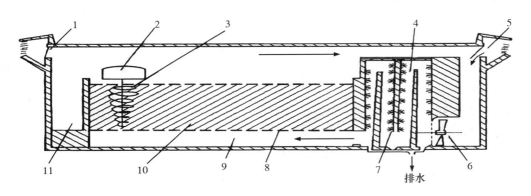

图 2-10　萨拉丁发芽箱结构示意图

1.排风口　2.翻麦机　3.螺旋　4.喷雾室　5.进风口
6.风机　7.喷水管　8.假底　9.风道　10.麦层　11.过道

箱体:砖砌成、钢筋水泥或钢板制成,为长方形,上方敞开或封闭,金属筛板至箱壁上缘壁高1～2 m,两侧壁上方设齿轮行轨,供翻麦机运行移动。

箱底:不锈钢板制,开长条孔。箱底下的空气室高度为1.5～2 m以上。空气室底向进风口略有倾斜,以利排水,同时也有调节两端风压的作用。

翻麦机:翻松麦层,多为螺旋式,翼片由钢板制成,有的则用扁形钢条,这样可以减轻阻

力。搅拌是萨拉丁发芽箱对麦层的翻动、麦层散热、疏松麦层、流通空气、防止麦根缠绕的重要操作,能将麦粒自下而上地翻动,并能将已结块、缠结的麦芽簇翻到表面上来,能翻动一定厚度的麦芽层(0.8~1 m)且无死角,翻拌设施不会打碎麦粒或将麦粒压扁、麦层压紧。

空调装置:集中的多箱1调;分散的1箱1调。

②萨拉丁发芽箱操作要点

投料:又称为下麦,主要是利用大麦的自重,使大麦和水一同从浸麦槽自由下落进入发芽箱。

摊平:大麦进入发芽箱后会堆成堆,利用发芽箱上方的翻麦机将麦堆摊平。

喷水:是操作规程中很重要的操作程序,利用装在翻麦机上的喷水管,随着翻麦机的移动而将水均匀地喷洒在麦层中。喷水量和次数是工艺所决定的。

萨拉丁发芽箱结构
及工作过程

通风:箱式发芽采用能够使麦层温度稳定的连续通风方式。通风的温度和湿度是按照工艺要求进行控制和调节的。

翻麦:利用发芽箱上方的翻麦机,从一端移动到另一端即完成了一次翻麦。在发芽开始和发芽后期翻麦次数少,发芽旺盛阶段每天翻麦2次即可。

控制麦温和时间:将温度控制在工艺要求的范围之内,待根芽和叶芽生长到一定长度时,发芽基本结束。

出料:发芽结束,要将绿麦芽利用翻麦机将其推到发芽箱出口,利用其他方式输送至干燥箱。

③箱式发芽的麦层厚度控制　在国内,箱式发芽麦层厚度多控制在0.6~0.8 m,麦层厚度大于0.8 m即为麦层过厚,麦层厚度小于0.4 m即为麦层过薄。一般的操作,只要按规定的精选大麦投料量投料,即符合麦层厚度要求,很少会发生过厚、过薄现象。

当麦层厚度超过1 m时,可分成两个槽发芽;当麦层厚度少于0.4 m时,可将绿麦芽按规定厚度堆积,空出的无麦芽的部分可盖住假底。

在实际生产中是通过对浸麦投料量的调整来控制麦层厚度的。

(2)麦堆移动式发芽体系

箱体:与萨拉丁箱的结构相同,但箱体长,形成一条作业线。

发芽箱隔仓:箱体假底下面的空间,根据发芽6~8 d的周期,用隔板隔成12~16分室。

操作:每隔12 h,发芽大麦由翻麦机向前移动一个分室,即完成一次翻麦。经过6~8 d,亦即经过12~16次移动翻麦,完成全发芽过程,最后入单层干燥炉。

翻麦机:类似扬麦车,它从发芽箱的末端开始,将麦芽向烘干炉翻送。

(3)劳斯曼转移箱式制麦体系　与麦堆移动式属一种类型,都是麦层移动,箱体分室。

劳斯曼转移箱箱体很长,隔成6间,每间床面为矩形或正方形,可以缓慢升降。升起过程中可用翻麦机将麦芽一层一层转移至前面空床,前面空床在缓慢下降过程中已被充满麦芽,当后面麦芽床面升至顶部时,床面上的麦芽已全部进入前面下降的发芽床上,而升到顶部的发芽床下降时,它后面的发芽床又缓慢升起,并将麦芽一层一层地转移到下降的床面上。

在发芽过程中,麦芽每天移动一次,从第 1 个箱移到第 6 个箱,共需 6 d,然后输送到干燥设备上干燥。

(4)发芽-干燥两用箱 我国于 20 世纪 70 年代起用,设置发芽和干燥两套通风装置,设于箱体两端。

目前,我国仍以萨拉丁发芽箱应用最普遍,因为它易于土建施工、操作和维修方便。

2.6.6 发芽工艺技术条件

(1)发芽水分 大麦经过浸渍以后水质量分数在 43%～48%,制造深色麦芽宜提高至 45%～48%,而制造浅色麦芽一般控制在 43%～46%。

在发芽过程中,由于呼吸产生热量以及麦粒中水分蒸发等原因,发芽室必须保持一定的相对湿度。

通风式发芽法,室内的空气相对湿度一般要求在 95%以上。

(2)发芽温度 发芽温度一般分为低温、高温、低高温结合等几种情况。

①低温制麦 一般为 12～16℃。低温制麦时,大麦的根、叶芽生长缓慢,生长均匀,呼吸损失较少,水解酶活力较高,细胞壁和蛋白质溶解较好,浸出物较高。制麦损失低,成品麦芽色度低。所以,生产浅色麦芽宜用低温制麦。但是低温制麦将明显延长时间,相应地增加了动力消耗和设备的台数。每天投料一批,则需浸麦槽 4 个,发芽箱 8 个。

②高温制麦 一般超过 18℃都算是高温制麦,以不超过 22℃为宜。制深色麦芽一般用高温制麦,以保证产生足够的低分子糖和低分子氮,从而形成色素。如果用高温制备浅色麦芽,则必须缩短发芽时间。

高温制麦有一系列弊端:如制麦损失高、浸出物下降、水解酶活力低,随之而来的后果是麦芽溶解不良、麦汁过滤性能差、麦汁收率低、色度偏高等。

③低高温结合制麦 对于含蛋白质高、有休眠期、永久性玻璃质难溶的大麦,可采用先低温后高温工艺。前 3～4 d 用 12～16℃,后几天用 18～20℃,甚至 22℃,以保证溶解完全。

(3)麦层中氧气与二氧化碳 发芽初期麦粒呼吸旺盛,麦温上升,二氧化碳浓度增大,这时需通入大量新鲜空气,提供氧气,以利于麦芽生长和酶的形成。特别要防止因麦粒内分子间呼吸造成麦粒内容物的损失,或产生毒性物质使麦粒窒息。

(4)发芽时间 发芽时间是由多种条件决定的。

发芽过程中必须避免光线直射,以防止叶绿素的形成。

(5)添加赤霉素 GA3 GA3 诱导多种水解酶的产生。促进麦芽生长,缩短发芽周期,减少制麦损失。可由 7 d 缩短到 4～5 d。制麦损失减少 1%～4%,提高浸出物 2%,提高糖化力和可溶性。玻璃质粒高的大麦明显。

添加时期:最后一次浸麦水至浸麦结束。

用量:每千克大麦 0.05～0.2 mg,实际生产可达 1.6 mg。

2.7 麦芽干燥

2.7.1 麦芽干燥的目的

干燥的目的:降水至 5％以下;终止酶作用;去除青味;产生特色的色、香、味;便于除根。

2.7.2 麦芽质量的评定

(1)感官特征 优质浅色麦芽具淡黄色而具有光泽感,劣质麦芽外观发暗,有霉味及酸味。

(2)物理检验 ①切断实验:取麦芽样品 200 粒,检验胚乳状况,玻璃质粒越少越好。②叶芽长度:越均匀越好。

(3)化学检验

水分:我国浅色麦芽出炉水分小于 5％。

无水浸出物:因品质而异,一般为 72％～80％。

糖化时间:代表麦芽水解酶活力的强弱。

麦汁滤速和透明度:溶解良好的麦芽麦汁的过滤速度快。

麦汁色度:正常浅色麦芽色度为 2.5～4.5 EBC 单位。

细胞溶解度:目前国际上较通用的方法是测定麦芽粗细粉浸出物差值。

蛋白溶解度:库尔巴哈提出的协定法测定麦汁的可溶性氮和总氮之百分比可以表示出蛋白质溶解度。

α-淀粉酶和糖化力:采用美国 ASBC 方法测定。

任务二 麦汁制备

【任务描述】

概念:固态的麦芽、非发芽谷物、酒花,用水调制加工成澄清透明的麦芽汁的过程称为麦汁制备。

原麦汁浓度:100 g 麦汁中含有的浸出物的克数。

麦汁制备过程:原料的粉碎、糊化、糖化、糖化液的过滤,混合麦汁加酒花煮沸,麦汁处理—澄清、冷却、通氧等一系列物理学、化学、生物化学的加工过程。

麦芽是啤酒生产的主要原料,酿造啤酒是将大麦中的有效成分尽可能浸提出来,用来发酵。啤酒花作为啤酒的香料,能赋予啤酒特有的酒花香味、爽口的苦味、提高啤酒的防腐能力,同时也增强了泡持性。所以,在麦汁制备时需添加酒花。啤酒生产时添加一定比例的辅助原料,可在降低生产成本的同时,改善麦汁组成及增强啤酒的泡持性。品质优良的啤酒与优良的水分不开,在学习酿造技术时应了解酿造啤酒对水质的要求及处理方法。

【参考标准】

GB 8952—2016 食品安全国家标准　啤酒生产卫生规范

GB 4927—2008 中华人民共和国国家标准　啤酒

【工艺流程】

酒花

大米 → 磁选 → 粉碎 → 糊化
　　　　　　　　　　　　　　并醪 → 糖化 → 过滤 → 煮沸 → 冷却 → 回旋沉淀 → 过滤 → 冷却 → 通氧
麦芽 → 磁选 → 粉碎

【任务实施】

1　原料准备

大麦芽、大米。

2　器材准备

粉碎机、糖化锅、过滤机械、煮沸锅、回旋沉淀槽、冷却器。实验前一周,对相关设备进行清洗处理,对制冷系统进行提前打冷操作。

3　操作要点

3.1　实验仪器及用具

温度计(120℃)、糖度计、计算机、制冷系统、糖化锅、过滤槽、台秤、电子天平、冰箱、灭菌锅、镊子、纱布、牛皮纸等。

3.2　实验步骤

(1)根据麦芽汁质量指标分析数据、成品啤酒的类型和质量要求、辅料种类等,结合糖化原理选择设计适合的糖化方法,并给出糖化工艺曲线。

(2)麦芽的粉碎:称取 30 kg 大麦芽粉碎,要求皮破而不碎。

(3)糖化:糖化锅中注入 120 kg 无菌水,打开加热管和搅拌器加热至 50℃,向过滤槽中注入少量无菌水,以没过筛板为准。向 50℃无菌水中加乳酸调 pH 至 5.5 左右,石膏 15 g,将粉碎好的麦芽缓慢投入到糖化锅中,投料前打开糖化锅搅拌器,进行糖化,糖化过程中搅拌器始终打开。

(4)过滤:糖化完毕,将糖化醪泵入过滤槽,静置 20 min,打开回流阀门,直到滤液澄清。打开过滤阀门,滤液自动进入回旋槽,将过滤阀门调整到合适阀位,液位达到适当位置(尽可

能保持较小压差,麦汁流量适当,保持疏松的麦糟层),待麦汁流至露出麦糟层时,过滤完毕,关闭过滤阀门。

过滤过程中在煮沸锅中加水加热至80℃,水位没过最上面加热管即可,用其中一部分80℃的水冲洗软管,杀死软管里细菌,再用其余的水洗糟2~3次,每次向过滤槽注入洗糟水后,用铲子搅拌麦糟,静置3~5 min后,按上述过滤方法过滤,洗糟水用量要按照头道麦汁浓度和麦汁量来确定。

(5)煮沸:将回旋槽中的全部麦汁用麦汁泵打回煮沸锅,打开煮沸锅加热管进行加热并打开搅拌器,待麦汁沸腾后加酒花65 g,酒花油20 g,沸腾30 min后,再加酒花65 g。煮沸期间要用糖度计不断测量麦汁的糖度,当麦芽糖的糖度达到12°Bx时,停止加热,关闭加热管。煮沸期间要注意观察液面变化,防止沸腾的麦芽汁从煮沸锅溢出,可通过关闭1~2个加热管进行控制。

(6)回旋沉淀:煮沸完毕后,打开回旋阀门,将麦芽汁沿切线方向打入回旋沉淀槽中,再关闭回旋阀门静置20~30 min。

【任务评价】

评价单

学习领域	麦汁制备					
评价类别	项目	子项目	个人评价	组内互评	教师(师傅)评价
专业能力 (80%)	资讯(5%)	搜集信息(2%)			
		引导问题回答(3%)			
	计划(5%)	计划可执行度(3%)			
		计划执行参与程度(2%)			
	实施(40%)	操作熟练度(40%)			
	结果(20%)	结果质量(20%)			
	作业(10%)	完成质量(10%)			
社会能力 (20%)	团结协作 (10%)	对小组的贡献(10%)			
	敬业精神 (10%)	学习纪律性(10%)			

[师徒共研]

1.为什么麦芽不需要糊化?

在制麦过程中麦芽成分已深度降解,仅20%~30%的降解在糖化过程中完成。

2.麦汁糖化过程中的"三锅二槽"是什么?

指糊化锅、糖化锅、煮沸锅,过滤槽、回旋沉淀槽。

3.啤酒厂辅料的糊化、液化

常在低温(100℃)下进行,为提高辅料的利用率,必须在辅料中添加15%～30%的麦芽或α-淀粉酶(6～8 u/g 原料)。加麦芽或淀粉酶作用是降低糊化温度、缩短糊化、液化时间。

4.pH对糖化影响很大,不同糖化工艺pH的控制条件分别是什么?

糊化锅下料水 pH 6.0～6.2;糖化锅下料水 pH 4.5～5.0;洗槽水 pH 6.0～6.5;蛋白质分解阶段 pH 5.2～5.4;糖化阶段 pH 5.5～5.7;过滤后混合麦汁 pH 5.8～6.2;煮沸期间,由于添加酒花,苦味酸的浸出、类黑精的形成以及硫酸钙与磷酸盐的作用,使 pH 下降至5.2～5.4。

5.如何用蛋白质溶解不良的麦芽生产麦汁?

加强蛋白质分解,采用较低的投料温度,延长蛋白质休止时间,调节最适 pH;浓醪有利于蛋白质分解,调整料水比为 1:(2.5～3.5);采用 3 次煮出糖化法。蛋白质的分解主要是在发芽过程中进行,糖化过程起调整作用。如果发芽时蛋白质分解很差,糖化过程中也很难调整过来。

6.啤酒花在酿酒中起到哪些作用?

①赋予啤酒特有的香味;②赋予啤酒爽快的苦味;③增加啤酒的防腐能力;④提高啤酒的非生物稳定性。

[知识链接]

1　麦汁制备的工艺要求

(1)使原料的有效成分得到最大程度的萃取;

(2)破碎时原料中无用的或有害的成分溶解最少;

(3)制成麦汁的有机或无机成分的数量配比应符合啤酒品种、类型的要求;

(4)在以上的原则上,缩短生产时间,节能。

思政花园

国家将食品安全纳入国民素质教育内容,普及食品安全科学常识和法律知识,提高全社会的食品安全意识。

——《中华人民共和国食品安全法实施条例》第五条

2 原料粉碎

2.1 粉碎的目的与要求

粉碎的目的：增加原料与水的接触面积，使麦芽可溶性物质浸出，有利于酶的作用，促进难溶物质溶解。

粉碎的要求：考虑经济性和酿造的特殊性。

麦芽粉碎标准为"皮壳破而不碎，胚乳尽可能细些"。"皮壳破而不碎"是由于表皮主要组成是各种纤维组织，其中很多物质会影响啤酒的口味，如果将其破碎，在糖化过程中，会使其更容易溶解，影响啤酒质量。其次是因为，在糖化后的过滤过程中，可以让其充当过滤层，达到更好的过滤效果。"胚乳尽可能细些"是为增大内容物与水和生物酶的接触面积，加速物料内容物的溶出和分解。

2.2 粉碎度

麦芽粉碎后，按物料的大小，一般可分为：皮壳、粗粒、细粒、粉及细粉，其各部分的质量分数，称为粉碎度。

皮壳：>20目；粗粒：<20目；细粒：<40目；粗粉：<60目；细粉<80目。

粉碎要求：粗粒与细粒（包括细粉）的比例为1:(2.5～3.0)。

2.2.1 粉碎度的调节

主要依据麦芽的溶解度、糖化方法、过滤设备等灵活控制。

（1）粉碎度对浸出物的影响 皮壳：难溶，占浸出物的比例低。麦芽粗粒：胚乳溶解度较差部分比例大，则收率低。粉和微粉：胚乳比例大，浸出物收率高，不可过度，否则过滤困难或麦汁不清。

（2）糖化方法对粉碎度的要求 快速糖化或浸出糖化法，粉碎度应大（细）一些；采用长时间糖化法或二次、三次糖化煮出法粉碎度可小些。

（3）麦芽性质对粉碎度的控制 溶解好的麦芽胚乳疏松，富含水解酶，糖化方便，粉碎可粗一些；溶解不良的麦芽，胚乳坚硬，含水解酶少，糖化困难，可适当粉碎细一些。

刚出炉的麦芽比较脆；水分超过10%的麦芽粉碎时易轧成片状，也不容易达到要求。

（4）麦汁过滤方法对粉碎度的要求 ①滤槽法：过滤的推动力是液体静压，粉碎要求严格，粉碎要求皮壳尽量完整，胚乳以粗、细粉为主，粉和微粉比例小，过滤顺利。②压滤机压滤：过滤的推动力是泵送压力，压力大，过滤介质是滤布和皮壳，对粉碎要求低，麦芽粉碎细一些，不影响过滤速度，反而可提高浸出物收率。

2.2.2 麦芽粉碎方法

麦芽粉碎方法分为3种，即干法粉碎、增湿粉碎和湿法粉碎。

（1）干法粉碎 是一种传统的并且一直沿用至今的粉碎方法。但是目前增湿粉碎和湿法粉碎被越来越多的厂家采用。

(2)增湿粉碎 麦芽在粉碎之前用水或蒸汽进行增湿处理,使麦皮水分提高,增加其柔韧性,粉碎时达到破而不碎的目的。采用增湿粉碎机。

水喷雾增湿:以雾状热水(或冷水)喷入麦芽螺旋推进器,使水分增加 1.5%～2.0%,麦皮中增加得多些,为 2%～3%;麦粉里增加得少些,为 0.5%～0.8%。

蒸汽增湿:麦芽经过螺旋推进器,并通入饱和蒸汽,麦芽和蒸汽在螺旋推进器中的接触时间为 30～40 s,蒸汽压力 50 kPa(110℃),麦芽温度提高到 40～50℃,平均吸水 0.7%～1.0%,麦皮略高些,约达 1.2%。

(3)湿法粉碎 湿法粉碎是将麦芽在粉碎前用 30～50℃的温水浸泡 15～30 min,使含水量提高到 30%左右,同时麦芽体积由于吸水而膨胀 35%～40%。麦芽经过浸泡后,壳的柔韧性增加,抵抗机械破碎的性能提高,粉碎时能够保持其完整性。

预浸槽:温水 20～25℃浸泡 10～20 min,水分达到 25%～35%,加到对辊粉碎机中,带水粉碎,均浆槽中加 30～40℃糖化水,送入糖化锅。

一般 0.5～2 h 完成一次投料,每天糖化 8～10 次,否则易污染。放弃浸泡水可提高啤酒质量,但浸出物损失 0.5%～1.0%。

优点:皮壳不易粉碎,胚乳粉碎均匀,糖化速度快,可提高过滤速度或投料量(滤层厚度 50～60 cm),不影响过滤。

缺点:电耗增加 20%～30%;每批料同时浸渍,粉碎时间最少 30 min,前后麦芽的浸渍时间不同,溶解有差异,影响糖化的均一性。

连续浸渍式粉碎(改进型):投放干麦芽—加料辊—浸渍室、斗(浸 60 s,水分 23%～25%)—粉碎机(边喷水边粉碎)—糖化锅或粉碎机混合调整浆后泵入糖化锅。

两种湿法粉碎,粉碎机结构复杂,价格高,维修费用大,电耗高。

2.2.3 粉碎设备

粉碎设备有两辊式粉碎机、四辊式粉碎机、五辊式粉碎机、六辊式粉碎机(图 2-11 和图 2-12)。

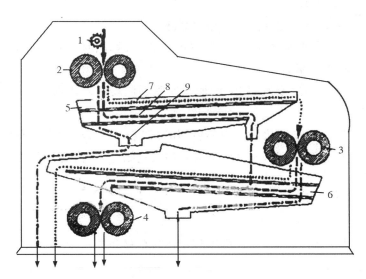

1. 分配辊
2. 预磨辊
3. 麦皮辊
4. 粗粒辊
5. 上震动筛组
6. 下震动筛组
7. 带有粗粒的麦皮
8. 粗粒
9. 细粉

图 2-11 六辊式粉碎机

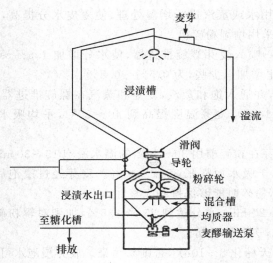

六辊式粉碎机
粉碎过程

图 2-12　麦芽湿粉碎设备

2.3　原料糖化

2.3.1　目的

目的是将原料中的可溶性物质浸渍出来,并创造有利于各种酶作用的条件,使不溶性物质变成可溶性物质溶解,得到尽可能多的浸出物和含有一定比例其他物质的麦芽汁。

在糖化时分解的数量、变化最多的物质是淀粉,对啤酒影响极大的变化是蛋白质、多酚物质、脂肪酸等物质。

2.3.2　糖化原理

原料及辅料粉碎物与水混合后的混合液称为"醪"(液),糖化后的醪液称为"糖化液",溶解于水的各种干物质(溶质)称为"浸出物",过滤后所得到的澄清溶液称为"麦芽汁"(或"麦汁")。

(1)辅料的淀粉糊化与液化(以大米为例)

淀粉分解过程:淀粉→吸水膨胀→糊化→液化→糖化醪液

糊化:当淀粉颗粒经过加热,迅速吸水膨胀,从细胞壁中释放,破坏晶状结构,并形成凝胶过程。糊化温度:达到糊化程度时的温度。

液化:淀粉在热水中糊化形成高黏度凝胶,如继续加热或受到淀粉酶的水解,使淀粉长链断裂成短链状,黏度迅速降低的过程。

淀粉老化:糊化后的淀粉凝胶或初步液化后的淀粉糊,如降温至 50 ℃以下,产生凝胶脱水作用,即淀粉分子重新整齐规则排列、重叠,链之间形成新的氢键结合,结构复趋向紧密。

糊化步骤:

①糊化锅内加水。

②升温至 30 ℃,有利于各种淀粉酶的浸出。

③搅拌。在靠近锅底处设有浆式搅拌器,搅拌可以防止物料粘锅和提高传热效果。

④糊化锅投麦芽及大米粉。

⑤升温至 70 ℃,保持 20 min。

辅料醪的煮沸称为预煮,预煮可进一步使淀粉充分糊化,提高浸出率,同时可提供混合糖化醪升温所需要的热量。

　　⑥升温至100℃。

　　⑦糊化液的排出。

　　⑧冲洗糊化锅。

　　(2)淀粉的分解　糖化过程中的淀粉分解是发芽过程中淀粉分解的继续,淀粉在淀粉分解酶的协同作用下分解,其速度大大快于发芽时期。大麦淀粉主要是在糖化过程中分解的。见表2-5。

表 2-5　麦芽在不同阶段分解的比例

	制麦	糖化
淀粉分解	1	12
蛋白质分解	0.8	1
半纤维素分解	9	1

　　①淀粉酶的作用(图2-13)

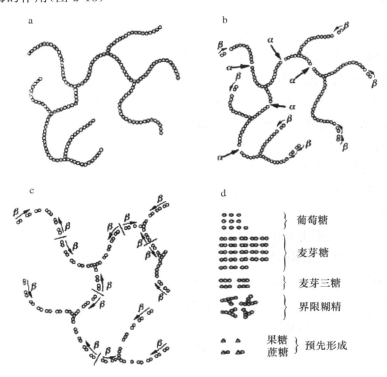

a.原淀粉酶　b.α-淀粉酶、β-淀粉酶水解部位　c.水解后状态　d.符号说明

图 2-13　淀粉酶水解过程

α-淀粉酶:最适 pH5.8~6.0,温度 65~68℃(生产中 65~70℃),能任意水解淀粉分子链内的 α-1,4 糖苷键,不能水解 α-1,6 键,最终产物为麦芽糖、葡萄糖、麦芽三糖。

β-淀粉酶:最适 pH5.0~5.5,温度 50~52℃(生产中 60~63℃),从非还原端的第二个 α-1,4 苷键开始,依次将麦芽糖一个一个水解下来,不能作用 α-1,6 键,最终产物为麦芽糖和界限糊精。见表 2-6。

表 2-6 淀粉酶作用条件、方式、基质、产物

酶的名称	最适作用条件	作用方式	作用基质	分解产物
α-淀粉酶	pH:5.6~5.8 温度:70~75℃ 失活温度:80℃	只能分解淀粉分子内部的 α-1,4-糖苷键	直链淀粉 支链淀粉	麦芽糖、葡萄糖、α-糊精
β-淀粉酶	pH:5.4~5.6 温度:60~65℃ 失活温度:70℃	从非还原基末端的 α-1,4-糖苷键两两作用	直链淀粉 支链淀粉	麦芽糖、β-糊精
R-酶	pH:5.3;温度:40℃ 最高温度达 70℃ 仍不失活	非还原端的 α-1,6-糖苷键	支链淀粉 α-糊精 β-糊精	短链糊精、少量麦芽糖和麦芽三糖

②淀粉水解的检验 糖化过程中淀粉分解是否完全,需要靠一些检验项目来确定。这些指标从不同角度反映了淀粉的分解情况。

碘反应:根据淀粉与碘液的呈色反应所呈颜色的不同,判断淀粉分解的阶段性进展。用玻璃棒蘸一滴糖化醪于搪瓷白滴板上,再用滴管加一滴碘液,若不呈色时,说明淀粉基本被分解为低分子糖类,糖化完全;否则应继续糖化。

最终发酵度:指麦汁发酵前与发酵后浸出物含量的差值占发酵前浸出物含量的百分数。发酵度越高,说明麦汁中可发酵性糖的含量越高,淀粉分解得越好。啤酒的类型不同,对最终发酵度的要求也不同。

糖与非糖之比:糖是指用斐林试剂测定的麦汁中的还原糖,包括麦芽糖、葡萄糖、果糖、麦芽三糖及其他少量的具有还原能力的戊糖和低聚糊精。但戊糖和低聚糊精不能被酵母利用,因此并不是可发酵性糖。非糖是指麦汁中除还原糖以外的所有浸出物,如蔗糖(不具还原力)、低聚糊精、含氮化合物、多酚化合物、无机盐等。

与最终发酵度一样,糖与非糖之比是通过测定麦汁中可发酵性糖与非可发酵性糖的比例来检查淀粉的分解状况。淡色啤酒一般控制在 1:0.3 左右,深色啤酒略高些,在 1:(0.3~0.5)。

(3)蛋白质的分解 蛋白质的溶解主要是在制麦过程中进行,而糖化过程主要起修饰作用,制麦过程中与糖化过程中蛋白质溶解之比为 1:(0.6~1.0)。糖化过程中蛋白质分解的好坏,即各部分蛋白质所占的比例,直接影响啤酒发酵和最终产品的质量。

高分子蛋白质可以提高啤酒的圆润性和适口性,增强啤酒的泡沫,但过多也会降低啤酒

的非生物稳定性,导致啤酒早期混浊;低分子氮作为酵母的营养物质,直接进入到成品啤酒中去,糖化过程中蛋白质分解适中,酵母生长繁殖期间无须人为补加氮源。因此糖化后麦汁中高、中、低分子氮的比例要适当。

①蛋白分解酶 糖化过程中各种酶发挥作用的条件各不相同,将直接影响蛋白质的分解效果。最适作用条件见表2-7。

表 2-7 蛋白分解酶的最适作用条件

蛋白质分解酶	最适 pH	最适温度/℃	失活温度/℃
内肽酶	5.0～5.2	50～65	80
羧肽酶	5.2	50～60	70
氨肽酶	7.2～8.0	40～45	>50
二肽酶	7.8～8.2	40～50	>50

氨肽酶和二肽酶的最适作用 pH 是偏碱性的,而糖化醪的 pH 是偏酸性的,因此在糖化过程中这两种酶的活性是不能发挥出来的,只有在糖化开始阶段糖化醪 pH 较高时起作用;另外,这两种酶的最适作用温度也较低,在生产中大部分采用 50℃投料,已超过了该酶的最适作用温度。因此,只有在特殊情况下才能发挥这两种酶的作用,如糖化醪 pH 较高(使用残碱度较高的糖化用水)和较低的投料温度。

内肽酶和羧肽酶的最适作用 pH 接近糖化醪的 pH,最适作用温度也是投料温度,因此能充分发挥这两种酶的最佳活性。糖化过程中大约有 80% 的游离氨基酸是通过羧肽酶的作用分解出来的。

②蛋白质的分解 糖化过程中大麦蛋白质的分解是发芽过程中分解的继续,不同的是蛋白质的分解主要是在发芽过程中进行,糖化过程起调整作用。如果发芽时蛋白质分解很差,糖化过程中也很难调整过来。

③蛋白质分解的控制 蛋白质分解的程度会影响到酵母的生长繁殖、啤酒发酵和啤酒质量。中、高分子蛋白质有利于啤酒的泡沫性质和啤酒的圆润感,若含量过高会导致啤酒非生物稳定性下降,即啤酒早期混浊。同时这部分蛋白质含量高了,低分子氮必然少。低分子氮,特别是游离氨基酸是酵母的营养物质,麦芽中的氨基氮是酵母氮源的主要来源,生产中通常不另外补加氮源。因此低分子氮含量少会对酵母生长繁殖不利,会导致发酵不正常;若低分子氮含量过高,说明蛋白质分解过度,对啤酒泡沫不利。所以蛋白质的分解要控制在一定的范围,既不能分解不足,又不能分解过度。

(4)半纤维素和麦胶物质的分解

①半纤维素和麦胶物质的分解的最适条件 半纤维素和麦胶物质的分解实际上是指 β-葡聚糖的分解。最适作用条件见表2-8。

表 2-8　葡聚糖确的最适作用条件

β-葡聚糖酶	最适 pH	最适温度/℃	失活温度/℃
内-β-葡聚糖酶	4.5～4.8	40～45	55
大麦内-β-葡聚糖酶	4.5～4.8	40～45	55
内-β-1,3-葡聚糖酶	4.6～5.5	60	70
β-葡聚糖酶-溶解酶	6.6～7.0	62	73

②影响半纤维素和麦胶物质的分解的因素

麦芽溶解度的影响:麦芽的质量是影响β-葡聚糖含量的主要因素,溶解良好的麦芽的酶含量是溶解不足的麦芽酶含量的 4～5 倍,β-葡聚糖的分解也较好。

麦芽粉碎细度的影响:由表 2-9 看出,同一溶解度的麦芽,粉碎得细会溶出更多的 β-葡聚糖。

表 2-9　麦芽溶解程度、粉碎细度与 β-葡聚糖含量

麦芽溶解程度	溶解良好		溶解不良	
麦芽粉碎细度	细	粗	细	粗
β-葡聚糖/(mg/L)	372	361	1 314	1 249

糖化方法的影响:煮出糖化法中,部分浓醪在煮沸时麦胶物质溶解,在酶的作用下继续分解,最终麦汁中β-葡聚糖的含量少于浸出糖化法。

休止温度和时间的影响:由于 β-葡聚糖酶对温度比较敏感,所以采用低温投料(如35℃)并延长休止时间有利于 β-葡聚糖的分解能力的提高。

糖化醪 pH 的影响:适当调低糖化醪 pH 能促进β-葡聚糖酶分解能力。

(5)多酚物质的变化　多酚存在于大麦皮壳、胚乳、糊粉层和贮藏蛋白质层中,占大麦干物质的 0.3%～0.4%。麦芽溶解得越好,多酚物质游离得就越多。糖化过程中多酚物质的变化具有游离、沉淀、氧化、聚合等作用。

糖化过程中,在浸出物溶出和蛋白质分解的同时,多酚物质游离出来。相对分子质量在600～3 000 的活性多酚具有沉淀蛋白质的性质,温度高于 50℃时与蛋白质一起沉淀。

(6)脂类的分解　脂类在脂酶的作用下分解,生成甘油酯和脂肪酸。82%～85%的脂肪酸由棕榈酸和亚油酸组成。在糖化过程中脂类的变化分两个阶段:第一阶段是脂类的分解,即在两个最适温度段(30～35℃和 65～70℃)通过脂酶的作用生成甘油酯和脂肪酸;第二阶段是脂肪酸在脂氧合酶的作用下发生氧化,表现在亚油酸和亚麻酸的含量减少。

滤过的麦汁混浊,会有脂酶进入到麦汁中,会对啤酒的泡沫产生不利的影响。

(7)磷酸盐的变化　在磷酸酯酶的作用下,麦芽中有机磷酸盐水解。将磷酸游离出来,使糖化醪 pH 降低,缓冲能力提高。磷酸酯酶最适作用温度为 50～53℃,超过 60℃迅速失活;最适作用 pH5.0。

2.3.3　糖化方法

糖化方法是指将麦芽和辅料的不溶性固形物转化成可溶性的、并有一定组成比例的浸出物,所采用的工艺方法和工艺条件。它包括配料浓度、各物质分解温度、pH、热煮出的利用、酶制剂、添加剂的选择使用等。

（1）分类　麦芽的糖化方法通常可分为浸出糖化法和煮出糖化法两大类。现分述如下：

①浸出糖化法　浸出糖化法的特点是：糖化醪液自始至终不经煮沸,单纯依靠酶的作用浸出各种物质,麦汁在煮沸前仍保留一定的酶活力。

麦芽煮出糖化和浸出糖化的区别

根据糖化过程是否添加辅料,可以分为单醪浸出法和双醪浸出法。其中单醪浸出法又可以分为恒温浸出法和升温浸出法两种。

a. 单醪恒温浸出糖化法　投料温度（即糖化温度）在65℃左右,糖化1～2 h后升温至过滤温度78℃,进行过滤。这里没有蛋白质分解阶段,因此,只适用于蛋白质分解比较完全的麦芽。

b. 单醪升温浸出糖化法　35～37℃时投料,浸泡原料,直接升温到50℃进行蛋白质分解,再缓慢升温到65℃,72℃进行分段糖化,然后再升温至78℃,进行过滤。

浸出糖化法需要使用溶解良好的麦芽,特别适用于酿制全麦芽啤酒、上面发酵啤酒。英国啤酒中70％为上面发酵啤酒,均采用浸出糖化法。

c. 双醪浸出糖化法　糖化醪与糊化醪兑醪后,醪液不再煮沸,而是直接在糖化锅升温,达到糖化各阶段所要求的温度。由于只有部分醪液进行煮沸,胚乳细胞壁的高分子麦胶物质及其他杂质溶出较少,所制麦汁色泽浅,黏度低,口味柔和,发酵度高,特别适合酿造浅色淡爽型啤酒和干啤酒;而且操作简单,糖化时间短,在3 h内即可完成。

目前我国用辅料酿造淡色啤酒的厂家大多采用此法。酿制的啤酒色泽淡黄,泡沫丰富,洁白细腻,挂杯持久,具有特殊风味,得到了国内外的好评。双醪浸出糖化法图解如图2-14所示。双醪浸出糖化法曲线见图2-15所示。

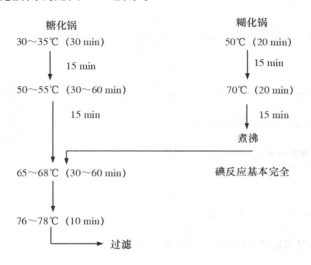

图 2-14　双醪浸出糖化法图解

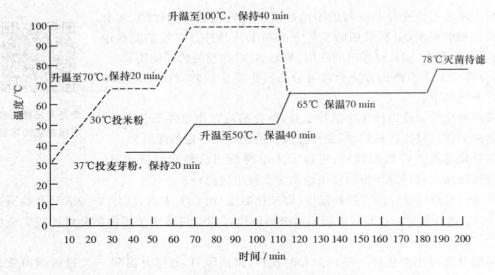

图 2-15 双醪浸出糖化法曲线

②煮出糖化法 煮出糖化法的特点是将糖化醪液的一部分,分批地加热到沸点,然后与其余未煮沸的醪液分阶段地升温到不同酶作用所要求的温度,最后达到糖化终了温度。

根据糖化过程是否添加辅料,煮出糖化法可以分为单醪煮出法和双醪煮出法;根据分醪的次数,又可把单醪煮出法和双醪煮出法分为三次、二次和一次煮出法。

a. 单醪煮出法 该方法不添加辅料,只有糖化醪。即将糖化醪中的部分泵入糊化锅,逐步升温至煮沸状态,维持一段时间。然后把煮沸的醪液重新泵入其余未煮沸的醪液中,使混合醪的温度达到下一步较高的休止温度。根据分醪的次数,可以分为单醪三次、单醪二次、单醪一次煮出糖化法和单醪快速煮出糖化法。

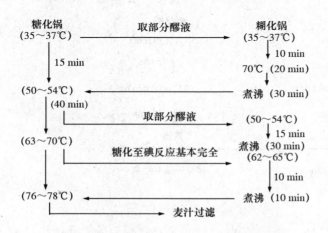

单醪三次煮出法糖化工艺

图 2-16 单醪三次煮出法糖化工艺图解

单醪三次煮出糖化法:在所有的煮出糖化法中,单醪三次煮出糖化法历史最为悠久,其他煮出糖化法几乎都是从单醪三次煮出糖化法演变而来。此法的特点是部分醪液要经过三次煮沸,整个糖化过程温度上升幅度小,有利于发挥各种酶的作用及物质的溶解;但是由于煮沸次数多,工作时间长,热能和电能消耗多,因而生产成本高,而且设备利用率较低(图2-16)。

单醪二次煮出糖化法:单醪二次煮出糖化法的灵活性比较大,适用于处理各种性质的麦芽和制造各种类型的啤酒,此法是将三次煮沸中的第一次煮沸去掉(图2-17)。

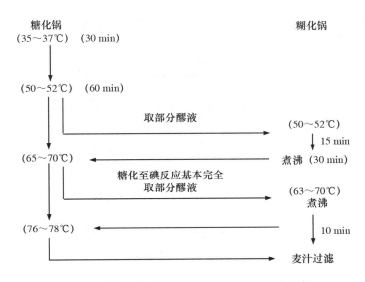

图2-17　单醪二次煮出法糖化工艺图解

单醪一次煮出糖化法:是将单醪三次煮出糖化法的第一、二次煮出去掉(图2-18)。

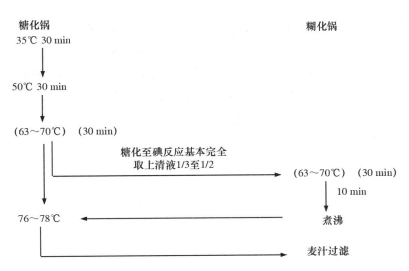

图2-18　单醪一次煮出法糖化工艺图解

单醪快速煮出糖化法:该法没有蛋白质的分解过程,煮沸时间很短,适用于蛋白质分解良好和糖化力高的麦芽,同时对麦芽粉碎度要求也极为严格。整个糖化过程可在 2 h 内完成。此法酿造的啤酒,口味较薄,浸出物收得率也较低。

具体操作是无浸渍和低温蛋白质休止阶段,投料温度 62℃,保持 10～30 min,将部分醪液煮沸,使混合醪温达 70℃,保持 30～60 min,再分出部分醪液煮沸,混合后醪液温度为 78℃,进行过滤(图 2-19)。

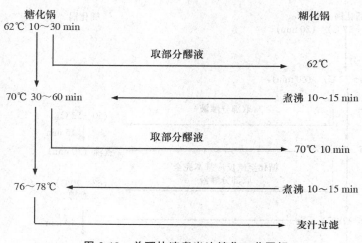

图 2-19 单醪快速煮出法糖化工艺图解

b. 双醪煮出糖化法 双醪煮出糖化法是由于使用大米等辅料而出现糖化锅和糊化锅同时投料的一种煮出糖化方法。根据煮沸次数,可分为双醪三次、双醪二次、双醪一次煮出糖化法。

双醪三次煮出糖化法:由于部分醪液经三次煮沸,糖化时间长达 4～6 h,这有利于其中溶解不良的麦芽中各种酶产生作用。麦汁中非糖的可溶性成分含量多,所以成品酒的口味较浓厚。此法适于制造浓色啤酒,但捷克比尔森啤酒至今仍沿用此法酿造厚型淡色啤酒。酿出酒的特点是风味醇厚、柔和可口。由于煮沸次数多,工作时间长,热能和电能消耗多,因而应用此法的生产成本高,设备利用率低。

双醪二次煮出糖化法:工艺图解见图 2-20。

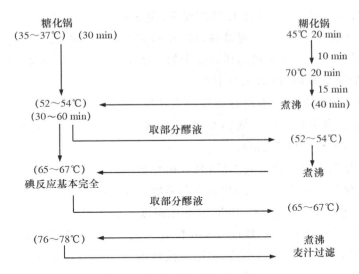

图 2-20　双醪二次煮出法糖化工艺图解

双醪一次煮出糖化法:双醪一次煮出糖化法的具体工艺方案很好,但最终的液化、过滤温度均为 78℃ 左右(图 2-21)。主要差别在于:麦芽粉碎物是否经过 35~37℃ 的浸渍阶段,蛋白休止温度(45~52℃)的高低与时间的长短,糖化温度(63~72℃)的高低与时间的长短。

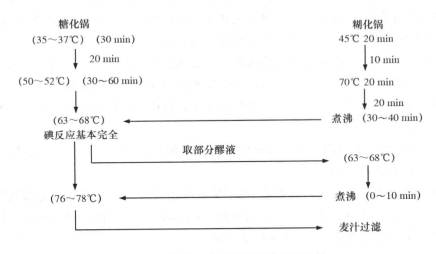

图 2-21　双醪一次煮出法糖化工艺图解

具体操作:

糖化锅中麦芽粉的浸渍和蛋白质分解。将配料用水在热水箱中加热至 85℃ 以上,放入糖化锅内,加入部分冷水调整水温至 35~37℃,料水比为 1:(3.5~4.0),用乳酸或磷酸调 pH<5.4,并适量加入石膏或 $CaCl_2$。再将贮箱中的麦芽通过输料管送入糖化锅,边混合边搅拌,以防结块,这种方法称温水混合法。醪液在 35~37℃ 保温浸渍 30 min,有利于酶的活化及 β-葡聚糖酶的作用,同时按麦芽质量添加一定量的糖化酶制剂。

蛋白质分解温度为 50℃,对于溶解良好的麦芽,蛋白质分解温度可高些,如 52～55℃,时间也可短些;溶解不良的麦芽,温度可低些,如 40～50℃,时间也可适当延长些。

糊化锅中大米的糊化。大米用量为原料总量的 30%,在糊化锅中加大米用量的 15%～20%的麦芽或适量的 α-淀粉酶,料水比为 1:5。

上述糖化锅、糊化锅的配料用水总量应按原麦汁要求的浓度来确定。45℃为蛋白质分解温度,70℃为糊化、液化和糖化的共同温度,保温液化和糊化 20 min 后,再在 15～20 min 内升温至沸腾,100～103℃保温 30 min。

兑醪、糖化。糊化锅中的糊化醪煮沸后,泵入糖化锅内,与已完成蛋白质分解的麦芽醪混合,使温度达到糖化温度 65℃(65℃是生成麦芽糖的最佳温度)。根据麦芽情况,如果要生成较多一些的小分子糊精,可采用 68～70℃的糖化温度。混合醪在 63～68℃下糖化,直至碘反应正常,证明糖化完全为止。一般应 5 min 检查一次,反应由蓝黑至无色为终点,也可以取 65℃、70℃分阶段糖化。糖化结束后,将醪液搅拌均匀,把约 1/3 的醪液打入糊化锅,在 10～20 min 内加热煮沸,即为一次煮醪,然后立即泵回糖化锅,使混合醪达到 78℃,并使其他酶失活,糖化醪送入过滤槽。

c.煮出糖化法的特点和注意事项

采用煮出糖化法,可以强化淀粉的糊化和液化,提高糖化的收得率。

采用煮出糖化法,可以弥补一些麦芽溶解不良的缺点。此法多用于酿造下面发酵的啤酒,酿出的啤酒风味醇厚,柔和可口。既可用来生产淡色啤酒,也可用来生产浓色啤酒。

采用煮出糖化法,能源消耗较大,比浸出工艺大约高 20%。多次煮沸需要大量的能源和时间,因此在工厂中应尽可能减少煮沸次数(1～2 次)和煮沸时间(生产浅色啤酒以 10～15 min 为宜,深色啤酒为 20～30 min 较好),以降低费用和缩短糖化时间。

采用煮出糖化法,若要保护酶活力,合醪时必须开启搅拌,将煮沸醪液并入剩余醪液中,决不能反向并醪。

采用煮出糖化法,需要用未煮沸醪液中的酶来分解淀粉,因此不能全部煮沸,以避免煮沸过程杀死醪液中所有的酶。

③外加酶制剂糖化法　为降低成本,在不影响啤酒质量的前提下尽可能多地使用未发芽谷物为辅料。麦芽含有的酶可能不足以分解全部淀粉。外加酶制剂的使用,可以弥补由麦芽质量不好而引起的缺陷,促进各种物质分解。

我国目前的生产中几乎都使用外加酶制剂的方法辅助糖化(图 2-22)。

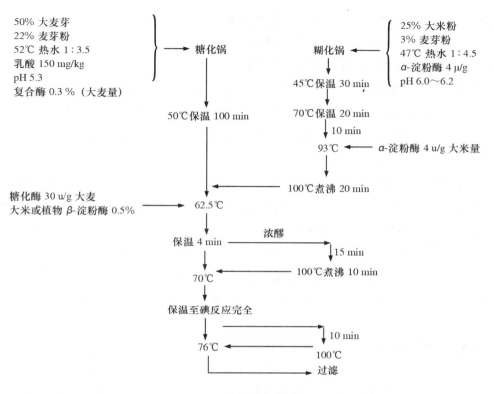

图 2-22 外加酶制剂的方法

（2）浸出糖化法和煮出糖化法工艺比较（表 2-10）

表 2-10 浸出糖化法和煮出糖化法工艺比较

	煮出糖化法	浸出糖化法
设备	设备复杂，必须有 2 个以上的糖化设备，即至少要有 1 个糖化锅、1 个煮沸锅（糊化锅）	设备比较简单，有一个糖化锅即可进行操作
操作	操作复杂，工作时间长，生产成本较高	操作简单，工作时间短，生产成本较低
投资	设备多，占地面积大，投资较高	设备少，占地面积小，投资较小
原料的要求	可以使用质量较次的麦芽，能使用辅料	不能使用次麦芽，可以使用辅料
原料利用率	98% 以上	95% 以上
麦汁特点	制得麦汁成分合理，糖与非糖容易控制，蛋白质和糊精的中分子产物多	麦汁糖分多，蛋白质和糊精的中分子生成物较少
啤酒特点	常用于生产下面发酵啤酒，既可酿制淡色啤酒，也可酿制浓色啤酒，啤酒醇厚、杀口	适于酿制上面发酵啤酒和下面发酵啤酒，啤酒柔和、淡爽

（3）糖化方法选择的依据　糖化方法的选择历来受到酿酒师的重视，酿酒师在大批麦芽进厂后，对麦芽做出全面分析，取得数据后，再依据计算及经验（工厂的习惯和酿造啤酒的要求），制订若干糖化试验方法，在微型糖化试验装置（30～100 L）中进行糖化试验，取得的麦

汁进行质量分析和产率计算,必要时进一步做发酵试验取得嫩啤酒进行感官和理化分析,由此优选出该批原料的最适糖化方法,通过批准,下达生产车间进行数批次生产试验,经过分析和适当调整后,最后确定该批麦芽的糖化方法。

①原料　使用溶解良好的麦芽,可采用一次或二次煮沸法,蛋白质分解温度适当高一些;使用溶解一般的麦芽,可采用二次糖化法,蛋白质分解温度可稍低,延长蛋白质分解和糖化时间;使用溶解度差、酶活力低的麦芽,采用三次糖化法,控制谷物辅料用量或外加酶,以弥补麦芽酶活力的不足。

②产品种类　上面发酵啤酒多用浸出法,下面发酵啤酒多用煮出法;酿造浓色啤酒,选用部分深色麦芽、焦香麦芽,采用三次糖化法;酿造淡色啤酒采用浸出法或一次煮出糖化法;制造高发酵度啤酒,糖化温度要控制低一些(62～64℃),或采用两段糖化法(62～63℃,67～68℃),并适当延长蛋白分解时间;若添加辅料,麦芽的糖化力应要求高一些。

③生产设备　浸出法只需有加热装置的糖化锅,双醪糖化或煮出法,应有糊化锅和糖化锅;复式糖化设备可穿插投料,合理调节糖化方法,具有较大的灵活性,以达到最高的设备利用率。

(4)糖化过程主要控制点

①酸休止　控制糖化锅温度32～37℃,pH 5.2～5.4,保持一段时间30～90 min。主要靠低温酶系的磷酸酯酶水解麦芽中的植酸钙镁盐,产生酸性磷酸盐;利用乳酸菌繁殖产乳酸。

溶解不良的麦芽经过酸休止,可以提高内切肽酶的活性。

②蛋白质休止　利用内切肽酶和羧肽酶,把蛋白质分解成多肽和氨基酸。45～50℃羧肽酶作用强一些,50～55℃内切肽酶作用强,作用时间越长,蛋白质分解越彻底。pH 的影响也较大,一般在 5.2～5.3,作用 10～120 min。

③糖化休止　最适 pH 为 5.5～5.6,主要是淀粉酶 α-和 β-淀粉酶作用。60～65℃对 β-淀粉酶有利,70～75℃对 α-淀粉酶有利。较好的方法是两段式糖化法(第一段在 63～65℃,20～40 min;第二段 66～68℃),有利于 β-淀粉酶作用,内肽酶可协同作用,核苷酸酶把核苷酸水解成嘌呤、嘧啶的最高温度是 63℃,对酵母的生长、繁殖有利。时间 30～120 min。

④过滤温度(糖化终了温度)　温度越高,醪液黏度越低,过滤速度越快;糖化过滤温度在 70～80℃,而<80℃的原因在于:温度过高,时间缩短,会增加皮壳物质中有色、有害物质的溶解、氧化,使麦汁色泽加深。

⑤100℃煮出　部分糖化醪加热至 100℃,主要利用热力作用,促进物料的水解,特别是使生淀粉彻底糊化、液化,提高浸出物收率。

(5)糖化工艺条件的控制

①配料比

原辅料配比:根据工艺配方,将大麦芽粉和其他辅料按比例添加混合。我国采用的辅料主要是大米,添加量一般在25%左右。

醪液愈浓,酶耐温稳定性愈高,但反应速率则较低,β-淀粉酶在浓醪情况下,能产生较多的可发酵性糖;蛋白分解酶也是在浓醪情况下比较稳定,产生较多的可溶性氮和氨基氮。

醪液浓度在8%~16%时,基本不影响各种酶的作用,浓度超过16%,酶的作用逐渐缓慢。因此淡色啤酒的头道麦汁浓度以控制在16%以内为宜,浓色啤酒的头道麦汁浓度可适当提高至18%~20%。

醪液浓度过浓或过稀,对浸出物收得率都有影响。醪液过浓,麦糟中残糖高,影响浸出物收得率;醪液过稀,洗糟用水少,洗不净,也影响浸出物收得率。

制造淡色啤酒和浓色啤酒所采取的醪液浓度不同。淡色啤酒采取较稀的醪液浓度,洗糟水相对较少,头道麦汁与最终麦汁的浓度差小。浓色啤酒则采取较浓的醪液浓度,洗糟水相对较多,头道麦汁与最终麦汁的浓度差大。

一般可根据下列情况加以掌握(表2-11)。

表 2-11　麦汁过滤浓度控制　　　　　　　　　　　　　　　　　　　　　　%

啤酒类型	头道麦汁浓度	最终麦汁浓度	浓度差
淡色啤酒	14~16	12	2~4
浓色啤酒	18~20	12	6~8

使用溶解不良、糖化力弱和谷皮粗厚的麦芽,糖化醪应适当稀一些,使酶的作用充分发挥;使用碳酸盐含量高的水制造淡色啤酒时,糖化醪液应稀一些,以减少洗糟用水,避免洗出较多麦皮中的不利物质;麦芽粉较细,糖化醪液应稀一些,便于麦汁过滤和减少洗糟用水。

糖化用水:糖化用水的多少决定醪液的浓度,并直接影响酶的作用效果。

麦芽糖化的用水量通常用料水比表示,即每100 g原料用水的体积(L),一般根据啤酒类型来确定糖化用水量。淡色啤酒的料液比为1:(4~5),浓色啤酒的料液比为1:(3~4),黑啤酒的料液比为1:(2~3)。

糖化用水量可按如下公式计算

$$V = \frac{W(100 - W_p)}{W_p}$$

式中:V—100 kg麦芽所需的糖化用水量,kg;W—100 kg麦中含有的可溶性物质的质量,
　　　kg;W_p—批麦汁浓度,即过滤开始时的麦汁浓度,%。

洗糟用水:头道麦汁过滤出后,用水将残留在麦糟中的糖液洗出,所用的水称为洗糟用水,洗出的浸出物称洗涤麦汁。

洗糟用水量主要根据糖化用水量来确定,这部分水约为煮沸前麦汁量与头道麦芽汁量之差,其对麦汁收得率有较大的影响。

洗糟用水温度为75~80℃,残糖质量分数控制在1.0%~1.5%。若制造高档啤酒,应

适当提高残糖浓度在 1.5% 以上,以保证啤酒的高质量。

混合麦汁浓度:低于最终麦汁浓度 1.0%～1.5%。过分洗糟,增加麦汁煮沸时的蒸发量,是不经济的。

②糖化温度　糖化时温度的变化通常是由低温逐步升至高温,以防止麦芽中各种酶因高温而被破坏。

糖化温度及其相应温度下的酶效应见表 2-12。

表 2-12　糖化温度及其相应温度下的酶效应

温度/℃	效应
35～37	酶的浸出:有机磷酸盐的分解
40～45	有机磷酸盐的分解;β-葡聚糖分解;蛋白质分解;R-酶对支链淀粉的解支作用
45～52	蛋白质分解,低分子含氮物质的形成;β-葡聚糖分解;R-酶和界限糊精酶对支链淀粉的解支作用;有机磷酸盐的分解
50	有利于羧肽酶的作用,低分子含氮物质形成
55	有利于内肽酶的作用,大量可溶性氮形成,内-β-葡聚糖酶、氨肽酶等逐渐失活
53～62	有利于 β-淀粉酶的作用,大量麦芽糖形成
63～65	最高量的麦芽糖形成
65～70	有利于 α-淀粉酶的作用,β-淀粉酶的作用相对减弱,糊精生成量相对增多,麦芽糖生成量相对减少;界限糊精酶失活
70	麦芽 α-淀粉酶的最适温度,大量短链糊精生成;β-淀粉酶、肽酶、磷酸盐酶失活
70～75	麦芽 α-淀粉酶的反应速度加快,形成大量糊精,可发酵性糖的生成量减少
76～78	麦芽 α-淀粉酶和某些耐高温的酶仍起作用,浸出率开始降低
80～85	麦芽 α-淀粉酶失活
85～100	酶的破坏

糖化温度的阶段控制见表 2-13。

表 2-13　糖化温度的阶段控制

阶段	温度	时间	作用
浸渍阶段	35～40℃	15～20 min	酶的浸出和酸的形成;β-葡聚糖的分解
蛋白质分解阶段	45～55℃	不超过 1 h	蛋白质分解成多肽和氨基酸
糖化阶段	62～70℃	60 min	淀粉被分解成可发酵性糖和糊精
糊精化阶段	75～78℃	60 min	淀粉进一步分解;其他酶的钝化

③糖化时间　糖化时间是指从投料至麦芽汁过滤前的时间。添加辅料的糖化时间较全麦芽的糖化时间相对延长。见表 2-14。

表2-14 糖化方法与糖化时间的关系

糖化方法	糖化时间/h	糖化方法	糖化时间/h
三次煮出糖化法	4～6	高温快速糖化法	2左右
二次煮出糖化法	3～4	浸出糖化法	3左右
一次煮出糖化法	2.5～3.5		

④pH　麦芽中的各种主要酶的最适pH都较糖化醪的pH略低,为了改善酶的作用,需加石膏、乳酸、磷酸等调节糖化醪的pH。见表2-15。

表2-15 糖化过程发挥酶作用的最适pH

项目	最适pH
最高的蛋白酶活力	4.6～5.0(糖化醪)
最高的α-淀粉酶活力(Ca^{2+}存在)	5.3～5.7(糖化醪)
最高的β-淀粉酶活力	5.3(糖化醪)
最短的糖化时间	5.3～5.6(麦汁)
最高的永久性可溶氮含量	4.6左右(糖化醪),4.9～5.1(麦汁)
最高的甲醛氮含量	4.6左右(糖化醪),4.9～5.1(麦汁)
最高的可发酵性糖含量	5.3～5.4(糖化醪)
最高浸出率(浸出法)	5.2～5.4(糖化醪)
最高浸出率(煮出法)	5.3～5.9(糖化醪)

⑤酶制剂的应用　为弥补麦芽中某些酶活性的不足需添加酶制剂。常用的有α-淀粉酶、β-淀粉酶、β-葡聚糖酶、复合酶等。

浸出物由可发酵性和不可发酵性物质两部分组成,糖化过程应尽可能多地将麦芽干物质浸出来,并在酶的作用下进行适度分解(图2-23)。

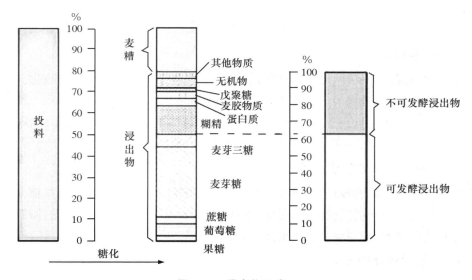

图2-23 浸出物组成

（6）糖化设备　糖化车间主要有糊化锅、糖化锅、煮沸锅等设备,见图 2-24 和图 2-25。

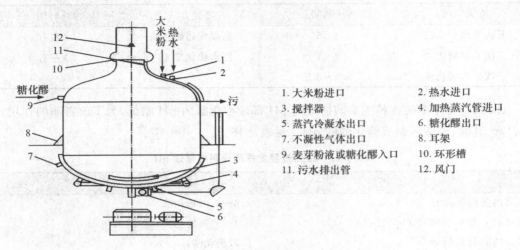

1. 大米粉进口　　　　　2. 热水进口
3. 搅拌器　　　　　　　4. 加热蒸汽管进口
5. 蒸汽冷凝水出口　　　6. 糖化醪出口
7. 不凝性气体出口　　　8. 耳架
9. 麦芽粉液或糖化醪入口　10. 环形槽
11. 污水排出管　　　　　12. 风门

图 2-24　糖化锅

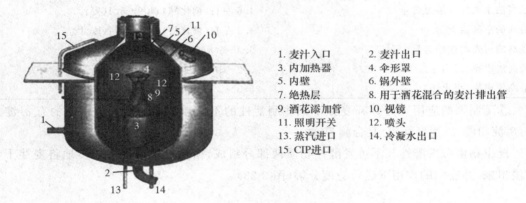

1. 麦汁入口　　　　　　　2. 麦汁出口
3. 内加热器　　　　　　　4. 伞形罩
5. 内壁　　　　　　　　　6. 锅外壁
7. 绝热层　　　　　　　　8. 用于酒花混合的麦汁排出管
9. 酒花添加管　　　　　　10. 视镜
11. 照明开关　　　　　　　12. 喷头
13. 蒸汽进口　　　　　　　14. 冷凝水出口
15. CIP进口

图 2-25　麦汁煮沸锅

2.4 麦芽醪过滤

将水溶性的浸出物麦汁(溶于水的浸出物)和非水溶性物质麦糟(残留的皮壳、高分子蛋白质、纤维素、脂肪等)分离的过程称为麦芽醪的过滤。

麦汁过滤分两步进行:一是以麦糟为滤层,利用过滤的方法提取出麦汁,称第一麦汁或过滤麦汁;二是利用热水冲洗出残留在麦糟中的麦汁,称第二麦汁或洗涤麦汁。

2.4.1　麦汁过滤工艺基本要求

迅速彻底分离可溶性浸出物(糖化结束,必须在最短的时间内把麦汁和麦糟分离),尽可能减少有害于啤酒风味的麦壳多酚、色素、苦味物,以及麦芽中高分子蛋白质、脂肪、脂肪酸、葡聚糖等物质被萃取,获得澄清透明的麦汁(浊度小于 20 EBC)。

2.4.2　麦汁过滤的方法

（1）过滤槽法　过滤槽既是最古老的又是应用最普遍的一种麦汁过滤设备。它是一种圆柱形容器,槽底装有开孔的筛板,过滤筛板既可支撑麦糟,又可构成过滤介质,醪液的液柱高度1.5~2.0 m,以此作为静压力实现过滤。

①过滤槽法的过滤原理及影响因素

穿过滤层的压差:指麦汁表面与滤板之间的压力差。压差大,过滤的推动力大,滤速快。

滤层厚度:滤层厚,相对过滤阻力增大,滤速降低。它与投料量、过滤面积、麦芽粉碎的方法及粉碎度有关。

过滤槽结构

滤层的渗透性:麦汁渗透性与原料组成、粉碎方式、粉碎度及糖化方法有关。渗透性小,阻力大,会影响过滤速度。

麦汁黏度:麦汁黏度与麦芽溶解情况、醪液浓度及糖化温度有关。麦芽溶解不良,胚乳细胞壁的 β-葡聚糖、戊聚糖分解不完全,醪液黏度大。温度低浓度高,黏度亦大。如过大,会造成过滤困难。相反,浓度低,温度高,则黏度低。

过滤面积:相同质量的麦汁,过滤面积愈大,过滤所需时间愈短,过滤速度愈快。反之,所需时间愈长,过滤速度愈慢。

温度75~80 ℃;麦糟厚度35 cm左右;总过滤时间约180 min;麦汁固形物小于100 mg/L;过滤压力2 000~3 000 Pa。

②过滤槽法的操作过程

a.检查过滤板是否铺平压紧,并在进醪前,泵入78 ℃热水直至溢滤过板,以此预热设备,排除管、筛底的空气。

b.将糖化终了的糖化醪泵入过滤槽,送完后开动耕糟机缓慢转动3~5 r,使糖化醪在槽内均匀分布。提升耕刀,静置10~30 min,使糖化醪沉降,形成过滤层。亦可不静止,直接回流。糟层厚度为35 cm左右,湿法粉碎麦糟厚可达40~60 cm。

开始过滤,首先打开麦汁排出阀,然后迅速关闭,重复进行数次,将滤板下面的泥状沉淀物排出,然后打开全部麦汁排出阀,但要小开,控制流速,以防糟层抽缩压紧,造成过滤困难。开始流出的麦汁浑浊不清,应进行回流,通过麦汁泵泵回过滤槽,直至麦汁澄清方可进入煮沸锅。一般为5~15 min。

c.进行正常过滤,随着过滤的进行,糟层逐渐压紧,麦汁流速逐渐变小。此时应适当耕糟,耕糟时切忌速度过快,同时注意调节麦汁流量,使麦汁流出量与麦汁通过麦糟的量相等。并注意收集头道麦汁。一般需45~60 min。如麦芽质量差,一滤时间约需90 min。

d.待麦糟刚露出时,开动耕糟机耕糟,从下而上疏松麦糟层。并用76~80热水(洗糟水)采用连续式分2~3次洗糟,同时收集"二滤麦汁"。如开始混浊,需回流至澄清。在洗糟时,如果麦糟板结,需进行耕糟。洗糟时间控制在45~60 min。至残糖达到工艺规定值如0.7°P(或1.0~1.5°P或3.0°P)过滤结束,开动耕糟机或打开麦糟排出阀排糟,再用槽内CIP进行清洗。

③过滤工艺控制

a.把握好洗糟的时机。第一麦汁过滤结束,麦糟似露或刚刚有一点露出时,应立即开始洗糟。洗糟过早,会使最后残留在麦糟中的浸出物增加;洗糟过迟,则延长了总过滤时间,增加了氧化的机会。

b.洗糟水温必须适宜。一般控制在75~78℃,最高不超过80℃,最低不低于70℃。水温过高易洗出大量黏性物质,并破坏淀粉酶的活性,使麦汁呈雾状失光;过低则残糖洗不干净,过滤速度慢。

c.要控制好洗糟水的pH。洗糟水的pH应控制在6.0以下,最好在热水箱内用磷酸和乳酸调整酸度。如能将洗糟水的pH调整在5.8~6.0,不仅可以减少麦壳中多酚物质的溶出,而且有利于煮沸过程中蛋白质的凝固,降低麦汁色度。

d.一般情况下洗糟分两次或三次进行。第一次洗糟用水量较少,约为总洗糟用水的25%,主要作用是排出麦糟中残留的第一麦汁;第二次洗糟用水量较多,约为45%,主要作用是将麦糟中残留的浸出物洗出;第三次洗糟用水量约为30%,使麦糟中的浸出物含量进一步降低。

e.洗糟要掌握好一定限度,控制好残液浓度。如洗糟过度,会将麦壳中的多酚、色素、苦味物质、硅酸盐等有害物质多量洗出,影响啤酒质量。此外,过度洗糟会使混合麦汁浓度降低,增加麦汁煮沸时的能源消耗。因此,过滤后混合麦汁浓度一般控制在低于最终麦汁浓度1.0~1.5°P。洗糟残液的浓度通常控制在0.7~1.0°P,生产高档自酿啤酒时,残液浓度应更高些。

(2)压滤机法

①板框式压滤机　板框式压滤机可分传统和新型两种形式,传统压滤机用人工装卸滤布,每次滤布要卸下清洗干净。新型压滤机实现了自动控制,其中包括:压力自控、麦汁流速调节、洗糟水温自控、麦汁质量的测定。蝶形控制阀替代麦汁调节阀,自动机械拉开滤框。喷洗滤布,自动压紧。

a.设备结构　板框式过滤机是由板框、滤布、滤板、顶板、支架、压紧螺杆或液压系统组成,其中板框、滤板、滤布组成过滤元件。

b.工作原理　板框式麦汁压滤是以泵送醪液产生的压力作为过滤动力,以过滤布作为过滤介质、谷皮为助滤剂的垂直过滤方法。

c.操作过程

准备工作:由固定板开始将滤布悬挂在滤板两侧并均匀地推进相邻的板框中;前后压紧,使受压均匀防止渗漏;过滤前首先泵入80℃热水将压滤机装满;大约半小时后通入压缩空气将热水排掉。

进醪液:糖化醪在糖化锅中搅拌均匀,成为均匀悬浮液,而后泵入压滤机,醪液均匀填充到每个板框里,泵醪的排气阀同时打开,排出空气。醪液填充后,排气阀自动关闭10~15 min。

进醪时必须达到下列要求:进醪量要和板框的容积相符合,以便泵醪结束时每个滤框正好被充满;泵入的醪液始终保持性质相同;进醪时必须完全排出空气;进醪速度必稳定;泵醪结束时,压力不超过 0.04~0.05 MPa,洗糟结束时压力不超过 0.1 MPa.

头道麦汁的流出:15~20 min。泵醪期间,过滤就已经开始。对于压滤机来说,没有滤液静置步骤。麦糟被滤布截留住,麦汁通过滤布沿滤板压入下面的管道并流入煮沸锅或麦汁暂存罐。流出的麦汁量通过一个流量计读数计量。

头道麦汁的压出:5 min。醪液泵完后,用水将头道麦汁从滤板中压出。

洗糟和洗糟麦汁的过滤:60 min。洗糟水不能从醪液通道泵入,否则起不到洗糟的作用。洗糟水从水滤板进入,首先穿过滤布,然后穿过麦糟层,从而将麦汁从每一糟层中洗出。洗糟麦汁流过对面的滤布后汇集于其后的麦汁滤板,然后流出。

压空:5 min。在麦汁快满时,停止洗糟,在滤板中通入压缩空气,顶出洗糟残水。因此,还可以获得一些残留的浸出液,也可获得相对干的麦糟层,并降低了压滤机的废水量。

排糟及清洗:10 min。打开压紧装置,松开活动端板,拆开活动元件,麦糟落在下面带有螺旋输送机的槽内排出。用水冲洗滤布。一般仅在周末或每月一次取出滤布并清洗。封闭式压滤机在每个周末进行一次循环清洗。

d.压滤机的优点:全自动生产过程;麦芽对其影响很小;高的糖化收得率;干槽排放和低的废水排放;很低的吸氧量;高的糖化次数(每天 12~14 锅,总过滤时间 100~110 min)。

缺点:投料量大时,效果明显,投料量改变困难;麦汁具有较高的浊度,会含有较多的固形物。

②膜式压滤机(又称 2001 麦汁压滤机) 2001 型麦汁压滤机是国外 20 世纪 90 年代推出的新型麦汁压进机。

a.设备结构 2001 麦汁压滤机由前后交替的膜框槽和聚丙烯格板组成,如图 2-36 所示。

滤板两侧装有聚丙烯滤布,一台压滤机共有 6 个格板,格板的外形尺寸为 2.0 m× 1.8 m,每个膜滤框槽两侧覆盖着弹性塑料膜,空气可膨胀,滤机前后有固定顶板和活动顶板,用液压装置夹紧。过滤组件安装在支撑杆上,此外,设备底部装有醪液接入管、麦汁流出管,上部装有压缩空气管。

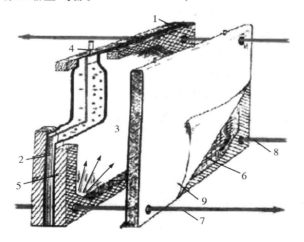

1.槽
2.开有槽的板
3.弹性塑料膜
4.压缩空气接口管
5.框室
6.格滤板
7.醪液进入通道
8.麦汁流出通道
9.滤布

图 2-26 压滤机 2001 型的膜滤框和格滤板

b.基本原理 糖化醪从压滤机底部的醪液进管进入滤框内,在每对膜和板框中间有一个 4 cm 厚的麦糟容纳空间,从板框两侧弹性膜通入压缩空气,利用膨胀原理来挤压糟层,完成过滤操作。过滤结束后打开压滤机卸糟冲洗。见图 2-27。

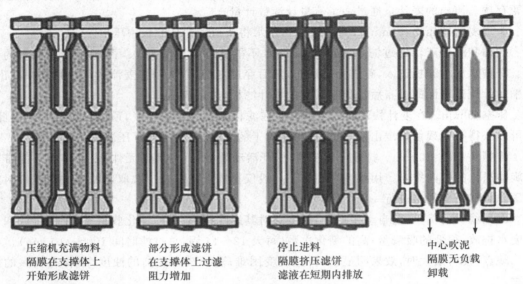

压缩机充满物料	部分形成滤饼	停止进料	中心吹泥
隔膜在支撑体上	在支撑体上过滤	隔膜挤压滤饼	隔膜无负载
开始形成滤饼	阻力增加	滤液在短期内排放	卸载

图 2-27 膜式过滤机过滤原理

c.过滤过程 进醪排气:从糖化锅来的醪液,经过变频调速过滤泵,从底部一边进入带有充气弹性膜的滤框内,头道麦汁立刻穿过聚丙烯滤布进入滤板。

要求调整适当的流量,保证醪液分配均匀,彻底排除空气。

麦汁过滤:在恒定的压力下随着醪液的不断泵入,滤框内的滤层越来越厚,头道麦汁不断流出。

头道麦汁的过滤要求:在恒定的压力下通过过滤缓冲罐调节阀调节,保证缓冲罐液位在 45% 范围内;在整个过滤过程中,注意彻底排气;当全部醪液泵入压滤机后,所有的滤框都应被固体糟充满。头道麦汁过滤一般 20 min。

预挤压脱头道麦汁:当全部醪液泵入压滤机并用洗糟水冲洗干净糖化锅和进醪管道后,对充气弹性膜框通入 50~60 kPa(过压)的压缩空气,充气弹性膜受到压缩空气的作用鼓起,对麦糟层挤压,分离出头道麦汁。此过程一般需要约 5 min。

洗糟:78℃的洗糟水按醪液进入的方向从底部进入充气弹性膜的滤框内,穿过麦糟层洗出其中的残留物,洗糟麦汁穿过滤布进入滤板流出。

洗糟过程要求:一般 50~55 min;洗糟水能均匀分布在滤层上;保持一定洗糟压力,恒流量进行洗糟。

终了挤压洗糟麦汁:保持缓冲罐液位,使弹性膜框压力大于洗糟压力,挤出麦糟中洗糟麦汁;打开排出阀彻底排空,将麦糟中残余浸出物压出,使麦糟的水含量降低。

冲洗干净压滤机管道和缓冲罐:保持充气弹性膜框的压力充气,开启洗糟水泵,缓冲罐

CIP 阀,冲洗干净压滤机的进料上下管道和缓冲罐。

排空:保持充气弹性膜框的压力充气,彻底排干净压滤机的洗糟水。

减压:打开空气调节部分的排气阀,使充气弹性膜框的压力恢复为大气压。

排糟:打开压滤机,麦糟落入麦糟盆中,并检查滤框内应无残渣,排糟过程一般需要约10 min。

d.2001 型压滤机的优点:过滤的麦汁固形物含量低,非常清亮,浊度低,麦汁中的脂肪酸含量低,有利于啤酒的口味纯正和口味稳定性。原因:要求原料细粉碎,并在一定的压力下能在滤框形成较为致密的滤层,其次有致密、均匀、坚固的聚丙烯滤布。

每锅占用时间小于 2 h,日糖化 12 锅次,糖化设备利用率高,并且受原料质量影响小。这与过滤槽有很大的区别。

由于原料采用细粉碎,洗糟前对麦糟挤压、糖化收得率高。

由于醪液从底部进入压滤机,吸氧量小。

2.5 麦汁的煮沸和酒花的添加

2.5.1 麦汁煮沸过程中的变化及作用

(1)蒸发水分、浓缩麦汁,使混合麦汁通过煮沸、蒸发、浓缩到规定的浓度。

(2)使酶变性钝化,热杀菌,防止残余的 α-淀粉酶继续作用,稳定麦汁的组成成分,消灭麦汁中存在的各种有害微生物,保证最终产品的质量。

(3)蛋白质变性和絮凝,使高分子蛋白质变性和凝固析出,提高啤酒的非生物稳定性。

(4)酒花有效组分的浸出,软树脂、单宁物质、芳香成分等,赋予麦汁独特的苦味和香味,提高麦汁的生物和非生物稳定性。

(5)排除麦汁中特异的异杂臭气,把具有不良气味的碳氢化合物,如香叶烯等随水蒸气的挥发而逸出,提高麦汁质量。

(6)降低 pH,麦汁煮沸时,水中钙离子和麦芽中的磷酸盐起反应,使麦芽汁的 pH 降低,利于球蛋白的析出和成品啤酒 pH 的降低,对啤酒的生物和非生物稳定性的提高有利。

(7)还原物质的形成,并给啤酒带来香气,在煮沸过程中,麦汁色泽逐步加深,形成了一些成分复杂的还原物质,如类黑素、还原酮等。对啤酒的泡沫性能以及啤酒的风味稳定性和非生物稳定性的提高有利。

2.5.2 煮沸技术条件

(1)煮沸时间 1.5~2.5 h,加压少一半时间。时间可根据麦汁浓度和蛋白质含量而调整,浓度高则蛋白质含量高,可延长时间。

(2)沸腾强度 指麦汁在煮沸时翻腾(对流运动)的激烈程度。

(3)煮沸强度 指煮沸锅单位时间蒸发麦汁水分的百分数。影响煮沸强度的因素:煮沸锅的导热系数、造型、加热面积、蒸汽压力、麦汁蒸发面积、煮沸方法。

煮沸强度是以麦汁在煮沸时水分的蒸发率来衡量的,蒸发率是每小时蒸发水分占混合麦汁量的百分比。按此计算:

$$蒸发率 = \frac{V_1 - V_2}{V_1 \times T} \times 100\%$$

式中：V_1—混合麦汁量；V_2—最终麦汁量；T—煮沸时间。

煮沸强度是影响蛋白质凝结的决定因素，对麦汁的透明度和可凝固性氮有显著影响。麦汁煮沸强度与可凝固性氮的关系见表 2-16。

表 2-16　麦芽汁煮沸强度与可凝固氮的关系

煮沸强度/（%/h）	麦汁煮沸后外观情况	12%麦汁的凝固性氮含量/（mg/100 mL）
4～6	麦汁不够清亮，蛋白质凝结差	2～4
6～8	麦汁清亮，蛋白质凝结物呈絮状沉淀	1.8～2.5
8～10	麦汁清亮透明，蛋白质凝结物呈絮状，颗粒大，沉淀快	1.2～1.7
10～12	麦汁清亮透明，蛋白质凝结物多，颗粒大，沉淀快	0.8～1.2

煮沸强度一般控制在每小时 8%～10%，可凝固性氮的质量浓度达 1.5～2.0 mg/100 mL，即可满足工艺要求。

（4）温度　高压 120℃，低压 106～108℃。

（5）pH　最适 pH 5.2，范围应在 5.2～5.4。pH 5.2 时，蛋白质凝固结块沉淀快，麦汁清亮透明。pH 的调节可通过加酸或生物酸化进行处理。

2.5.3　酒花的添加

（1）酒花的添加量　依据酒花的质量、消费者的嗜好习惯、啤酒的品种、浓度等不同而不同。

（2）酒花的添加方法　我国啤酒生产厂家多采用 3 次加入法。第一次：煮沸 5～15 min 后，添加总量的 5%～10%，压泡，使麦芽汁多酚和蛋白质充分作用；第二次：煮沸 30～40 min 后，添加总量的 55%～60%，萃取 α-酸（葎草酮），促进异构化；第三次：煮沸 80～85 min 后添加总量的 30%～40%，最好是香型花。萃取酒花油，提高酒花香。

（3）添加原则　酒花添加没有统一的方法，啤酒工厂都是根据自己的经验和产品特色制定相应的添加方法。酒花的添加次数，一般可采用 2～3 次添加。

苦型花和香型花并用时，先加苦型花，后加香型花；使用同种酒花，先加陈酒花，后加新酒花；分批加入酒花，本着先少后多的原则。

（4）酒花制品添加方法

酒花浸膏的添加方法：与酒花的添加方法基本一致，只是添加时间稍早一些。

颗粒酒花的添加方法：颗粒酒花现已广泛使用，由于颗粒酒花的有效成分比整酒花更易溶解，更有利于 α-酸的异构化，使用和保管均比整酒花更为方便，所以在各啤酒厂家中普遍使用，而且添加次数也有所减少，为 1～3 次。

酒花油的添加方法：纯酒花油应先用食用酒精溶解（1∶20），然后在下酒时添加。如果是酒花油乳化液，既可在下酒时添加，又可在滤酒时添加。

酒花的添加量可参考表 2-17。

表 2-17　不同类型啤酒的酒花添加量

啤酒类型	100 L 麦汁酒花添加量/g(传统)	啤酒酒花添加量/g(现代)
淡色啤酒(11％～14％)	190～380	170～340
浓色啤酒(11％～14％)	130～200	120～180
比尔森淡色啤酒(12％)	350～550	300～500
慕尼黑浓色啤酒	180～220	160～200
国产淡色啤酒	180～260	160～240

注:国际上多以酒花的 α-酸含量来确定酒花添加量。

酒花的添加可直接从添料口加入,密闭煮沸时先将酒花加入酒花添加罐中,然后再用煮沸锅中的麦汁将其冲入煮沸锅。

2.5.4　煮沸锅及其构造

麦汁煮沸锅及其构造见图 2-25。

2.5.5　最终麦汁产量与煮沸时间 t 的计算

$$t = \frac{V_1 - V_2}{V_1 \times I}$$

式中:t—时间,h;V_1—混合麦汁体积,L;V_2—最终麦汁体积,L;I—煮沸强度(单位时间蒸发的水分,相当于混合麦汁的百分数)。

2.6　麦汁处理

麦汁处理过程包括:酒花分离、热凝固物分离、冷凝固物分离、冷却、充氧等,经以上处理后方成为发酵麦汁。

采用较多的处理方法是:热麦汁→回旋沉降槽→板式冷却器→通风充氧→送发酵。

2.6.1　酒花分离

煮沸结束应尽快分离酒花糟。采用设备有传统酒花分离器,新型酒花分离器。

2.6.2　热凝固物分离

(1)热凝固物组分(60℃以上析出)　湿热凝固物量为麦汁量的 0.3％～0.7％。其中粗蛋白质 50％～60％;酒花树脂 16％～20％;灰分 2％～3％;多酚等有机物 20％～30％。

(2)热凝固物的副作用　①不利于麦汁的澄清;②发酵过程中热凝固物会吸附大量的酵母,使发酵不正常;③热凝固物在发酵中被分散,影响啤酒的非生物稳定性和口味。

(3)分离方法

①回旋沉淀槽　麦汁由切线进入回旋沉淀槽,麦汁和热凝固物一起旋转,产生离心力,碰到槽内壁变成向心力,密度较大的热凝固物还有一

回旋沉淀槽
工作原理

定的重力,热凝固物在合力的作用下,将在槽底中央堆积,形成锥形堆块。

②离心机(图2-28) 净化分离机的净化原理为:产品在分离钵内受到较大离心力的作用,将大量的机械杂质留在分离钵内壁上,而产品则被净化。

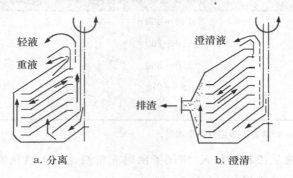

轻液
重液

澄清液

排渣

a.分离　　　　　　　b.澄清

图2-28　蝶式分离机

③硅藻土过滤法分离 当硅藻土被引入到过滤器系统,系统外套滤布,水通过过滤器的网格时,硅藻土颗粒能过滤吸附最小的悬浮灰尘颗粒。当系统需要清洗时,也可以进行反冲洗。见图2-29。

捕捉的污垢

滤布

硅藻土

图2-29　硅藻土过滤法分离示意图

2.6.3　冷凝固物分离

(1)冷凝固物组分(50℃以下析出,25℃左右析出最多) 其中多肽45%~65%,多酚30%~45%,灰分1%~3%,多糖2%~4%。

(2)冷凝固物的副作用 冷凝固物会吸附在酵母细胞壁上,妨碍细胞壁的渗透作用,使发酵不正常,造成啤酒冷混浊。

(3)分离方法 有酵母繁殖槽法、冷静置沉降法、硅藻土过滤法、离心分离法、浮选法等。

2.6.4　麦汁冷却

(1)冷却方法 冷却方法有开放式冷却、密闭式冷却。现均采用密闭法。首先利用回旋沉淀槽分离出热凝固物,然后即可用薄板冷却器进行冷却。使麦汁达到发酵所需的温度。

冷却时可采用两段冷却,即先用自来水作为冷却介质,将麦汁冷却至40~50℃,再用体积分数20%冷却的酒精溶液(或盐水)作为低温冷却介质,将麦汁进一步冷却到0℃左右入罐接种发酵。也可采用一段冷却法,即先将冷却介质在板式换热器中与热麦芽汁进行热交换,使麦芽汁一次性冷却到 7℃,然后入罐接种发酵。

(2)冷却设备 冷却设备有开放式表面喷淋冷却器、薄板冷却器、列管式冷却器等(图 2-30 至图 2-32)。

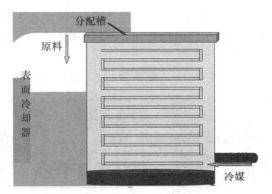

图 2-30 表面冷却器

图 2-31 板式换热器

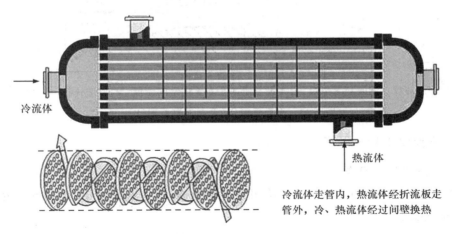

冷流体走管内,热流体经折流板走管外,冷、热流体经过间壁换热

图 2-32 列管式换热器

2.6.5 麦汁充氧

(1)作用 冷却到适于酵母发酵的温度(6～8℃);通入无菌空气,氧浓度 6～10 mg/L;将麦汁中的冷凝固物分离出来。

(2)充氧方法 为了满足酵母在主发酵初期繁殖的需要,要充入一定量的无菌空气,溶

解氧浓度应达6~10 mg/L,此时的麦汁称为定型麦汁。

充氧方法采用无菌空气通风,一般在冷麦汁输送途中通过文丘里管或不锈钢舌片混合器等在线上通风充氧。

文丘里管工作原理:在一定压力下(0.2~0.5 MPa),由于麦汁管变窄,使麦汁流速增高,因此在空气管处形成低压区。由于压差的作用,空气被吸入麦汁中,接着在管径增宽段形成涡流,使空气与麦汁充分混合(图2-33)。

(3)影响麦汁吸氧因素　温度:温度越低溶氧越多;麦汁运动:运动越强烈吸氧越多。

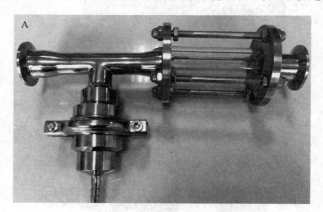

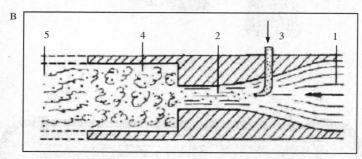

1.分层流体　2.管径紧缩段,借此提高流速　3.无菌空气喷嘴　4.涡流流体　5.视镜

图2-33　文丘里管(A)及其充氧原理(B)

2.7　麦汁浸出物收得率及理化指标

2.7.1　浸出物收得率

每100 kg原料糖化的麦汁中,获得浸出物的百分数,即为麦汁浸出物收得率。麦汁浸出物收得率可根据下式计算:

$$E=\frac{VW_Pd\times0.96}{m}\times100\%$$

式中:V—定型麦汁最终体积,L;W_P—麦汁在20℃时的糖度表(plato)浓度,%;d—麦汁在20℃时的相对密度,kg/L;m—投料量,kg;0.96—常数,100℃麦汁冷却到20℃时的容积修正系数。

2.7.2　原料利用率

原料利用率是用来评价糖化收得率的一种方法,一般应保持在98.0%～99.5%。可用下式计算:

$$M=\frac{E}{E_1}\times100\%$$

式中:M—原料利用率,%;E—糖化浸出物收得率;E_1—实验室标准协定法麦汁的浸出物收得率。

2.7.3　麦汁理化指标(表2-18)

表2-18　麦汁理化指标

项目	10°P	10.5°P	11°P	12°P	13°P
麦芽汁浓度/°P	10±0.3	10.5±0.3	11±0.3	12±0.3	13±0.3
色度/EBC 单位	5.0～8.0	5.0～8.0	5.0～8.5	5.0～9.0	15～50
pH			5.2～5.4		
总酸/(mL/100 mL)			≤1.8		
α-氨基氮/(mg/L)	160	160～180	160～180	180	190
最终发酵度/%	≥75～82	≥75～85	≥78～85	≥63～75	—
麦芽糖/%	≥7.5～8.2		≥8.5～9.0	≥9.0～9.6	
苦味质/BU	25～32		25～35	25～38	

2.7.4　影响糖化麦芽汁收得率的因素

(1)麦芽质量　麦芽水分含量和蛋白质含量高,麦芽溶解不良,麦汁收得率降低。

(2)麦芽粉碎度　麦芽粉碎不当,会影响麦芽的分解和麦汁的过滤,导致收得率下降。

(3)糖化方法不当　糖化温度高,糖化时间短等,会导致麦芽的有效成分分解不完全,糖化收得率降低。

(4)麦汁过滤　操作不当会使过滤和洗糟发生困难,导致糟层中残留浸出物较多,糖化收得率下降。

任务三

啤酒发酵

【任务描述】

　　麦芽汁营养丰富,是极好的培养基。酵母菌在麦芽汁中生长繁殖,将糖类转化成酒精,

释放二氧化碳。

【参考标准】

    GB 8952—2016 食品安全国家标准　啤酒生产卫生规范

    GB 4927—2008 中华人民共和国国家标准　啤酒

【工艺流程】

    麦汁进罐 ⟶ 酵母添加 ⟶ 通风供氧 ⟶ 发酵 ⟶ 酵母回收 ⟶ 过滤 ⟶ 灌装 ⟶ 灭菌

【任务实施】

1　原料准备

冷却后的麦汁、酵母菌。

啤酒发酵过程

2　器材准备

锥形发酵罐、啤酒过滤设备、空瓶洗刷设备、灌装设备、杀菌设备。

3　操作要点

采用锥形罐单一罐法发酵(图 2-34)。发酵过程中主发酵和后发酵(贮酒)阶段都是在一个发酵罐内完成。这种方法操作简单,发酵周期短(14～20 d),贮酒期短(2～7 d),啤酒的发酵过程中不用倒罐,避免了在发酵过程中接触氧气的可能,发酵罐的清洗方便、省时、节能。

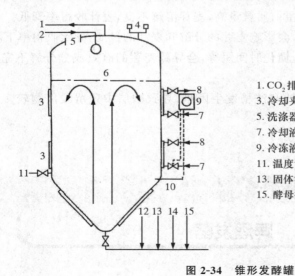

1.CO$_2$排出	2.洗涤器
3.冷却夹套	4.加压或真空装置
5.洗涤器	6.发酵液面
7.冷却液入口	8.温度计
9.冷冻液出口	10.温度控制记录仪
11.温度计	12.取样口
13.固体汁管路	14.鲜啤酒管路
15.酵母排出	

图 2-34　锥形发酵罐

3.1 麦汁进罐

由于锥形罐的体积较大,一般需要几批次的麦汁才能装满一罐,注罐时间一般控制在 20 h 之内。将麦汁的满罐温度控制在比主发酵温度低 2℃ 左右。

3.2 酵母添加

酵母的接种量通常控制在 0.6%～0.8%,满罐后酵母细胞数控制在(10～15)×10⁶ 个/mL。

具体操作:采用一次性接种,即将所需要的酵母一次性添加到第一批麦汁中,在进罐时可采用文丘里管或静态混合器,使空气、酵母、麦汁混合均匀。使用这种方法,酵母的起发速度快,能有效地缩短酵母的延滞期,但要注意控制麦汁的进罐时间,时间过长会产生较多的发酵副产物。

3.3 通风供氧

啤酒发酵是一个典型的"有氧繁殖、厌氧发酵"的过程,"有氧"就能增加单位麦汁中的酵母数,增强酵母的发酵能力及还原双乙酰的能力。麦汁中正常的溶解氧浓度为 8 mg/L 左右。

具体操作:在麦汁分批次注入发酵罐过程中,前两批麦汁正常通风供氧,以后几批可采取少通风或不通风。通入发酵罐的气体应是经过处理净化的无菌空气。

**啤酒发酵罐
工作原理**

3.4 发酵温度的调节与控制

发酵温度是发酵过程中最重要的工艺参数,根据发酵过程中温度控制的不同,可将发过程分为主发酵期、双乙酰还原期、降温期和贮酒期 4 个阶段。

3.4.1 主发酵期

麦汁满罐并添加酵母后,酵母开始大量繁殖,消耗麦汁中可发酵糖,同化麦汁中低分子氮源,当酵母菌繁殖达到一定程度后开始发酵。随着降糖速度的不断加快,发酵趋于旺盛,产热量增大,温度随之升高,α-乙酰乳酸向双乙酰转化速度加快。由于这个阶段发酵旺盛,锥形罐下部的酵母浓度高,酵母起发速度快,下部的 CO_2 浓度高于中上部,下部发酵液密度低于中上部,造成发酵液由下向上形成强烈对流运动(图 2-35)。

具体操作:随着发酵液对流速度加快,升温也快,所以这阶段应开启上段冷却带,控制流量使发酵产生的热量被带走,并关闭中、下冷却带,以保证旺盛发酵进行。此时罐内温度上低下高,以加快发酵液从下向上对流,从而使发酵旺盛,降糖速度快,酵母悬浮性增强,加快双乙酰的还原,有利于啤酒的成熟。如果出现发酵过于旺盛,温度难

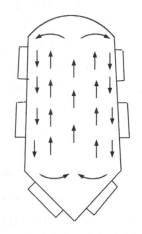

图 2-35 发酵液由下向上对流运动

以控制或罐体保温差,外界温度又偏高或冷媒进口温度较高,不足以带走发酵产生的热量时,为了温度平衡可打开中段冷却带协助冷却。

3.4.2 双乙酰还原期

控制此时的发酵温度是降低双乙酰含量的主要方法之一。双乙酰还原期的确定是以糖度变化为依据的,一般是在达到发酵度的90%时的糖度开始还原双乙酰。

目前常用高于主发酵温度2~4℃还原,还原期可缩短至2~4 d。

具体操作:这种较高温还原的方法,就是当发酵液糖度降至规定值时,关闭冷却设备,使发酵液温度自然升至12℃,同时升压至0.11~0.12 MPa,进入双乙酰还原期。由于此阶段温度上升缓慢,所以可通过调节锥形罐底部的冷却带来控制还原温度,同时关闭中、上段冷却带,以减轻发酵液的对流强度,为下一步酵母沉降创造条件。

3.4.3 降温期

当双乙酰还原降至0.11 mg/L以下时,开始以0.2~0.3℃/h的速度将发酵液的温度降至4℃左右(也可直接降温至0℃)。

在此期间降温速度一定要缓慢、均匀,宁可控制降温时间长一些,也不可降温太快,防止结冰。

3.4.4 贮酒期

温度由4℃降至0℃保温贮酒。逐步使罐的边缘与中心、上部与下部温度趋于一致,这样才有利于酒液的澄清和成熟,有利于酵母和杂质的沉降。

具体操作:此阶段温度控制需打开上、中、下层冷却夹套阀门,保持三段酒液温度平稳,避免温差变化产生酒液对流,而使已沉淀的酵母、凝固物等又重新悬浮并溶解于酒液中,造成过滤困难。这一阶段温度宜低不宜高,严防温度忽高忽低剧烈变化。

3.5 发酵压力控制

控制好罐压不仅有利于双乙酰在发酵期内得以还原,而且能明显抑制乙酸乙酯、异戊醇等使口味阈值较低的发酵副产物的生成。

具体操作方法如下:

(1)主发酵前期由于双乙酰已经开始生成,因此在开始阶段产生的二氧化碳和不良的挥发性物质应及时排除,这时采取的是微压。待外观发酵度为30%左右,即酵母第一次出芽已全部长成时才开始封罐升压。

(2)当发酵度为60%左右时,酵母第二次出芽长成,发酵开始进入最旺盛阶段,此时应将罐压升到最大值,一般控制在0.07~0.08 MPa。在发酵最旺盛阶段应稳定罐压不变,以使大量的双乙酰迅速被还原。另外,较高的罐压还有利于CO_2的饱和。

(3)主发酵后期,双乙酰的还原基本结束,压力应缓慢下降,这样既有利于排除部分未被还原的双乙酰,又可防止酵母细胞内含物的大量渗出及对酵母细胞的压差损伤。

3.6 酵母的回收及排放

在双乙酰还原结束后,进入降温期,发酵液温度降至4℃左右时,酵母大量沉积于锥底,对可利用的酵母泥要及时回收。

具体操作:为保证充足的回收时间,在进行工艺控制时一般在4℃左右保持48 h,以利于酵母的沉降与回收。在酵母回收时,应对回收的酵母定期进行性能测定及生理生化检验。对于降温后的活性差的废酵母应及时排放,如果废酵母沉入锥底的时间过长,在贮酒时的高压下,会引起酵母自溶或死亡,从而影响成品酒的风味。

3.7　啤酒过滤

啤酒发酵结束后,将贮酒罐内的成熟啤酒通过机械过滤或离心,除去或减少使啤酒出现混浊沉淀的物质(多酚物质和蛋白质等),提高啤酒的胶体稳定性(非生物稳定性);除去酒中的悬浮物,改善啤酒外观,使啤酒澄清透明,富有光泽;除去酵母或细菌等微生物,提高啤酒的生物稳定性。

啤酒过滤一般采取硅藻土过滤法。

3.8　灌装与灭菌

啤酒包装和灭菌是啤酒生产过程中的最后一个环节,将过滤后的啤酒从酒罐中分别灌装入洁净的瓶、罐或桶中,立即封盖,进行生物稳定处理,贴标、装箱为成品啤酒。

【任务评价】

评价单

学习领域			啤酒发酵			
评价类别	项目	子项目	个人评价	组内互评	教师(师傅)评价
专业能力(80%)	资讯(5%)	搜集信息(2%)			
		引导问题回答(3%)			
	计划(5%)	计划可执行度(3%)			
		计划执行参与程度(2%)			
	实施(40%)	操作熟练度(40%)			
	结果(20%)	结果质量(20%)			
	作业(10%)	完成质量(10%)			
社会能力(20%)	团结协作(10%)	对小组的贡献(10%)			
	敬业精神(10%)	学习纪律性(10%)			

[师徒共研]

1.发酵液"翻腾"现象

产生的原因:主要是由于冷却夹套开启不当,造成上部温度与工艺曲线偏差大,罐中部温度更高,引起发酵液强烈对流。另外,压力不稳,急剧升降也会造成发酵液翻腾。

解决办法:检查仪表是否正常;严格控制冷却温度,避免上部酒液温度过高;保持罐内压力稳定。

2.发酵罐结冰

当罐的下部温度与工艺曲线偏差 2℃左右,会使贮酒期罐内温度达到啤酒的冰点(-2.3~-1.8℃),可能导致冷却带附近结冰。

结冰的原因:仪表失灵、温度参数选择不当、热电阻安装位置深度不合适、仪表精度差、操作不当等。

解决办法:检查测温元件及仪表误差,特别要检查铂电阻是否泄漏,若泄漏应烘烤后用石蜡密封或更换;选择恰当的测温点位置和热电阻插入深度;加强工艺管理,及时排放酵母;冷媒液温度应控制在-4~-2.5℃,不能采用-8℃以下的冷媒液。

3.酵母自溶

原因:当罐下部温度与中、上部温度差 1.5~5℃时,会造成酵母沉降困难和酵母自溶现象。罐底酵母泥温度过高(16~18℃)、维持时间过长,也会造成酵母自溶,产生酵母味,有时会出现啤酒杀菌后混浊。

解决办法:检查仪表是否正常;及时排放酵母泥;冷媒温度保持为-4℃,贮酒期上、中、下温度保持在-1~1℃。

4.饮用啤酒后"上头"现象

原因:一般啤酒中高级醇含量超过 120 mg/L,异丁醇超过 10 mg/L,异戊醇含量超过 50 mg/L,会造成饮后"上头"现象。

解决办法:选用高级醇产生量低的酵母菌种;适当提高酵母添加量,减少酵母的增殖量,酵母细胞数以 15×10^6 个/mL 为宜;控制为 12°P 麦汁 α-氨基氮含量在(180±20) mg/L 左右;控制麦汁中溶解氧含量在 8~10 mg/L;控制好发酵温度和罐压。

5.双乙酰还原困难

发酵结束后双乙酰含量一直偏高达不到要求。造成这种现象的原因:麦汁中 α-氨基氮含量偏低,代谢产生的 α-乙酰乳酸多,造成双乙酰峰值高,迟迟降不下来;采取高温快速发酵,麦汁中可发酵性糖含量高,酵母增殖量大,利于双乙酰的形成;主发酵后期酵母过早沉降,发酵液中悬浮的酵母数过少,双乙酰还原能力差;使用的酵母衰老或酵母还原双乙酰的能力差等。

解决办法:控制麦汁中 α-氨基氮含量(160～200 mg/L),避免过高或过低;适当提高酵母接种量和满罐温度,双乙酰还原温度适当提高;发酵温度不宜过高,升温后采用加压发酵抑制酵母的增殖;主发酵结束后,降温幅度不宜太快;采用双乙酰还原能力强的菌种;添加高泡酒,加快双乙酰的还原;用 CO_2 洗涤排除双乙酰;降温后与其他罐的酒合滤。

6. 双乙酰回升

发酵结束后双乙酰含量合格,经过低温贮酒或过滤以后,或经过杀菌,双乙酰的含量增加的现象称为双乙酰回升。

双乙酰回升的主要原因:啤酒中双乙酰前驱物质残留量高,滤酒后吸氧造成杀菌后双乙酰超标的回升现象;发酵后期染菌造成双乙酰回升;过滤后吸氧使酵母再繁殖产生 α-乙酰乳酸,经氧化后使双乙酰含量增加。

解决办法:过滤时尽可能减少氧的吸入;过滤后清酒不宜长时间存放,更不能在不满罐的情况下放置过夜;清酒中添加抗氧化剂如抗坏血酸等或添加葡萄糖氧化酶消除酒中的溶解氧;灌装机要用二氧化碳背压;灌酒时用清酒或脱氧水引沫,以保证完全排除瓶颈空气,避免啤酒吸氧。

7. 发酵中止现象

发酵液发酵中止即所谓的"不降糖"。

造成这种现象的原因:麦芽汁营养不够,低聚糖含量过高,α-氨基氮不足,酸度过高或过低;酵母凝聚性强,造成早期絮凝沉淀;酵母退化,发生突变导致不降糖;酵母自发突变,产生呼吸缺陷型酵母所致。

解决办法:如果是由酵母凝聚性强,造成早期絮凝沉淀所致。可以通过增加麦汁通风量,调整发酵温度,待糖度降到接近最终发酵度时再降温以延长高温期,这样会改进酵母的凝聚性能,最好采用分离凝聚性较弱的酵母菌株解决这一现象。如果是因酵母退化,发生突变导致不降糖所致,可以采用更换新的酵母菌种来解决。如果是由酵母自发突变,产生呼吸缺陷型酵母所致,可以从原菌种重新扩培或更换菌种。此外,在麦芽汁制备过程中,要加强蛋白质的水解,适当降低蛋白质分解温度,并延长蛋白质分解时间。糖化时要适当调整糖化温度,加强低温段的水解,保证足够的糖化时间,并调整好醪液的 pH。

[知识链接]

1 啤酒酵母及特性

1.1 啤酒酵母的分类

根据啤酒酵母的发酵类型和凝聚性的不同可分为上面发酵酵母、下面发酵酵母、凝聚性酵母和粉状酵母等。见表2-19和表2-20。

表 2-19 上面发酵酵母与下面发酵酵母的区别

区别内容	上面酵母	下面酵母
细胞形态	多呈圆形，多数细胞集结在一起	多呈卵圆形，细胞较分散
发酵时生理现象	发酵终了，大量细胞悬浮在表面	发酵终了，大部分酵母凝集而沉淀容器底部
发酵温度	15～25℃	5～12℃
对棉籽糖发酵	能将棉籽糖分解成蜜二糖和果糖，只能发酵1/3果糖部分	能全部发酵棉籽糖
对蜜二糖发酵	缺乏蜜二糖酶，不能发酵蜜二糖	含有蜜二糖酶，能发酵蜜二糖
37℃培养	能生长	不能生长
利用酒精生长	能	不能

表 2-20 凝集酵母与粉状酵母的区别

区别内容	凝集酵母	粉状酵母
发酵时情况	酵母易于凝集沉淀(下面酵母)或凝集后浮于表面(上面酵母)	不易凝集
发酵终了	很快凝集，沉淀密致，或于液面形成致密的厚层	长时间悬浮于发酵液中，很难沉淀
发酵液澄清情况	较快	不易
发酵度	较低	较高
对蜜二糖发酵	缺乏蜜二糖酶，不能发酵蜜二糖	含有蜜二糖酶，能发酵蜜二糖
37℃培养	能生长	不能生长
利用酒精生长	能	不能

采用上面酵母，发酵温度较高(15～25℃)。酵母起发快，接种量可以减少，形成的酵母新细胞较多。麦汁接种温度比较高(13～16℃)，发酵2～3 d为发酵旺盛阶段，发酵4～6 d即可结束。发酵结束后，酵母成紧密的一层浮在液面上，厚3～4 cm。酵母使用代数远较下面发酵多。啤酒成熟快，设备周转快，啤酒有独特风味，但保存期短。

采用下面酵母,主发酵温度较低,发酵进程缓慢,代谢副产物相对较少,主发酵完毕后,大部分酵母沉降到发酵容器底部。后发酵和贮酒期较长,酒液澄清良好,CO_2饱和稳定,酒的泡沫细微,风味柔和,保存期较长。

啤酒酵母的可发酵性糖和发酵顺序是:葡萄糖>果糖>蔗糖>麦芽糖>麦芽三糖。

$$C_6H_{12}O_6 \longrightarrow 2C_2H_5OH + 2CO_2$$

发酵中,酵母利用糖及氨基酸类合成细胞机体,将可发酵性糖转化为乙醇和二氧化碳,同时产生醛、酸、酯等副产物,这一系列的生化变化都是在酵母体内多种酶的催化下完成的,主要的酶有麦芽糖酶、蔗糖酶、棉籽糖酶、蜜二糖酶、乙醇转化酶、蛋白质分解酶及其他辅酶。

啤酒生产上对酵母的要求是:发酵力高,凝聚力强,沉降缓慢而彻底,繁殖能力适当,有较高的生命活力,性能稳定,酿制出的啤酒风味好。

1.2　主要的生理特性

(1)凝聚特性　凝聚性不同,酵母的沉降速度不同,发酵度也有差异。凝聚性的测定按本斯方法进行,本斯值在1.0 mL以上者为强凝聚性,小于0.5 mL为弱凝聚性。啤酒生产一般选择凝聚性比较强的酵母,便于酵母的回收。

(2)发酵度　发酵度反映酵母对麦汁中各种糖的利用情况,正常的啤酒酵母能发酵葡萄糖、果糖、蔗糖、麦芽糖和麦芽三糖等。根据酵母对糖发酵程度的不同可分为高、中、低发酵度三个类别。酿造不同的啤酒选用不同的酵母菌菌种。

(3)抗热性能(灭活温度)　酵母灭活温度是指一定时间内时酵母灭活的最低温度,作为鉴别菌株的内容之一。一般啤酒酵母的灭活温度在52~53℃,若灭活温度提高说明酵母变异或污染了野生酵母。

(4)产孢能力　一般啤酒酵母生产菌种都不能产生孢子或产孢能力极弱,而某些野生酵母能很好产孢,据此可以判断菌种是否染菌。

(5)发酵性能　发酵性能主要表现在发酵速度上,不同菌种由于麦芽糖和麦芽三糖渗透酶活性不同,发酵速度就有快慢之分。双乙酰峰值和还原速度、高级醇的产生量以及啤酒风味情况等均是选择菌种的重要指标。

(6)其他生理生化特性　一般啤酒酵母都能发酵葡萄糖、半乳糖、蔗糖和麦芽糖,不能发酵乳糖,不能同化硝酸盐。

2　啤酒酵母的扩大培养

斜面试管→富氏瓶培养→巴氏瓶培养→卡氏罐培养→汉森罐培养→酵母繁殖槽→主发酵池(表2-21)

表 2-21　啤酒酵母扩大培养过程

扩培过程	富氏瓶	巴氏瓶	卡氏罐	汉森罐
容量	20 mL	500～1 000 mL	10～20 L	150～25 0L
装麦汁量	10 mL	250～500 mL	5～10 L	100～200 L
麦汁浓度/%	8～10	8～10	10～12	10～12
酒花	无	无	有	有
培养温度/℃	25～27	20～25	15～20	10～15
培养时间/d	2～3	2～3	4～6	4～6
扩大倍数	—	25	20	20

3　传统啤酒发酵技术

传统的下面发酵,分主发酵和后发酵两个阶段。主发酵一般在密闭或敞口的主发酵池(槽)中进行,后发酵在密闭的卧式发酵罐内进行。

3.1　主发酵(以敞口 12% 麦汁发酵为例)

3.1.1　一般工艺过程

(1)麦汁冷却至接种温度(6℃左右),流入增殖槽,将所需的酵母(为麦汁量的 0.5% 左右)加入,混合均匀。通入无菌空气,使溶解氧含量在 8 mg/L 左右。

(2)酵母经繁殖 20 h 左右,待麦汁表面形成一层泡沫时,将增殖槽中的麦汁泵入发酵槽内,进行厌氧发酵。

(3)发酵 2～3 d,温度升至发酵的最高温度。先维持最高温 2～3 d,以后控制发酵温度逐步回落,主酵结束时,发酵液温度控制在 4.0～4.5℃。

(4)主发酵最后一天急剧冷却,使大部分酵母沉降槽底,然后将发酵液送至贮酒罐进行后发酵。

主发酵结束后的发酵液称嫩啤酒。

(5)酵母回收。

3.1.2　主发酵过程的现象和要求

(1)酵母繁殖期　麦芽汁添加酵母 8～16 h 以后,液面上出现二氧化碳小气泡,逐渐形成白色、乳脂状的泡沫,酵母繁殖 20 h 以后立即进入主发酵池,与增殖槽底部沉淀的杂质分离。

(2)起泡期　入主发酵池 4～5 h 后,在麦汁表面逐渐出现更多的泡沫,由四周渐渐向中间扩散,泡沫洁白细腻,厚而紧密,如花菜状,发酵液中有二氧化碳小气泡上涌,并将一些析出物带至液面。此时发酵液温度每天上升 0.5～0.8℃,每天降糖 0.3～0.5°P,维持时间 1～2 d,不需人工降温。

(3)高泡期　发酵后 2～3 d,泡沫增高,形成隆起,高达 25～30 cm,并因发酵液内酒花树脂和蛋白质-单宁复合物开始析出而逐渐变为棕黄色,此时为发酵旺盛期,需要人工降温,但是不能太剧烈,以免酵母过早沉淀,影响发酵。高泡期一般维持 2～3 d 每天降糖 1.5°P 左右。

(4)落泡期 发酵 5 d 以后,发酵力逐渐减弱,二氧化碳气泡减少,泡沫回缩,酒内析出物增加,泡沫变为棕褐色。此时应控制液温每天下降 0.5℃ 左右,每天降糖 0.5～0.8°P,落泡期维持 2 d 左右。

(5)泡盖形成期 发酵 7～8 d 后,泡沫回缩,形成泡盖,应即时撇去泡盖,以防沉入发酵液内。此时应大幅度降温,使酵母沉淀。此阶段可发酵性糖已大部分分解,每天降糖 0.2～0.4°P。

3.2 后发酵

后发酵的目的:糖继续发酵;促进啤酒风味成熟(乙酸乙酯、双乙酰还原);增加 CO_2 的溶解量;促进啤酒的澄清。

(1)双乙酰还原 一般双乙酰还原温度等于或高于发酵温度,这样既能保证啤酒质量又利于缩短发酵周期。双乙酰还原温度增加,啤酒后熟时间缩短,但容易染菌,又不利于酵母沉淀和啤酒澄清。温度低,发酵周期延长。

主发酵结束后,关闭冷媒升温至 12℃ 进行双乙酰还原。双乙酰含量降至 0.10 mg/L 以下,再降温。

(2)下酒 将嫩啤酒输送到贮酒罐的操作称下酒。下酒前可用 CO_2 充满储罐。

多用下面下酒法。贮酒罐可一次装满,也可分 2～3 次装满。如是分装,应在 1～3 d 内装满。入罐后,液面上应留出 10～15 cm 空隙,有利于排除液面上的空气,尽量减少与氧的接触。如果嫩啤酒含糖过低,不足以进行后发酵,可添加发酵度为 20% 的起泡酒,促进发酵。

下酒的工艺要求:避免酒液与氧接触,防止酒氧化;酵母浓度 $(5～10)×10^6$ 个/mL。封罐升压,0.05～0.08 MPa。

贮酒的工艺要求:温度 −1～1℃,利于 CO_2 溶解。

(3)密封升压 下酒满桶后,正常情况下敞口发酵 2～3 d,以排除啤酒中的生青味物质(硫化氢、乙醛、双乙酰等)。以后封罐,罐内二氧化碳气压逐步上升,压力达到 50～80 kPa 时保压,让酒中的二氧化碳逐步饱和。

(4)温度控制 后发酵多控制先高后低的贮酒温度。前期控制 3～5℃,而后逐步降温至 −1～1℃,降温速度视啤酒的不同类型而定。有些新工艺,前期温度控制范围很大(3～13℃),以保持一定的高温尽快还原双乙酰,促进啤酒成熟。

3.3 过滤

3.3.1 硅藻土过滤法的特点

优点:①实现自动化,人员减少约一半,在室温下操作方便;②不断更新滤床,过滤速度加快,生产效率提高;③滤酒损耗降低14%左右;④硅藻土表面积大,吸附力强,无毒,能滤除0.1～1.0 μm以下的微粒,提高啤酒的清亮度,对啤酒风味无影响,能延长成品啤酒的保质期。

缺点:设备一次性投资大;消耗硅藻土量大。

硅藻土过滤机型号很多,现多采用水平圆盘式硅藻土过滤机过滤(图2-36)。

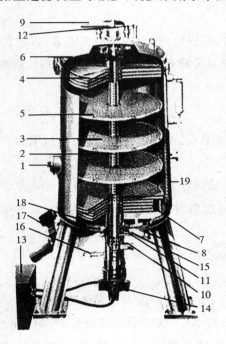

1.带视窗机壳　　2.滤出轴
3.滤盘　　　　　4.间隔盘
5.支脚　　　　　6.压紧装置
7.残液滤盘　　　8.底部进口
9.上部进口　　　10.清酒出口
11.残酒出口　　　12.排气管
13.液压装置　　　14.电机
15.轴封　　　　　16.轴环清洗管
17.硅藻土排出管　18.硅藻土排出装置
19.喷洗装置

图2-36　水平圆盘式硅藻土过滤机的结构

3.3.2　水平圆盘式硅藻土过滤机操作

(1)过滤机的清洗与杀菌处理　饮用水循环清洗5～10 min,用85～90℃热水循环杀菌处理30 min,取样检查杀菌效果。

(2)过滤机的预涂和过滤　配制硅藻土混合液并注入硅藻土混合罐中,分两次预涂,每次5～10 min,泵入酒液顶出过滤机内积水,调酒液至预涂流速,开始进行循环以降低酒液浊度,同时注意打开硅藻土计量添加泵连续补料;当酒液浊度达到要求时,降到过滤流速,开始过滤,当滤层通透性下降,进、出口压差升高到极限时,过滤。

(3)过滤机的排土与清洗　卸压后,打开排放口,将泥状硅藻土排出,注水喷淋,然后进行碱洗→净水冲洗,酸洗→净水冲洗,冲洗干净后备用。

4　锥形发酵罐啤酒发酵

4.1　锥形罐发酵的组合形式

(1)发酵—贮酒式　此种方式,两个罐要求不一样,耐压也不同,对于现代酿造来说,此方式意义不大。

(2)发酵—后处理式　即一个罐进行发酵,另一个罐为后熟处理。对发酵罐而言,将可发酵性成分一次完成,基本不保留可发酵性成分,发酵产生的CO_2全部回收并贮存备用,然后转入后处理罐进行后熟处理。其过程为将发酵结束的发酵液经离心分离,去除酵母和冷凝固物,再经薄板换热器冷却到贮酒温度,进行$1～2$ d的低温贮存后开始过滤。

(3)发酵—后调整式　即前一个发酵罐类似一罐法进行发酵、贮酒,完成可发酵性成分的发酵,回收CO_2、回收酵母,进行CO_2洗涤,经适当的低温贮存后,在后调整罐内对色泽、稳定性、CO_2含量等指标进行调整,再经适当稳定后即可开始过滤操作。

4.2　发酵主要工艺参数的确定

(1)发酵周期　由产品类型、质量要求、酵母性能、接种量、发酵温度、季节等确定,一般$12～24$ d。通常,夏季普通啤酒发酵周期较短,优质啤酒发酵周期较长,淡季发酵周期适当延长。

(2)酵母接种量　一般根据酵母性能、代数、衰老情况、产品类型等决定。接种量大小由添加酵母后的酵母数确定。发酵开始时$(10～20)×10^6$个/mL,发酵旺盛时$(6～7)×10^7$个/mL,排酵母后$(6～8)×10^6$个/mL,$0℃$左右贮酒时$(1.5～3.5)×10^6$个/mL。

(3)发酵最高温度和双乙酰还原温度　啤酒旺盛发酵时的温度称为发酵最高温度,一般啤酒发酵可分为3种类型:低温发酵、中温发酵和高温发酵。低温发酵:旺盛发酵温度$8℃$左右;中温发酵:旺盛发酵温度$10～12℃$;高温发酵:旺盛发酵温度$15～18℃$。国内一般发酵温度为$9～12℃$。

双乙酰还原温度是指旺盛发酵结束后啤酒后熟阶段(主要是消除双乙酰)时的温度,一般双乙酰还原温度等于或高于发酵温度,这样既能保证啤酒质量又利于缩短发酵周期。发酵温度提高,发酵周期缩短,但代谢副产物量增加将影响啤酒风味且容易染菌;双乙酰还原温度增加,啤酒后熟时间缩短,但容易染菌又不利于酵母沉淀和啤酒澄清。温度低,发酵周期延长。

(4)罐压　根据产品类型、麦汁浓度、发酵温度和酵母菌种等的不同确定。一般发酵时最高罐压控制在$0.07～0.08$ MPa。一般最高罐压为发酵最高温度值除以100(单位 MPa)。采用带压发酵,可以抑制酵母的增殖,减少由于升温所造成的代谢副产物过多的现象,防止产生过量的高级醇、酯类,同时有利于双乙酰的还原,并可以保证酒中二氧化碳的含量。啤酒中CO_2含量和罐压、温度的关系为:

$$CO_2(\%,m/m)=0.298+0.04p-0.008t$$

式中:p—罐压(压力表读数),MPa;t—啤酒品温,℃。

(5)满罐时间　从第一批麦汁进罐到最后一批麦汁进罐所需时间称为满罐时间。满罐时间长,酵母增殖量大,产生代谢副产物 α-乙酰乳酸多,双乙酰峰值高,一般在$12～24$ h,最好在20 h以内。

（6）发酵度　可分为低发酵度、中发酵度、高发酵度和超高发酵度。对于淡色啤酒发酵度的划分为：低发酵度啤酒，其真正发酵度 48%～56%；中发酵度啤酒，其真正发酵度 59%～63%；高发酵度啤酒，其真正发酵度 65% 以上；超高发酵度啤酒（干啤酒），其真正发酵度在 75% 以上。目前国内比较流行发酵度较高的淡爽性啤酒。

4.3　锥形发酵罐工艺要求

（1）应有效地控制原料质量和糖化效果，每批次麦汁组成应均匀，如果各批麦汁组成相差太大，将会影响到酵母的繁殖与发酵。如 10°P 麦汁成分要求为：浓度%（m/m）10±0.2，色度（EBC 单位）5.0～8.0，pH5.4±0.2，α-氨基氮（mg/L）140～180。

（2）大罐的容量应与每次糖化的冷麦汁量以及每天的糖化次数相适应，要求在 16 h 内装满一罐，最多不能超过 24 h，进罐冷麦汁对热凝固物要尽量去除，如能尽量分离冷凝固物则更好。

（3）冷麦汁的温度控制要考虑每次麦汁进罐的时间间隔和满罐的次数，如果间隔时间长、次数多，可以考虑逐批提高麦汁的温度，也可以考虑前一、二批不加酵母，之后的几批将全量酵母按一定比例加入，添加比例由小到大，但应注意避免麦汁染菌。也有采用前几批麦汁添加酵母，最后一批麦汁不加酵母的办法。

（4）冷麦汁溶解氧的控制可以根据酵母添加量和酵母繁殖情况而定，一般要求每批冷麦汁应按要求充氧，混合冷麦汁溶解氧不低于 8 mg/L。

（5）控制发酵温度应保持相对稳定，避免忽高忽低。温度控制以采用自动控制为好。

（6）应尽量进行 CO_2 回收，以便于进行 CO_2 洗涤、补充酒中 CO_2 和以 CO_2 背压等。

（7）发酵罐最好采用不锈钢材料制作，以便于清洗和杀菌，当使用碳钢制作发酵罐时，应保持涂料层的均匀与牢固，不能出现表面凹凸不平的现象，使用过程中涂料不能脱落。发酵罐要装有高压喷洗装置，喷洗压力应控制在 0.39～0.49 MPa 或更高。

4.4　酵母的回收

锥形罐发酵法酵母的回收方法不同于传统发酵，主要区别有：回收时间不定，可以在啤酒降温到 6～7℃ 以后随时排放酵母，而传统发酵只能在发酵结束后才能进行；回收的温度不固定，可以在 6～7℃ 下进行，也可以在 3～4℃ 或 0～1℃ 下进行；回收的次数不固定，锥形罐回收酵母可分几次进行，主要是根据实际需要多次进行回收；回收的方式不同，一般采用酵母回收泵和计量装置、加压与充氧装置，同时配备酵母罐且体积较大，可容纳几个罐回收的酵母（相同或相近代数）；贮存方式不同，锥形罐一般不进行酵母洗涤，贮存温度可以调节，贮存条件较好。

一般情况下，发酵结束温度降到 6～7℃ 以下时应及时回收酵母。若酵母回收不及时，锥底的酵母将很快出现"自溶"。回收酵母前锥底阀门要用 75%（v/v）的酒精溶液棉球灭菌，回收或添加酵母的管路要定期用 85℃ 的 NaOH（俗称火碱）溶液洗涤 20 min；管路每次使用前先通 85℃ 的热水 30 min 0.25% 的消毒液（H_2O_2 等）10 min；管路使用后，先用清水冲洗 5 min，再用 85℃ 热水灭菌 20 min。

酵母使用代数越多,厌氧菌的污染一般都会增加,酵母使用代数最好不要超过 4 代。对厌氧菌污染的酵母不要回收,最好做灭菌处理后再排放。

回收酵母时注意:要缓慢回收,防止酵母在压力突然降低造成酵母细胞破裂,最好适当备压;要除去上、下层酵母,回收中层强壮酵母;酵母回收后贮存温度 2～4℃,贮存时间不要超过 3 d。

酵母泥回收后,要及时添加 2～3 倍的 0.5～2.0℃ 的无菌水稀释,经 80～100 目的酵母筛过滤除去杂质,每天洗涤 2～2.5 次。

若回收酵母泥污染杂菌可以进行酸洗:食用级磷酸,用无菌水稀释至 5%(m/m),加入回收的酵母泥中,调至 pH 2.2～2.5,搅拌均匀后静置 3 h 以上,倾去上层酸水即可投入使用。经过酸洗后,可以杀灭 99% 以上的细菌。

酵母使用代数:研究发现,在同样的条件下,2 代酵母的发酵周期较长,但降糖、还原双乙酰的能力较好;3 代酵母在发酵周期、降糖、还原双乙酰能力等方面最好,酵母活性最强;4 代酵母以后,发酵周期逐渐延长,酵母的降糖能力和双乙酰还原能力也逐渐下降,产品质量将变差。

如果麦汁的营养丰富(α-氨基氮含量高,大于 180 mg/L),回收酵母的活性高,而麦汁营养缺乏时,回收的酵母活性很差,对下一轮发酵和啤酒质量有明显影响。

回收酵母泥时用 0.01% 的美兰染色测定酵母死亡率,若死亡率超过 10% 就不能再使用,一般回收酵母死亡率应在 5% 以下。

4.5 CO_2 的回收

CO_2 是啤酒生产的重要副产物,根据理论计算,每千克麦芽糖发酵后可以产生 0.514 kg 的 CO_2,每千克葡萄糖可以产生 0.489 kg 的 CO_2,实际上发酵时前 1～2 d 的 CO_2 不纯,不能回收,CO_2 的实际回收率仅为理论值的 45%～70%。经验数据为,啤酒生产过程中每百升麦汁实际可以回收 CO_2 为 2～2.2 kg。

CO_2 回收和使用工艺流程:

$$CO_2 \longrightarrow 收集 \longrightarrow 洗涤 \longrightarrow 压缩 \longrightarrow 干燥 \longrightarrow 净化 \longrightarrow 液化和贮存 \longrightarrow 气化 \longrightarrow 使用$$

(1)收集 CO_2 发酵 1 d 后,检查排出的 CO_2 的纯度为 99%～99.5% 以上,CO_2 的压力为 100～150 kPa,经过泡沫捕集器和水洗塔除去泡沫和微量酒精及发酵副产物,不断送入橡皮气囊,使 CO_2 回收设备连续均衡运转。

(2)洗涤 CO_2 进入水洗塔逆流而上,水则由上喷淋而下。有些还配备高锰酸钾洗涤器,能除去气体中的有机杂质。

(3)压缩 水洗后的 CO_2 气体被无油润滑 CO_2 压缩机 2 级压缩。第 1 级压缩到 0.3 MPa(表压),冷凝到 45℃;第 2 级压缩到 1.5～1.8 MPa(表压),冷凝到 45℃。

(4)干燥 经过 2 级压缩后的 CO_2 气体(约 1.8 MPa),进入 1 台干燥器,器内装有硅胶或分子筛,可以去除 CO_2 中的水蒸气,防止结冰。也有把干燥放在净化操作后。

(5)净化 经过干燥的 CO_2,再经过 1 台活性炭过滤器净化。器内装有活性炭,清除

CO_2 气体中的微细杂质和异味。要求 2 台并联,其中 1 台再生备用,内有电热装置,有的用蒸汽再生,要求应在 37 h 内再生 1 次。

(6)液化和贮存 CO_2 气体被干燥和净化后,通过列管式 CO_2 净化器。列管内流动的 CO_2 气体冷凝到 $-15℃$ 以下时,转变成 $-27℃$、1.5 MPa 的液体 CO_2,进入贮罐,列管外流动的冷媒 R22 蒸发后吸入制冷机。

(7)气化 液态 CO_2 的贮罐压力为 1.45 MPa(1.4~1.5 MPa 之间),通过蒸汽加热蒸发装置,使液体 CO_2 转变为气体 CO_2,输送到各个用气点。

回收的 CO_2 纯度要大于 99.8%(v/v),其中水的最高含量为 0.05%,油的最高含量为 5 mg/L,硫的最高含量为 0.5 mg/L,残余气体的最高含量为 0.2%。

4.6 锥形罐的清洗与消毒

在啤酒生产中,卫生管理至关重要。生产环节中清洗和消毒杀菌不严格所带来的直接后果是:轻度污染使啤酒口感差,保鲜期短,质量低劣;严重污染可使啤酒酸败和报废。

4.6.1 发酵大罐的微生物控制

啤酒发酵是纯粹啤酒酵母发酵,发酵过程中的有害微生物的污染是通过麦汁冷却操作、输送管道、阀门、接种酵母、发酵空罐等途径传播的,而发酵空罐则是最大的污染源。因此,必须对啤酒发酵罐进行洗涤及消毒杀菌。

4.6.2 杀菌剂的选择

设备、方法、杀菌剂对大罐洗涤质量起着决定作用,而选择经济、高效、安全的消毒杀菌剂则是关键。我国大多数啤酒厂所采用的杀菌剂大致有 ClO_2、双氧水、过氧乙酸、甲醛等,使用效果最好的是 ClO_2。

4.6.3 洗涤方法的选择

(1)清水—碱水—清水 这种方法是比较原始的洗涤方法,目前在中小型啤酒厂中使用较多,虽然洗涤成本低,但不能充分杀死所有微生物,而且会对啤酒口感带来影响。也有定期用甲醛洗涤杀菌的,但并不安全。

(2)清水—碱水—清水—杀菌剂(ClO_2、过氧乙酸、双氧水) 一般认为上述三种消毒剂最终分解产物无毒副作用,洗涤后不必冲洗。采用此种方法的厂家较多,其啤酒质量特别是口感、保鲜期会比第一种方法提高一个档次。

(3)清水—碱水—清水—消毒剂—无菌水 有的厂家认为这种方法对微生物控制比较安全,又可避免万一消毒剂残留而带来的副作用,但如果无菌水细菌控制不合格也会带来大罐重复污染。

(4)清水—稀酸—清水—碱水—清水—杀菌剂—无菌水 此种方法被认为是比较理想的洗涤方法。通过对长期使用的大罐内壁的检查,可发现黏附有由草酸钙、磷酸钙和有机物组成的啤酒石,先用稀酸(磷酸、硝酸、硫酸)除去啤酒石,再进行洗涤和消毒杀菌,这样会对啤酒质量有利。

4.6.4　其他因素对大罐洗涤的影响

（1）CIP系统的设计　特别是管道角度、洗涤罐的容量及分布、洗涤水的回收方法等，都会对洗涤杀菌产生影响。有些采用带压回收洗涤水，压力过高会使洗涤水喷射产生阻力而影响洗涤效果。

（2）洗涤器　当前生产的洗涤器种类很多，应选择喷射角度完全，不容易堵塞的万向洗涤器。定期拆开大罐顶盖对洗涤器进行检查，以免洗涤器因异物而堵塞。

（3）洗涤泵及压力　如果泵的压力过小，洗涤液喷射无力，也会在大罐内壁留下死角，洗涤的压力一般应控制在0.25～0.4 MPa。

（4）大罐内壁　有的大罐内壁采用环氧树脂或T541涂料防腐，使用一段时间后会起泡或脱落，如果不及时检查维修，就会在这些死角藏有细菌而污染啤酒。

（5）洗涤时间　只要方法正确，设备正常，一般清水冲洗每次15～20 min，碱洗时间20 min，杀菌时间20～30 min，总时间控制在90～100 min是比较理想的。

4.6.5　微检取样方法

大罐洗涤完毕后放净水，关闭底阀几分钟，然后再打开，用无菌试管或无菌三角瓶，在火焰上取样作无菌平皿培养24 h或厌氧菌培养7 d，取样方法不正确或者培养不严格也会使微生物测定不准确。

其他啤酒发酵技术

任务四　啤酒的过滤、分离与灌装

【任务描述】

啤酒发酵成熟后，在成为商品之前需要进行啤酒的澄清处理，以改善啤酒的外观和稳定性；同时为了便于啤酒运输、销售和消费，需要进行产品包装；为延长啤酒的保存期还要进行除菌处理——热杀菌或无菌过滤等。

【参考标准】

GB 4927—2008 中华人民共和国国家标准 啤酒

【工艺流程】

过滤→分离→灌装

【任务实施】

(1)硅藻土过滤机粗滤

(2)板框过滤机精滤

(3)清酒罐缓冲

(4)罐装机罐装

(5)杀菌机杀菌

【任务评价】

评价单

学习领域	啤酒的过滤、分离与灌装					
评价类别	项目	子项目	个人评价	组内互评	教师(师傅)评价
专业能力(80%)	资讯(5%)	搜集信息(2%)			
		引导问题回答(3%)			
	计划(5%)	计划可执行度(3%)			
		计划执行参与程度(2%)			
	实施(40%)	操作熟练度(40%)			
	结果(20%)	结果质量(20%)			
	作业(10%)	完成质量(10%)			
社会能力(20%)	团结协作(10%)	对小组的贡献(10%)			
	敬业精神(10%)	学习纪律性(10%)			

[师徒共研]

啤酒包装应符合以下要求:

(1)包装过程中应尽量避免与空气接触,防止因氧化作用而影响啤酒的风味稳定性和非生物稳定性。

(2)包装中应尽量减少啤酒中二氧化碳的损失,以保证啤酒口味和泡沫性能;

(3)严格无菌操作,防止啤酒污染,确保啤酒符合卫生标准。

[知识链接]

1 啤酒的过滤与分离

发酵结束的成熟啤酒,虽然大部分蛋白质和酵母已经沉淀,但仍有少量物质悬浮于酒中,必须经过澄清处理才能进行灌装。

1.1 啤酒过滤的目的

(1)除去酒中的悬浮物,改善啤酒外观,使啤酒澄清透明,富有光泽。

(2)除去或减少使啤酒出现浑浊沉淀的物质(多酚物质和蛋白质等),提高啤酒的胶体稳定性(非生物稳定性)。

(3)除去酵母或细菌等微生物,提高啤酒的生物稳定性。

啤酒澄清的要求:产量大、透明度高、酒损小、CO_2损失少、不易污染、不吸氧、不影响啤酒风味等。

1.2 过滤原理

啤酒过滤澄清原理主要是通过过滤介质的阻挡作用(或截留作用)、深度效应(介质空隙网罗作用)和静电吸附作用等使啤酒中存在的微生物、冷凝固物等大颗粒固形物被分离出来,而使啤酒澄清透亮。常用过滤介质有硅藻土、滤纸板、微孔薄膜和陶瓷芯等。

1.3 啤酒过滤后的变化

啤酒经过过滤介质的截留、深度效应和吸附等作用,使啤酒在过滤时发生有规律的变化:稍清亮→清亮→很清亮→清亮→稍清亮→失光或阻塞。啤酒的有效过滤量是指在保证啤酒达到一定清亮程度(用浊度单位表示)的条件下,单位过滤介质可过滤的啤酒数量。啤酒经过过滤会发生以下变化:

(1)色度降低 一般降低 0.5～1.0 EBC 单位,降低原因为酒中的一部分色素、多酚类物质等被过滤介质吸附而使色度下降。

(2)苦味物质减少 苦味物质减少 0.5～1.5 BU,造成的原因是由于过滤介质苦味物质的吸附作用。

(3)蛋白质含量下降 用硅藻土过滤后的啤酒蛋白质含量下降 4% 左右,此外添加硅胶也会吸附部分高分子含氮物质。

(4)二氧化碳含量下降 过滤后 CO_2 含量降低 0.02%,主要是由于压力、温度的改变和管路、过滤介质的阻力作用造成的。

1.4 过滤方法

其中最常用的是硅藻土过滤法。常用啤酒过滤的组合形式有：

常用方法　　　　　　　　　离心分离法

滤棉过滤法　⎫　　　　　　板式过滤法　⎫
　　　　　　⎬ 粗滤 → 鲜啤酒；　　　　　⎬ 精滤 → 纯生啤酒；
硅藻土过滤法⎭　　　　　　微孔薄膜过滤法⎭

巴氏杀菌 → 熟啤酒。

（1）常规式　由硅藻土过滤机和精滤机（板式过滤机）组成，是啤酒生产中最常用的过滤组合方式（图 2-37 和图 2-38）。有些企业在生产旺季，仅采用硅藻土过滤机进行一次过滤，难以保证过滤效果。

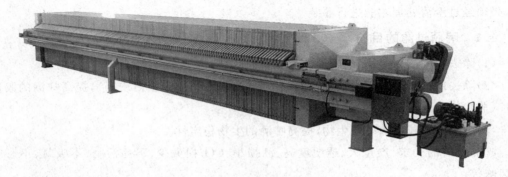

图 2-37　程控自动压滤机

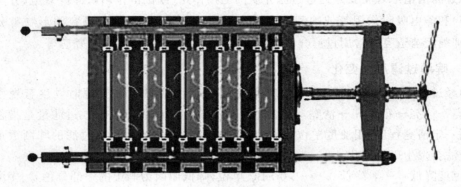

图 2-38　板框式硅藻土过滤机过滤原理图

（2）复合式　由啤酒离心澄清机、硅藻土过滤机和精滤机组成，有的还在硅藻土过滤机与精滤机之间或在清酒灌与灌装机之间加一个袋式过滤机（防止硅藻土或短纤维进入啤酒）。

（3）无菌过滤式　由啤酒离心澄清机、硅藻土过滤机、带式过滤机、精滤机和微孔膜过滤机。主要用于生产纯生啤酒，罐装或桶装生啤酒，以及瓶装生啤酒。

（4）深层过滤　是指对啤酒的过滤按不同颗粒直径的大小采取孔隙由大到小的过滤机

逐步进行,避免小颗粒物堵塞过滤通道造成大颗粒物过滤量的减少,同时也能提高过滤效果。除了要配备啤酒离心分离机、硅藻土过滤机外,还要采用多个孔径由大到小的过滤单元组合在一起,孔径为 $0.5\sim3\ \mu m$。通过深层过滤,啤酒的清亮程度得到不断提高,同时产品的浊度水平可按不同的要求确定,甚至可以满足无菌过滤的要求。深层过滤是啤酒过滤的发展方向之一。

1.5 主要设备操作

1.5.1 硅藻土过滤机

(1)预涂和过滤操作 为保证过滤效果,可分 3 次添加硅藻土,其中预涂 2 次,正常过滤时要连续补加硅藻土。

(2)第一次预涂 在 $200\sim300\ kPa$ 的压力下,将脱氧水或清酒与一定数量的粗土混合,采用循环的方式进行预涂,得到第一预涂层,为基础预涂层。第一次预涂用量为 $700\sim800\ g/m^2$,约占预涂总量的 70%。

(3)第二次预涂 第一次预涂完后,仍用脱氧水或清酒与较细的硅藻土混合预涂第二层,使开始过滤的啤酒清亮,为起始过滤层。总预涂用土量为 $1\ 000\ g/m^2$ 左右,预涂层厚度 $1.5\sim3\ mm$,预涂过程需要 $10\sim15\ min$。

(4)连续补加硅藻土 作用是起到连续不断更换滤层,保持滤层的通透性,使啤酒稳定、快速进行过滤。补加硅藻土情况为:2/3 中土,1/3 细土,硅藻土用量为 $60\sim120\ g/hL$ 啤酒。

过滤时一般压差每小时平均上升 $20\sim30\ kPa$,压力差达 $200\sim500\ kPa$(板框式硅藻土过滤机)或 $300\sim500\ kPa$(加压叶滤机等)。

1.5.2 膜过滤机(微孔薄膜过滤法)

啤酒生产中较早使用的是微孔薄膜过滤。微孔薄膜是用生物和化学稳定性很强的合成纤维和塑料制成的多孔有机膜。制造膜的材料有聚氨酯、聚丙烯、聚酰胺、聚乙烯、聚碳酸酯、醋酸纤维等,膜厚度为 $0.02\sim1\ \mu m$,多被固定在具有很大孔径的介质上。啤酒过滤可用 $1.2\ nm$ 孔径,生产能力为 $(20\sim22)\times10^3\ L/h$,膜寿命为 $(5\sim6)\times10^5\ L$。用 $0.8\ nm$ 孔径薄膜滤酒,产品具有很好的生物稳定性。此法主要用于精滤,生产无菌鲜啤酒。

一般先经离心机或硅藻土过滤机粗滤,再用膜滤除菌。薄膜先用 95℃ 热水杀菌 20 min。杀菌水先用 $0.45\ nm$ 微孔膜过滤除去微粒和胶体,用无菌水顶出滤机中杀菌水,加压检验。若压差小于规定值,则为破裂之兆,应拆开检查,重新装。压差规定值为:微孔径 $3.0\ nm$,压差 $0.071\ MPa$;微孔径 $1.2\ nm$,压差 $0.085\ MPa$;微孔径 $0.8\ nm$,压差 $0.114\ MPa$。

要实现啤酒低温无菌过滤,要求啤酒的可滤性要好,相应的生产过程要进行调整,并严格检查一切可能污染的途径,特别是与水、CO_2、空气有联系的地方;灌装机和压盖机必须达到无菌灌装水平(高压蒸汽处理),研究发现有 40% 的污染是在过滤后产生的(称为二次污染)。

在无菌过滤中,膜过滤一般被用作最后一道过滤。

无菌过滤流程如下：

待滤啤酒 →硅藻土过滤机→PVPP 过滤机→纸板过滤机→膜过滤→缓冲罐→清酒罐

1.6 清酒罐

啤酒过滤后存放清酒的容器称为清酒罐,也称压力罐或缓冲罐。清酒罐是过滤机和灌装机之间的缓冲容器,为了灌装稳定,清酒需要停留 6～12 h 才能灌装,但清酒在清酒罐最多只能存放 3 d。

清酒罐不能用空气背压,要用 CO_2 背压,以尽量减少氧的溶解。每次空罐时都要用 CIP进行清洗。

2 啤酒灌装

2.1 啤酒灌装的形式与方法

啤酒灌装的形式有瓶装(玻璃、聚酯塑料)、罐(听)装、桶装等,其中国内瓶装熟啤酒所占比例最大,近年来瓶装纯生啤酒的生产量逐步增大,旺季桶装啤酒的销售形势也比较乐观。

啤酒灌装的方法分加压灌装法、抽真空充 CO_2 灌装法、二次抽真空灌装、CO_2 抗压灌装法、热灌装法、无菌灌装法等。最常用的是一次或二次抽真空、充 CO_2 的灌装法,预抽真空充CO_2 的灌装方法可以减少溶解氧的含量,对产品的质量影响较小。此外,由于纯生啤酒的兴起,无菌灌装受到重视。

2.2 瓶装啤酒

2.2.1 瓶装熟啤酒包装工艺

CO_2　　　瓶盖

啤酒瓶 ⟶ 选瓶 ⟶ 洗瓶机 ⟶ 验瓶 ⟶ 灌装机 ⟶ 压盖机 ⟶ 验酒 ⟶ 杀菌机 ⟶

商标　　　　　　滤清啤酒

验酒 ⟶ 贴标机 ⟶ 装箱机 ⟶ 瓶装熟啤酒

2.2.2 关键工艺控制

(1)酒瓶质量要求　新瓶的质量要求按照 GB 4544 执行,回收瓶的质量也要符合GB 4544 的要求。回收瓶使用期限为两年。

(2)洗瓶　洗掉瓶子内、外的灰尘和污渍,对于回收瓶要去掉旧商标,清洗的同时在洗瓶机内对空瓶进行热力的杀菌处理。

(3)验瓶　检出未洗净仍有污物、商标屑、洗涤水等的瓶子,检出有破嘴、炸纹、气泡的瓶子。

(4)灌装　现在灌装机械设备多种多样,在此仅以环式贮酒灌装机为例。

啤酒在等压条件下进行灌装,才可避免起泡沫和 CO_2 的损失,装酒前将瓶抽真空后充

CO_2。当瓶内气压与贮酒罐压力相等时,啤酒被注入瓶内,气体通过回气管返回贮酒室。

(5)压盖　灌装结束后,为保持啤酒的鲜度和防 CO_2 的损失,须马上压盖封瓶。

(6)杀菌　杀菌是要保持啤酒的生物稳定性,有利于保质期的延长。灌装后杀菌主要采用喷淋杀菌机(巴氏杀菌法)。

杀菌过程的控制要点:①要保证喷淋水正常喷淋,避免喷淋头堵塞;②瓶装啤酒在进入杀菌机前,用水喷洗瓶外残留的酒液,避免酒液进入杀菌机而产生"菌膜";③杀菌机内备有双层过滤网,要定期进行检查、清理;④每天检查喷淋效果,定期对杀菌机进行刷洗和清理,避免菌膜或玻璃碴堵塞喷淋管;⑤为防止"菌膜"和水垢的沉积,可适当添加防腐剂;⑥出口酒温控制在 30℃ 以下(必须在露点之上),保证啤酒口味新鲜。

(7)验酒　杀菌后的啤酒要进行检验,将不合格的啤酒挑出来。

具体要求如下:酒液清亮透明,无悬浮物和杂质;瓶盖不漏气、漏酒;瓶外部清洁,无不洁附着物。啤酒液位符合现行国标要求:标签容量≥500 mL 的瓶装啤酒,容量误差为 ±10 mL;标签容量<500 的瓶装啤酒,容量误差为 ±8 mL。

(8)贴标　贴标的目的是使贴标后的瓶装啤酒美观,要求商标不能斜歪、翘起、起鼓、透背、破裂或脱落等,贴标位置也要符合要求。

(9)装箱　贴商标后的瓶装啤酒,基本完成了包装任务,最后一项是进行外包装,如装箱、装框或塑封等。

(10)码垛与入库　装箱后的啤酒为了便于存放和运输,按一定的高度码到托盘上,由人工机械送入库房中,待售。

2.3　罐装啤酒

2.3.1　罐装包装工艺流程

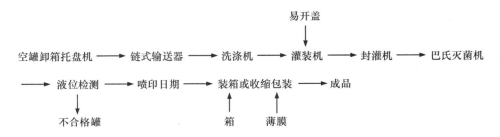

2.3.2　啤酒灌装的基本原则

(1)包装过程中必须尽可能减少接触氧,啤酒吸入极少量的氧也会对啤酒品质带来很大影响,包装过程中吸氧量不要超过 0.02～0.04 mg/L。

(2)尽量减少酒中二氧化碳的损失,以保证啤酒较好的杀口力和泡沫性能。

(3)严格无菌操作,防止啤酒污染,确保啤酒符合卫生要求。

2.3.3　对包装容器的质量要求

(1)能承受一定的压力。包装熟啤酒的容器应承受 1.76 MPa 以上的压力,包装生啤酒

的容器应承受 0.294 MPa 以上的压力。

（2）便于密封。

（3）能耐一定的酸度，不能含有与啤酒发生反应的碱性物质。

（4）一般具有较强的遮光性，避免光对啤酒质量的影响。一般选择绿色、棕色玻璃瓶或塑料容器，或采用金属容器。若采用四氢异构化酒花浸膏代替全酒花或颗粒酒花，也用无色玻璃瓶包装。

成品啤酒的质量要求

项目三
白酒酿造

▶ **知识目标**

    1. 熟悉白酒的分类及加工工艺和操作要点。

    2. 掌握固态发酵法白酒生产的特点和类型。

▶ **技能目标**

    1. 熟识白酒加工工艺和操作要点,进行白酒生产。

    2. 能正确分析并解决白酒生产中出现的问题。

▶ **德育目标**

    通过对白酒生产的学习,让学生了解白酒文化,增加生活常识,丰富餐桌文化和礼仪。

酒类加工原理

任务一

固态发酵法大曲酒的生产

【任务要求】

了解固态发酵法大曲酒生产的工艺和操作要点,能够进行此类白酒的生产,并能正确分析并解决生产中出现的问题。

【参考标准】

GB/T 20822—2007　固液法白酒　GB/T 10781.2—2006　清香型白酒

GB/T 26760—2011　酱香型白酒　GB/T 10781.1—2006　浓香型白酒

GB/T 10781.3—2006　米香型白酒

【工艺流程】

固态发酵法大曲酒的生产工艺流程如下:

高粱 → 粉碎 → 挖糟 → 糟醅拌粮 → 糟醅拌糠 → 糟醅上甑 → 蒸酒蒸粮 → 摘酒 →
糟醅出甑 → 糟醅摊晾 → 糟醅拌曲药 → 糟醅入窖 → 封窖发酵 → 开窖鉴定 → 糟醅滴黄水 →
起运母糟 → 堆砌母糟 → 挖糟

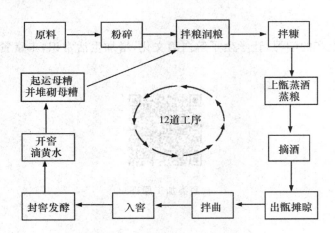

【任务实施】

1　原料的预处理

酿酒原料须先粉碎,这样破坏了淀粉颗粒结构,使淀粉颗粒暴露出来。扩大蒸煮糊化湿淀粉受热面积和与微生物的接触面积,为糖化发酵创造条件。粉碎程度以通过 20 目筛孔的占 70% 左右为宜。粉碎程度不够,则蒸煮糊化不够,曲子作用不彻底,造成出酒率低;粉碎过细,蒸煮时易压气,酒醅发腻,会增加糠壳用量,影响成品酒的风味质量。加之大曲酒采用续糟配料,糟醅经多次发酵,因此高粱也无须粉碎较细。

大曲在使用生产前要经过粉碎。曲粉的粉碎程度以未通过 20 目筛孔的占 70% 为宜,余下的 30% 能通过 0.5 cm 的筛孔为宜。如果粉碎过细,会造成糖化速度过快,发酵没有后劲;若过粗,接触面积小,糖化速度慢,影响出酒率。

稻壳是酿造大曲酒的优良填充剂,它在蒸粮蒸酒时可以避免塌气,在发酵时可以避免糟子发黏。但稻壳带生闷气味,并因含较多的果胶质,多缩戊糖等在蒸酒时可能生成糠醛、甲醇而影响酒质,因此,工艺操作上必须采取熟糠拌料,即利用蒸粮余汽将稻壳蒸 20～25 min,然后晾干备用,这样可保证曲酒质量不受生稻壳的影响。

2　开窖起糟

开窖起糟时要按照剥糟皮、起丢糟、起上层母糟、滴窖、起下层母糟的顺序进行。操作时要注意搞好各步骤之间、各种糟醅之间的卫生清洁工作,避免交叉污染,滴窖时要注意滴窖时间,以 10 h 左右为宜,时间过长或过短,均会影响母糟含水量。起糟时要注意不触伤窖池,不使窖壁、窖底的老窖泥脱落。

在滴窖期间,要对该窖的母糟、黄水进行技术鉴定,以确定本排配方方案及采取的措施。

3　配料与润粮

浓香型大曲酒的配料,采用的续糟配料法,即在发酵好的糟醅中投入原料、辅料进行混合蒸煮,出酒后,摊晾下曲,入窖发酵。因是连续、循环使用,故工艺上称之为续糟配料。续糟配料可以调节糟醅酸度,既利于淀粉的糊化和糖化,适合发酵所需,又可抑制杂菌生长,促进酸的正常循环。续糟配料还可以调节入窖粮糟的淀粉含量,使酵母菌在一定的酒精浓度和适宜的温度条件下生长繁殖。

每甑投入原料的多少,视甑桶的容积而定。比较科学的粮糟比例一般是 1:(3.5～5),以 1:4.5 左右为宜。辅料的用量,应根据原料的多少来定,正常的辅料糠壳用量为原料淀粉量的 18%～24%。

量水的用量,也是以原料量来定,正常的量水用量为原料的 80%～100%。这样可保证糟醅含水量在 53%～55%,能使糟醅正常发酵。

在蒸酒蒸粮前 50～60 min,要将一定数量的发酵糟醅和原料高粱粉按比例充分拌和,盖上熟糠,堆积润粮。润粮使淀粉能够充分吸收糟醅中的水分,有利于淀粉糊化。在上甑前 10～15 min 进行第 2 次拌和,将稻壳拌匀、收堆,准备上甑。配料时,切忌粮粉与稻壳同时混入,以免粮粉装入稻壳内,拌和不匀,不易糊化。拌和时要低翻快拌,以减少酒精挥发。

除拌和粮糟外,还要拌和红糟(下排是丢糟)。红糟不加原料,在上甑 10 min 前加稻壳拌匀,加入的稻壳量依据红糟的水分大小来决定。

4 蒸酒、蒸粮、打量水

4.1 蒸面糟

先将底锅洗净,加够底锅水,并倒入黄浆水,然后按上甑操作要点上甑蒸酒,蒸得酒为"丢糟黄浆水酒"。

4.2 蒸粮糟

蒸丢糟黄浆水后的底锅要彻底洗净,然后加水,换上专门的蒸粮糟的蒸箅,上甑蒸酒。开始流酒时应截去"酒头",然后量质摘酒。蒸酒时要求缓火蒸酒,断花摘酒。酒尾要专门容器盛接。

蒸酒断尾后,应该加大火力进行蒸粮,以达到淀粉糊化和降低酸度的目的。蒸粮时间从流酒到出甑为 60～70 min。对蒸粮的要求是达到"熟而不黏,内无生心",也就是既要蒸熟蒸透,又要不起疙瘩。

4.3 蒸红糟

由于每次要加入粮粉、曲粉和稻壳等新料,所以每窖都要增长 25%～30% 的甑口,全部作为红糟。红糟不加粮,蒸馏后不打量水,作封窖的面糟。

4.4 打量水

粮糟出甑后,堆在甑边,立即打入 85℃ 以上的热水。出甑粮糟虽在蒸粮过程中吸收了一定水分,但尚不能达到入窖最适宜的水分要求,因此必须进行打量水操作,以增加其水分含量,有利于正常发酵。量水的温度要求不低于 80℃,才能使水中杂菌钝化,同时促进淀粉细胞粒迅速吸收水分,使其进一步糊化。所以,量水温度越高越好。量水温度过低,泼入粮糟后将大部分浮于糟的表面,吸收不到粉粒的内部,入窖后水分很快沉于窖底,造成上层糟醅干燥,下层糟醅水分过大的现象。

5 入窖发酵

5.1 摊晾撒曲

摊晾也称扬冷,是使出甑的粮糟迅速均匀地降温至入窖温度,并尽可能地促使糟子的挥发酸和表面水分挥发。但是不能摊晾太久,以免感染更多杂菌。摊晾操作,传统上是在晾堂上进行,后逐步为晾糟机等机械设备代替,使得摊晾时间有所缩短。对于晾糟机的操作,要求撒铺均匀,甩撒无疙瘩,厚薄均匀。

晾凉后的粮糟即可撒曲。每 100 kg 粮粉下曲 18～22 kg,每甑红糟下曲 6～7.5 kg,随气温冷热有所增减,曲子用量过少,则发酵不完全;过多则糖化发酵快,升温高而猛,给杂菌生长繁殖造成有利条件。

下曲温度根据入窖温度、气温变化等灵活掌握,一般在冬季比地温高 3～6℃,夏季与地温相同或高 1℃。

5.2　入窖发酵

入窖前先测地面温度,以便决定入窖温度,并根据气温变化决定下曲温度(表 3-1)。摊晾撒曲完毕后即可入窖。在糟醅达到入窖温度时,将其运入窖内。老窖容积约为 10 m³,以 6～8 m³ 为最好。入窖时,每窖装底糟 2～3 甑,其品温为 20～21℃;粮糟品温为 18～19℃;红糟的品温比粮糟高 5～8℃。每入一甑即扒平踩紧,全窖粮糟装完后,再扒平,踩窖。要求粮糟平地面,不铺出坝外,踩好。红糟应该完全装在粮糟的表面。

表 3-1　地面、入窖、下曲温度配合表　　　　　　　　　　　　　　　℃

地面温度	4～10	11～15	16～20	21～25	28～30
下曲温度	22～23	21～22	21～23	22～24	25～29
入窖温度	16～17	18～19	18～19	19～20	23～26

装完红糟后,将糟面拍光,将窖池周围清扫干净,随后用窖皮泥封窖。封窖的目的在于杜绝空气和杂菌侵入,同时抑制窖内好气性细菌的生长代谢,也避免了酵母菌在空气充足时大量消耗可发酵性糖,影响正常的酒精发酵。因此,严密封窖是十分必要的。

5.3　发酵管理

窖池封闭进入发酵阶段后,要对窖池进行严格的发酵管理工作。在清窖的同时,还要进行看吹口、观察温度、看跌头等工作,并详细进行记录,以积累资料,逐步掌握发酵规律。

5.4　勾兑与贮藏

新蒸馏出的酒为半成品,具有辛辣味和冲味,口感燥而不醇和,必须经过一定的时间贮存才能饮用,名优白酒一般贮存 3 年,一般大曲酒也应贮存半年以上,才有利于提高酒的质量。

【任务评价】

评价单

学习领域		固态发酵法大曲酒的生产			
评价类别	项目	子项目	个人评价	组内互评	教师(师傅)评价
专业能力(80%)	资讯(5%)	搜集信息(2%)			
		引导问题回答(3%)			
	计划(5%)	计划可执行度(3%)			
		计划执行参与程度(2%)			
	实施(40%)	操作熟练度(40%)			
	结果(20%)	结果质量(20%)			
	作业(10%)	完成质量(10%)			
社会能力(20%)	团结协作(10%)	对小组的贡献(10%)			
	敬业精神(10%)	学习纪律性(10%)			

[师徒共研]

1.中温曲的病害与处理操作

在制曲过程中,有时会出现病害,对此应有所了解,并学会处理操作。常见的病害有:

(1)不生霉 曲胚入室后2~3 d,如表面仍不发生菌丝白斑,这是由于曲室温度过低或曲表面水分蒸发太大所致。应关好门窗,并在曲胚上加盖席子及麻袋等,以进行保温。喷洒40℃温水至曲胚上,湿润表面,促使曲胚发热,表面长霉。

(2)受风 曲胚表面干燥,而内生红火,这是因为对着门窗的曲胚,受风吹,表面水分蒸发,中心为分泌红色色素的菌类繁殖所致。故曲胚在室内的位置应常调换,门窗的直对处,应设置席、板等,以防风直接吹到曲胚上。

(3)受火 曲胚于入室后6~7 d(夏热则为4~5 d),微生物繁殖最旺盛,此时如温度调节不当,使温度过高,曲即受火,使曲的内部呈褐色,酶活力降低。故此时应特别注意,采用拉宽曲间距离,使曲胚逐步降温。

(4)生心(曲胚中心不生霉) 如曲料过粗,或因前期温度过高,致使水分蒸发而干涸;或后期温度过低,以致微生物不能继续繁殖,则会产生生心现象,即曲胚中心不生霉。故在生产过程中应时常打开曲胚,检视曲的中心微生物生长的状况,以进行预防。如早期发现此种现象,可喷水于曲胚表面,覆以厚草,按照不生霉的方法处理,如过迟内部已经干燥,则无法再挽救。故制曲经验有:"前火不可过大,后火不可过小"。前期曲胚微生物繁殖最盛,温度极易增高,高则利于有害细菌的繁殖;后期繁殖力渐弱,温度极易下降,时间既久,水分已失,有益微生物不能充分生长,故会产生局部生曲。

2.固态发酵法白酒生产的特点

固态发酵法白酒生产是采用固态酒醅发酵和固态蒸馏,是世界上独特的酿酒工艺。一般的饮料酒生产如啤酒和葡萄酒等酿造酒,都是采用液态发酵,另外白兰地、威士忌等蒸馏酒也是采用液态发酵,再经蒸馏制成。通过固态发酵法大曲酒的生产的工艺流程及操作要点,可以看出我国的固态发酵法白酒生产具有如下特点:

(1)采用低温边糖化边发酵工艺 淀粉酿成酒必须经过糖化与发酵过程。一般糖化酶作用的最适温度在50~60℃。温度过高,酶被破坏的量就会愈大,当采用20~30℃低温时,糖化酶作用缓慢,故糖化时间要长一些,但酶的破坏也能减弱。因此,采用较低的糖化温度,只要保证一定的糖化时间,仍可达到糖化目的。酒精发酵的最适温度为28~30℃,在固态发酵法生产白酒时,虽然入窖开始糖化温度比较低(18~22℃),糖化进行缓慢,但这样便于控制。因开始发酵缓慢些,则窖内升温慢,酵母不易衰老,发酵度会高。而开始糖化温度高,则糖分过多积累,杂菌容易繁殖。在边糖化边发酵过程中,被酵母利用发酵的糖,是在整个发酵过程中逐步产生和供给的,酵母不致过早地处于浓厚的代谢产物环境中,故较为健壮。

(2)发酵中水分基本包含在酿酒原料的颗粒中　由于高粱、玉米等颗粒组织紧密,糖化较为困难,更由于是采用固态发酵,淀粉不容易被充分利用,故对蒸酒后的醅需再行继续发酵,以利用其残余淀粉。常采用减少一部分酒糟,增加一部分新料,配醅继续发酵,反复多次。这是我国所特有的酒精发酵法,称为续渣发酵。

(3)采用传统的固态发酵和固态蒸馏工艺　固态白酒生产是将发酵后的酒醅以手工装入传统的蒸馏设备——甑桶中,在甑桶中蒸出的白酒产品质量较好,这是我国几百年来劳动人民的一大创造,这种简单的固态蒸馏方式,不仅是浓缩分离酒精的过程,而且又是香味的提取和重新组合的过程。华北区液态酒试点时,曾进行过蒸馏操作对比试验,用液态发酵醪加入清蒸后的稻壳进行吸附后,再仿固体酒醅装配蒸馏操作,另将固态发酵酒醅加水后采用液态釜式蒸馏,两种不同蒸馏方式所生产的白酒在口味上前者接近固态发酵法白酒,而后者则类似于液态发酵法白酒。包头试点时,曾进行过另外两种蒸馏方法的对比试验。一种是串蒸操作,即将液体酒装入甑桶底锅,桶内装入固态发酵酒醅,这样酒醅中酒精和香味成分会在蒸馏过程中串入酒中。另一种是浸蒸操作,即是将酒醅加入液体酒中然后蒸馏得到产品。对比结果,串蒸酒成品中酸、酯含量要比浸蒸酒高得多。而固态蒸馏操作相似于串蒸操作。目前液态白酒蒸馏不论是用泡盖式蒸馏塔或釜式蒸馏设备都类似于浸蒸操作。故蒸馏方法的不同是构成液态法白酒和固态法白酒质量上差异的又一重要因素。这说明用传统的、独特的固态发酵和固态蒸馏生产白酒的工艺在提高产品质量上确实有其独到之处。

尤其是近年来,通过对固态法白酒和液态法白酒在风味上不同原因的深入研究,认为固态法白酒采用配醅发酵,并且配醅量很大(为原料的3～4倍),可调整入窖的淀粉浓度和酸度,达到对残余淀粉的再利用。这些酒醅经过长期反复发酵,其中会积累大量香味成分的前体物质,经再次发酵被微生物利用而变成香味物质。例如糖类是酒精、多元醇和各种有机酸的前体物质;酸类和醇类是酯类的前体物质;某些氨基酸是高级醇的前体物质,而酒精是乙酸的前体物质等。当采用液态发酵时不配醅,就不具备固态发酵时那样多的前体物质,这就是两种制酒工艺使白酒风味不同的原因之一。此外,在固态发酵时窖内固态、液态和气态三种状态的物质同时存在,根据研究得出同一种微生物生活在均一相内(如液态、固态或气态)与生活在两个不同态的接触面上(这种接触面称作界面),其生长与代谢产物有明显不同,这就是说界面对微生物的生长有影响。而固体醅具有较多的气—固、液—固界面,因此与液态发酵会有所不同。如以曲汁为基础,添加玻璃丝为界面剂,以形成无极性的固液界面,进行酒精酵母的发酵对比试验,其结果酸、酯都有所增加,高级醇增加幅度较小,酒精含量有所降低。

(4)整个生产过程敞口操作　除原料蒸煮过程能起到灭菌作用外,空气、水、工具和场地等各种渠道都能把大量的、多种多样的微生物带入到料醅中,它们将与曲中的有益微生物协同作用,产生出丰富的香味物质,因此固态发酵是多菌种的混合发酵。实践证明,名酒生产厂,老车间的产品常优于新车间的,这是与操作场所存在有益菌比较多有关。

[知识链接]

1　大曲的生产

大曲作为酿制大曲酒用的糖化发酵剂在制造过程中依靠自然界带入的各种野生菌,在淀粉质原料中进行富集、扩大培养,并保藏了各种酿酒用的有益微生物。再经过风干、贮藏,即成为成品大曲。每块大曲的重量为 2～3 kg。一般要求贮存三个月以上算陈曲,才予使用。制曲原料,要求含有丰富的碳水化合物(主要是淀粉)、蛋白质以及适量的无机盐等,能够供给酿酒有益微生物生长所需要的营养成分。因为微生物对于培养基(营养物质)具有选择性。如果培养基是以淀粉为主,则曲里生长的微生物,必然是对淀粉分解能力强的菌种为主。若以富于蛋白质的黄豆作培养基,必然是对蛋白质分解能力强的微生物占优势。酿制白酒用的大曲是以淀粉质原料为主的培养基,适于糖化菌的生长,故大曲也是一种微生物选择培养基。完全用小麦做的大曲,由于小麦含丰富的面筋质(醇溶谷蛋白与谷蛋白),黏着力强,营养丰富,适于霉菌生长。其他的麦类如大麦、荞麦,因缺乏黏性,制曲过程中水分容易蒸发,热量也不易保持,不适于微生物生长。所以在用大麦或其他杂麦为原料时,常添加20％～40％豆类,以增加黏着力并增加营养。但配料中如豆类用量过多,黏性太强,容易引起高温细菌的繁殖而导致制曲失败。大曲是用生料制曲,这样有利于保存原料中所含有的丰富的水解酶类,如小麦麸皮中 β-淀粉酶含量与麦芽(啤酒生产用)的含量差不多,将有利于大曲酒酿制过程淀粉的糖化作用。

大曲中含有丰富的微生物,提供了酿酒所需要的多种微生物混合体系,特别是大曲中含有霉菌,是世界上最早把霉菌应用于酿酒的实例。

微生物在曲块上生长繁殖时,分泌出各种水解酶类,使大曲具有液化力、糖化力和蛋白分解力等。大曲中含有多种酵母菌,具有发酵力、产酯力。在制曲过程中,微生物分解原料所形成的代谢产物,如氨基酸、阿魏酸等,它们是形成大曲酒特有的香味前体物质,而氨基酸也提供作酿酒微生物的氮源。因而对成品酒的香型风格也起着重要作用。

大曲的踩曲季节,一般以春末夏初到中秋节前后最为合适,因为在不同季节里,自然界中微生物群的分布状况有差异。一般是春、秋季酵母比例大,夏季霉菌多,冬季细菌多。在春末夏初这个季节,气温及湿度都比较高,有利于控制曲室的培养条件,因此认为是最好的踩曲季节。由于生产的发展,目前很多名酒厂已发展到几乎全年都制曲。

大曲的糖化力、发酵力相应均比纯种培养的麸曲、酒母为低,粮食耗用大,生产方法还依赖于经验,劳动生产率低,质量也不够稳定。经过轻工业部的推广,全国除名白酒和优质酒外,已将大部分大曲酒改为麸曲白酒。辽宁凌川白酒和山西祁县的"六曲香酒"系根据大曲中含有多种微生物群的原理,采用多菌种纯种培养后,混合使用,出酒率较高,具有大曲酒风味,这是今后发展的方向。但由于大曲中含有多种微生物群,从而在制曲及酿酒过程中形成的代谢产物种类繁多,使大曲酒具有丰富多样的芳香味与醇厚回甜的口味,且各种大曲酒均独具香型、风格,目前用其他方法酿造尚不能达到这种水平。另外大曲也便于保存和运输,所以名白酒及优质酒仍沿用大曲进行生产。

根据制曲过程中对控制曲胚最高温度的不同,大致地分为中温曲(品温最高超过 50℃)及高温曲(品温最高达 60℃ 以上)两种类型。汾酒用中温曲进行生产,高温曲主要用来生产茅香型大曲酒,泸型大曲酒虽也使用高温曲,但制曲过程的品温较茅香型大曲略低。因此,大曲酒的香型与所用曲的类型是密切相关的。除汾酒大曲和董酒麦曲外,绝大多数名酒厂和优质酒厂都倾向于高温制曲,以提高曲香。有人认为生产高温曲,是使大曲内菌系向繁殖细菌方向转化。现列举各酒厂制大曲品温最高升温度数如下:

茅台 55～60℃	龙滨高温曲 60～63℃	长沙高温曲 62～64℃
泸州 55～60℃	五粮液 58～60℃	全兴 60℃
西凤 58～60℃	汾酒 45～48℃	董酒麦曲 44℃

中温类型的汾酒大曲,制曲工艺着重于"排列",操作严谨,保温、保潮、降温各阶段环环相扣,曲胚品温控制最高不超过 50℃。所用制曲原料为大麦和豌豆,这是香兰素和香兰素酸的来源,使汾酒具有清香味。

西凤曲虽属于高温曲,其主要特点是曲胚水分大(43%～44%),升温高(品温最高达 58～60℃),但由于使用大麦、豌豆为制曲原料,亦使西凤酒具有清香味。

通过对中温曲微生物菌系的分离鉴定,初步了解到是以霉菌、酵母为主。

高温类型的茅台大曲,培养着重于"堆",即在制曲过程用稻草隔开的曲胚堆放在一起,以提高曲胚培养品温,使达到 60℃ 以上,亦称高温堆曲。制曲原料为纯小麦。高温曲中氨基酸含量高,高温会促使酵母菌大量死亡,如茅台大曲中很难分离到酵母菌,酶活力的损失也大,而细菌特别是嗜热芽孢杆菌,在制曲后期高温阶段繁殖较快,少量耐高温的红曲霉也开始繁殖,这些复杂的微生物群与制酒质量的关系,至今还没有完全了解清楚。

1.1　高温曲生产

1.1.1　高温曲生产工艺流程

曲母、水

小麦 ⟶ 润料 ⟶ 磨碎 ⟶ 粗麦粉 ⟶ 拌曲料 ⟶ 踩曲 ⟶ 曲胚 ⟶ 堆积培养 ⟶ 成品曲 ⟶ 出房 ⟶ 贮存

1.1.2　高温曲生产操作要点

(1)小麦磨碎　高温曲采用纯小麦制曲,对原料品种无严格要求,但要颗粒整齐,无霉变,无异常气味和农药污染,并保持干燥状态。

原料要进行除杂操作。在粉碎前应加入 5%～10% 水拌匀,润料 3～4 h 后,再用钢磨粉碎成粗麦粉,即把麦皮压成薄片(俗称梅花瓣),而麦心磨成细粉。麦皮在曲料中起疏松作用。

粉碎度要求:未通过 20 目筛的细粒及麦皮占 50%～60%,通过 20 目筛的细粉占 40%～

50%。

(2)拌曲料 将粗麦粉运送到压曲房(踩曲室),通过定量供粉器和定量供水器,按一定比例的曲料(及曲母)和水连续进入搅拌机,搅匀后送入压曲设备进行成型。

原料加水量和制曲工艺有很大关系,因各类微生物对水分的要求是不相同的。如加水量过多,曲胚容易被压制过紧,不利于有益微生物向曲胚内部生长,而表面则容易长毛霉、黑曲霉等。并且曲胚升温快,易引起酸败细菌的大量繁殖,使原料受损失并降低成品曲质量。当加水量过少时,曲胚不易黏合,造成散落过多,增加碎曲数量。另外曲胚会干得过快,致使有益微生物没有充分繁殖的机会,亦会影响成品曲的质量。

和曲时,加水量一般为粗麦粉重量的37%~40%。曾对制曲时不同加水量进行对比试验,结果是:重水分曲(加水量48%)培养过程,升温高而快,延续时间长,降温慢;轻水分曲(加水量38%)则相反,而酶的活力较高。

高温曲的传统操作是在和曲时要接入一定量曲母,至今仍沿用。曲母使用量夏季为麦粉的4%~5%,冬季为5%~8%,一般认为曲母应选用去年生产的含菌种类和数量较多的白色曲为好。

(3)踩曲(曲胚成型) 用踩曲机(压曲机)压成砖状。踩曲时以能形成松而不散的曲胚为最好,这样黄色曲块多,曲香浓郁。

(4)曲的堆积培养 曲的堆积培养可分为堆曲、盖草及洒水、翻曲、拆曲4步,分述如下:

①堆曲 压制好的曲胚应放置2~3 h,待表面略干,并由于面筋黏结而使曲胚变硬后,即移入曲室培养。

曲块移入曲室前,应先在靠墙的地面上铺一层稻草,厚约15 cm,以起保温作用,然后将曲胚三横三竖相间排列,胚之间约留2 cm距离,并用草隔开,促进霉衣生长。排满一层后,在曲胚上再铺一层稻草,厚约7 cm,但横竖排列应与下层错开,以便空气流通。一直排到四至五层为止,再排第二行,最后留一或两行空位置,作为以后翻曲时转移曲胚位置的场所。

②盖草及洒水 曲胚堆好后,即用乱草盖上,进行保温保湿。为了保持湿度,常对盖草层洒水,洒水量夏季较冬季多些,但应以洒水不流入曲堆为准。

③翻曲 曲堆经盖草及洒水后,立即关闭门窗,微生物即开始在表面繁殖,品温逐渐上升,夏季经5~6 d,冬季经7~9 d,曲胚堆内温度可达63℃左右。室内温度接近或达到饱和点。至此曲胚表面霉衣已长出。此后即可进行第一次翻曲。再过一周左右,翻第二次,这样可使曲块干得快些。翻曲的目的是调节温、湿度,使每块曲胚均匀成熟。翻曲时应尽量把曲胚间湿草取出,地面与曲胚间应垫以干草。为了使空气易于流通,促进曲块的成熟与干燥,可将曲胚间的行距增大,并竖直堆积。大部分的曲块都在翻曲后,菌丝体才从外皮向内部生长,曲的干燥过程就是霉菌菌丝体向内生长的过程,在这期间,如果曲胚水分过高将会延缓霉菌生长速度。

根据多年来的生产经验,认为翻曲过早,曲胚的最高品温会偏低,这样制成的大曲中白色曲多;翻曲过迟,黑色曲会增多。生产上要求黄色曲多,所以翻曲时间要很好掌握。目前主要依据曲胚温度及口味来决定翻曲时间,即当曲胚中层品温达60℃左右(通过指示温度计观察),并以口尝曲胚具有甜香味时(类似于一种糯米发酵蒸熟的食品所特有的香味),即可进行翻曲。为什么这样操作黄色曲多、香味浓郁呢?据有关资料介绍,认为可能与以下成分变化有关。

很多高级醇、醛类是由氨基酸生成的,它们是酒香的组成成分。

有些酱香的特殊香气成分如酱香精、麦芽酚(maltol)、甲二磺醛(methional)和酪醇等,它们的生成都与氨基酸有关。例如麦芽酚是由原料所含麦芽糖等双糖类与氨基酸共热而生成。

氨基酸、肽及胨等能与单糖及其分解产物糠醛等在高温下缩合成一类黑褐色的化合物,统称黑色素,部分能溶于水,具有芳香味。

以上变化大都与温度有关,所以在高温制曲操作上十分重视第一次翻曲。

④拆曲 翻曲后,一般品温会下降7~12℃。在翻曲后6~7 d,温度又会逐渐回升到最高点,以后又逐渐降低,同时曲块逐渐干燥,在翻曲后15 d左右,可略开门窗,进行换气。到40 d以后(冬季要50 d),曲温会降到接近室温时,曲块也大部分已经干燥,即可拆曲出房。出房时,如发现下层含有水量高而过重的曲块(水分超过15%),应另行放置于通风良好的地方或曲仓,以促使干燥。

⑤成品曲的贮存 制成的高温曲,分黄、白、黑三种颜色。习惯上是以金黄色,具菊花心、红心的金黄色曲为最好,这种曲酱香气味好。白曲的糖化力强,但根据生产需要,仍要求以金黄曲多为好。在曲块拆出后,即应贮存3~4个月,称陈曲,然后再使用。在传统生产上非常强调使用陈曲,其特点是制曲时潜入的大量产酸细菌,在生产环境比较干燥的条件下会大部分死掉或失去繁殖能力,所以陈曲相对讲是比较纯的,用来酿酒时酸度会比较低。另外大曲经贮藏后,其酶活力会降低,酵母数也能减少,所以在用适当贮存的陈曲酿酒时,发酵温度上升会比较缓慢,酿制出的酒香味较好。

1.2 中温曲生产

1.2.1 中温曲生产工艺流程

大麦60%
豌豆40% → 粉碎 → 加水搅拌 → 踩曲 → 曲坯 → 入房排列 → 长霉 → 晾霉 → 起潮火阶段 →

大火阶段 → 养曲阶段 → 出房 → 贮存 → 成品曲

1.2.2 中温曲的生产操作要点

(1)原料粉碎 将大麦60%与豌豆40%按重量配好后,混合,粉碎。要求通过20孔筛的细粉,冬季占20%,夏季占30%;通不过的粗粉,冬季占80%,夏季占70%。

(2)踩曲(压曲) 使用大曲压曲机,将拌和水的曲料,装入曲模后压制成曲胚,曲胚含水分在36%~38%,每块重3.2~3.5 kg。要求踩制好的曲胚,外形平整,四角饱满无缺,厚薄一致。

(3)曲的培养　以清茬曲为例,介绍工艺操作于下:

①入房排列　曲胚入房前应调节曲室温度在 15～20℃,夏季越低越好。

曲房地面铺上稻皮,将曲胚搬置其上,排列成行(侧放),曲胚间隔 2～3 cm,冬近夏远,行距为 3～4 cm。每层曲上放置苇杆或竹竿,上面再放一层曲胚,共放三层,使成“品”字形。

②长霉(上霉)　入室的曲胚稍风干后,即在曲胚上面及四周盖席子或麻袋保温,夏季蒸发快,可在上面洒些凉水,然后将曲室门窗封闭,温度逐渐上升,一般经 1 d 左右,即开始“生衣”,即曲胚表面有白色霉菌菌丝斑点出现。夏季约经 36 h,冬季约 72 h,即可升温至 38～39℃。在操作上应控制品温缓升,使上霉良好,此时曲胚表面出现根霉菌丝和拟内孢霉的粉状霉点,还有比针头稍大一点的乳白色或乳黄色的酵母菌落。如品温上升至指定温度,而曲胚表面长霉尚未长好,则可缓缓揭开部分席片,进行散热,但应注意保潮,适当延长数小时,使长霉良好。

③晾霉　曲胚品温升高至 38～39℃,这时必须打开曲室的门窗,以排除潮气和降低室温。并应把曲胚上层覆盖的保温材料揭去,将上下层曲胚翻倒一次,拉开曲胚间排列的间距,以降低曲胚的水分和温度,控制曲胚表面微生物的生长。勿使菌丛过厚,令其表面干燥,使曲块固定成形,这一过程在制曲操作上称为晾霉。晾霉应及时,如果晾霉太迟,菌丛长的太厚,曲皮起皱,会使曲胚内部水分不易挥发。如过早,苗丛长得少,会影响曲胚中微生物进一步繁殖,曲不发松。

晾霉开始温度 38～42℃,不允许有较大的对流风,防止曲皮干裂。晾霉期为 2～3 d,每天翻曲一次,第一次翻曲,由三层增到四层;第二次增至五层曲块。

④起潮火　在晾霉 2～3 d 后,曲胚表面不粘手时,即封闭门窗而进入潮火阶段。入房后第 5～6 d 起曲胚开始升温,品温上升到 36～38℃后,进行翻曲,抽去苇杆,曲胚由五层增到六层,曲胚排列成“人”字形,每 1～2 d 翻曲一次,此时每日放潮两次,昼夜窗户两封两启,品温两起两落,曲胚品温由 38℃渐升到 45～46℃,这需要 4～5 d,此后即进入大火阶段,这时曲胚已增高至七层。

⑤大火(高温)阶段　这阶段微生物的生长仍然旺盛,菌丝由曲胚表面向里生长,水分及热量由里向外散发,通过开闭门窗来调节曲胚品温,使保持在 44～46℃高温(大火)条件下 7～8 d,不许超过 48℃,不能低于 28～30℃。在大火阶段每天翻曲一次,大火阶段结束时,基本上有 50%～70%曲块已成熟。

⑥后火阶段　这阶段曲胚日渐干燥,品温逐渐下降,由 44～46℃逐渐下降到 32～33℃,直至曲块不热为止,进入后火阶段。后火期 3～5 d,曲心水分会继续蒸发干燥。

⑦养曲阶段　后火期后,还有 10%～20%曲胚的曲心部位尚有余水,宜用微温来蒸发,这时曲胚本身已不能发热,采用外温保持 32℃,品温 28～30℃,把曲心仅有的残余水分蒸发干净。

⑧出房　叠放成堆,曲间距离 1 cm。

1.2.3　三种中温曲制曲特点

酿酒时,使用清茬、后火和红心三种大曲,并按比例混合使用。这三种大曲制曲各工艺

阶段完全相同,只是在品温控制上有所区别,现分别说明其制曲特点:

（1）清茬曲　热曲最高温度为 44～46℃,晾曲降温极限为 28～30℃,属于小热大晾。

（2）后火曲　由起潮火到大火阶段,最高曲温达 47～48℃,在高温阶段维持 5～7 d,晾曲降温极限为 30～32℃,属于大热中晾。

（3）红心曲　在曲的培养上,采用边晾霉边关窗起潮火,无明显的晾霉阶段,升温较快,很快升到 38℃,无昼夜升温两起两落,无昼夜窗户两启两封,依靠平时调节窗户大小来控制曲胚品温。由起潮火到大火阶段,最高曲温为 45～47℃,晾曲降温极限为 34～38℃,属于中热小晾。

2　固态发酵法白酒生产的类型

固态发酵法生产白酒,主要根据生产用曲的不同及原料、操作法及产品风味的不同,一般可分为大曲酒、麸曲白酒和小曲酒等三种类型。

（1）大曲酒　全国名白酒、优质白酒和地方名酒的生产,绝大多数是用大曲作糖化发酵剂。

大曲一般采用小麦、大麦和豌豆等为原料,压制成砖块状的曲胚后,让自然界各种微生物在上面生长而制成。白酒酿造上,大曲用量甚大,它既是糖化发酵剂,也是酿酒原料之一。目前,国内普遍采用两种工艺:一是清蒸清烧二遍清,清香型白酒如汾酒即采用此法;二是续渣发酵,典型的是老五甑工艺。浓香型白酒如泸州大曲酒等,都采用续渣发酵生产。酿酒用原料以高粱、玉米为多。大曲酒发酵期长,产品质量较好,但成本较高,出酒率偏低,资金周转慢,其产量估计约占全国白酒总产量的 1%。

老五甑操作过程　　　　　　　　　　泸州老窖白酒出窖过程

（2）麸曲白酒　北方各省都采用本法生产,江南也有许多省份采用。麸曲白酒生产采用麸曲为糖化剂。另以纯种酵母培养制成酒母作发酵剂。麸曲白酒产品含酒精 50°～65°,有一定的特殊芳香,受到广大群众的欢迎。酿酒用原料各地都有不同,一般以高粱、玉米、甘薯干、高粱糠为主。所采用工艺,南方都用清蒸配糟法,北方主要用混蒸混烧法。近年来,固态法麸曲白酒生产机械化发展很快,已初步实现了白酒生产机械化和半机械化。

（3）小曲酒　小曲又称酒药、药小曲或药饼。小曲的品种很多,所用药材亦彼此各异。但其中所含微生物以根霉、毛霉为主。小曲中的微生物是经过自然选育培养的,并经过曲母接种,使有益微生物大量繁殖,所以不仅含有淀粉糖化菌类,同时含有酒精发酵菌类。在小曲酒生产上,小曲兼具糖化及发酵的作用。我国南方气候温暖,适宜于采用小曲酒法生产。小曲酒生产可分为固态发酵和半固态发酵两种。四川、云南、贵州等省大部分采用固态发

酵,在箱内糖化后配醅发酵,蒸馏方式如大曲酒,也采用甑桶。用粮谷原料,它的出酒率较高,但对含有单宁的野生植物适应性较差。广东、广西、福建等省采用半固态发酵,即固态培菌糖化后再进行液态发酵和蒸馏。所用原料以大米为主,制成的酒具独特的米香。桂林三花酒是这一类型的代表。此外,尚有大小曲混用的生产方式,但不普遍。

任务二　半固态发酵法小曲酒的生产

【任务要求】

了解半固态发酵法小曲酒生产的工艺和操作要点,能够进行此类白酒的生产,并能正确分析并解决生产中出现的问题。

【参考标准】

GB/T 26761—2011　小曲固态法白酒

GB/T 16289—2007　豉香型白酒

【工艺流程】

1　先培菌糖化后发酵工艺流程

药小曲粉
↓
大米→用水浇淋→蒸饭→摊冷→拌料→下缸→发酵→蒸馏→陈酿→装瓶→成品

2　边糖化边发酵工艺流程

大米→加水→蒸饭→摊凉→拌料→入埕发酵→蒸馏→肉埕陈酿→沉淀→压滤→包装→成品

【任务实施】

1　先培菌糖化后发酵工艺

1.1　原料

大米的淀粉含量为 71.4%～72.3%,水分含量为 13%～13.5%。碎米的淀粉含量 71.3%～71.6%,水分含量 13%～13.5%。

1.2 生产用水

水质情况为:pH 7.4,钙 42.084 mg/L,镁 1.0 mg/L,铁 0.1 mg/L,氯 0.0028 mg/L,无砷、锌、铜、铝、铅等,总硬度 6.605°,钙硬度 5.894°,镁硬度 0.230°,氢化物 3.788 mg/L,硫酸盐 3.0019 mg/L,磷酸盐无,高铁(Fe^{3+})0.05 mg/L,硝酸盐 0.004 mg/L,亚硝酸盐 0.005 mg/L,固形物 66.0 mg/L,总碱度 1.52°。

1.3 蒸饭

将浇洗过的大米原料倒入蒸饭甑内,扒平盖盖,进行加热蒸煮,待甑内蒸汽大上,蒸 15~20 min,搅松扒平,再盖盖蒸煮。上大汽后蒸约 20 min,饭粒变色,则开盖搅松,泼第一次水。继续盖好蒸至饭粒熟后,再泼第二次水,搅松均匀,再蒸至饭粒熟透为止。蒸熟后饭粒饱满,含水量为 62%~63%。目前不少工厂蒸饭工序已实现机械化生产。

1.4 拌料

蒸熟的饭料,倒入研料机中,将饭团搅散扬凉,再经传送带鼓风摊冷,一般情况在室温 22~28℃时,摊冷至品温 36~37℃,即加入对原料量 0.8%~1.0%的药小曲粉拌匀。

1.5 下缸

拌料后及时倒入饭缸内,每缸 15~20 kg(原料计),饭的厚度为 10~13 cm,中央挖一空洞,以利有足够的空气进行培菌和糖化。

通常待品温下降至 32~34℃时,将缸口的簸箕逐渐盖密,使其进行培菌糖化,糖化进行时,温度逐渐上升,经 20~22 h,品温达到 37~39℃为适宜,应根据气温,做好保温和降温工作,使品温最高不得超过 42℃,糖化总时间共约 20~24 h,糖化达 70%~80%即可。

1.6 发酵

下缸培菌,糖化约 24 h 后,结合品温和室温情况,加水拌匀,使品温约为 36℃左右(夏天在 34~35℃,冬天 36~37℃),加水量为原料的 120%~125%,泡水后醅料的糖分含量应为 9%~10%,总酸不超 0.7,酒精含量 2%~3%(容量)为正常,泡水拌匀后转入醅缸,每个饭缸装入两个醅缸,入醅缸房发酵,适当做好保温和降温工作,发酵时间 6~7 d。成熟酒醅的残糖接近于 0,酒精含量为 11%~12%(容量),总酸含量不超过 1.5 g/100 g 为正常。

1.7 蒸馏

传统蒸馏设备多采用土灶蒸馏锅,桂林三花酒除了土灶蒸馏外还有采用卧式或立式蒸馏釜设备,现分述如下:

土灶蒸馏锅蒸馏,采用去头截尾间歇蒸馏的工艺。先将待蒸的酒醅倒入蒸馏锅中,每锅装 5 个醅子,将盖盖好,接好气筒和冷却器即可进行蒸馏。酒初流出时,杂质较多的酒头,一般应除去 2~2.5 kg,然后接入酒坛中,一直接到酒度 58°为好。58°以下即为酒尾,可渗入第二锅蒸馏。蒸酒时火力要均匀,以免发生焦锅或气压过大而出现跑糟现象。冷却器上面水

温不得超过55℃,以免酒温过高酒精挥发损失。酒头颜色如有黄色现象和焦气、杂味等,应接至合格为止。

采用间歇蒸馏工艺,先将待蒸馏的酒醅倒入酒醅贮池中,用泵泵入蒸馏釜中,卧式蒸馏釜装酒醅100个醅子,立式蒸馏釜装酒醅70个醅子。通蒸汽加热进行蒸馏,初蒸时,保持蒸汽压力392.266 kPa左右,出酒时保持(4.9～14.7)kPa,蒸酒时火力要均匀,接酒时的酒温在30℃以下,酒初流出时,低沸点的头酒杂质较多。一般应截去5～10 kg酒头,如酒头带黄色和焦杂味等现象时,应接至清酒为止,此后接取中流酒,即为成品酒,酒尾另接取转入下一釜蒸馏。

1.8 陈酿

酒中主要组分是酒精和一定量的酸、酯及高级醇类,成品经质量检查组鉴定其色、香、味后,由化验室取样进行化验,合格后入库陈酿。成品入库指标为:①感官指标:无色透明,味佳美,醇厚,有回甜。②理化指标(g/100 mL):酒度58%(容量);总酯0.12以上;总酸0.06～0.10;甲醇0.05以下;总醛0.01以下;总固形物0.01以下;杂醇油0.15以下;铅1 mg/L以下;混浊度50°以下。

成品入库陈酿存放一段时间使酒中的低沸点杂质与高沸点杂质进一步起化学变化,如醛氧化成酸,酸与醇在一定的条件下起化学变化生成酯类,构成了小曲酒的特殊芳香,同时使酒质醇厚。

桂林三花酒陈酿独特之处在于贮藏陈酿在一年四季保持恒定较低温的岩洞中。合格入库的酒存放于"象鼻山"岩洞里的容量为500 kg的大瓦缸中,用石炭拌纸筋封好缸口,存放一年以上,经检查化验,勾兑后装瓶即为成品酒。

2 边糖化边发酵工艺

2.1 蒸饭

以大米为原料,一般要求无虫蛀、霉烂和变质的大米,含淀粉在75%以上。蒸饭采用水泥锅,每锅先加清水110～115 kg,通蒸汽加热,水沸后装粮100 kg,加盖煮沸时即行翻拌,并关蒸汽,待米饭吸水饱满,开小量蒸汽焖20 min,便可出饭。蒸饭要求熟透疏松,无白心,以利于提高出酒率。目前广东石湾酒厂等已采用连续蒸饭机连续蒸饭,效果良好。

2.2 摊凉

将熟透的蒸饭,装入松饭机,打松后摊于饭床或用传送带鼓风摊凉冷却,使品温降低,一般要求夏天35℃以下,冬天40℃左右,摊凉时要求品温均匀,尽量把饭耙松,勿使成团。

2.3 拌料

待凉放至适温,进行拌曲,酒曲的用量,每100 kg大米用酒曲饼粉18～22 kg,拌料时先将酒曲饼磨碎成粉,撒于饭粒中,拌匀后装埕。

2.4 入埕坛发酵

装埕时每埕先注清水 6.5～7 kg,然后将饭分装入埕,每埕 5 kg(以大米量计),装埕后封闭埕口,入发酵房进行发酵,发酵期间要适当控制发酵房温度(26～30℃),注意控制品温的变化,特别是发酵前期 3 d 的品温,一般在 30℃ 以下,不超过 40℃ 为宜,发酵周期夏季为 15 d,冬季为 20 d。

2.5 蒸馏

发酵完毕,将酒醅取出,进行蒸馏。蒸馏设备为改良式蒸馏甑,用蛇管冷却,蒸馏时每甑投料 250 kg(以大米量计),截去酒头酒尾,减少高沸点的杂质,保证初馏酒的醇和。

2.6 肉埕陈酿

将初馏酒装埕,加入肥猪肉浸泡陈酿,每埕放酒 20 kg,肥猪肉 2 kg,浸泡陈酿三个月,使脂肪缓慢溶解,吸附杂质,并起酯化作用,提高老熟度,使酒香醇可口,同时具有独特的豉味。

2.7 压滤包装

陈酿后将酒倒入大池或大缸中(酒中肥肉仍存于埕中,再放新酒浸泡陈酿),让其自然沉淀 20 d 以上,待酒澄清,取出酒样,经鉴定,勾兑合格后,除去池面油质及池底沉淀物,用泵将池中间部分澄清的酒液送入压滤机压滤,最后装瓶包装,即为成品。

【任务评价】

评价单

学习领域		半固态发酵法小曲酒的生产				
评价类别	项目	子项目	个人评价	组内互评	教师(师傅)评价
专业能力(80%)	资讯(5%)	搜集信息(2%)			
		引导问题回答(3%)			
	计划(5%)	计划可执行度(3%)			
		计划执行参与程度(2%)			
	实施(40%)	操作熟练度(40%)			
	结果(20%)	结果质量(20%)			
	作业(10%)	完成质量(10%)			
社会能力(20%)	团结协作(10%)	对小组的贡献(10%)			
	敬业精神(10%)	学习纪律性(10%)			

[师徒共研]

半固态发酵法白酒生产的特点

半固态发酵法生产白酒，是我国劳动人民创造的一种独特的发酵工艺，具有悠久的历史，主要盛行于南方各省，特别是福建、广西、广东等地区，素为劳动人民所喜爱，东南亚一带的华侨与港澳同胞均习惯饮用。此外，还习惯用米酒作"中药引子"或浸泡药材，以提高药效。因此，米酒出口数量也较大。

半固态发酵法白酒的生产方法是以大米为原料，小曲作为糖化发酵剂，采用半固态发酵法并经蒸馏而制得，故又称为小曲酒。1949年后，小曲酒生产有较大的发展，生产技术水平、酒的质量以及出酒率都不断有所提高。1963年轻工业部召开的全国评酒会议上，广西桂林三花酒（58°）和全州县酒厂的湘山酒（58°）两种小曲酒被评为优质酒。近年来各地小曲酒厂均较重视生产技术的改进，小曲酒质量普遍提高。

半固态发酵的小曲酒与固态发酵的大曲酒相比，无论在生产方法上还是成品风味上都有所不同。它的特点是饭粒培菌，半固态发酵，用曲量少，发酵周期较短，酒质醇和，出酒率高。

我国西南地区四川、云南、贵州等地的小曲酒生产，尽管原料是采用粮谷原料，曲子仍采用小曲，也主要借根霉作糖化剂，出酒率较高。但其发酵工艺是采用在箱内固态培菌糖化后，配醅进行固态发酵。蒸馏方法也与固态大曲酒的蒸馏操作相同，因此这部分内容本章不再重复论述。

[知识链接]

1 小曲的生产

小曲是生产半固态发酵法白酒的糖化发酵剂，具有糖化与发酵的双重作用。它是用米粉或米糠为原料，添加中草药并接种曲种培养而成。小曲的制造为我国劳动人民创造性利用微生物独特发酵工艺的具体体现。小曲中所含的微生物，主要有根霉、毛霉和酵母等。就微生物的培养来说，是一种自然选育培养。在原料的处理和配用中草药料上，能给有效微生物提供有利繁殖条件，且一般采用经过长期自然培养的种曲进行接种。近来还有纯粹培养根霉和酵母菌种进行接种，更能保证有效微生物的大量繁殖。

小曲的品种较多，按添加中草药与否可分为药小曲与无药白曲；按用途可分为甜酒曲与白酒曲；按主要原料可分为粮曲（全部大米粉）与糠曲（全部米糠或多量米糠，少量米粉）；按地区可分为四川药曲、汕头糠曲、厦门白曲与绍兴酒药等;按形状可分为酒曲丸、酒曲饼及散曲等。

小曲酿制在我国具有悠久的历史。由于配料与酿制工艺的不同,各具特色,其中以四川邛崃米曲和糠曲、厦门白曲、汕头糠曲、桂林酒曲丸、浙江宁波酒药和绍兴酒药等较为著名。

小曲生产在应用中草药问题上,不少酒厂各施各法。有的只添加一种,有的添加许多名贵药材,药方从十几种到百余种。但生产实践证明,少用药或不用药,也能制得质量较好的小曲,也可酿出好酒。例如桂林三花酒的酒曲丸从过去添加十多种中草药改为仅用一种桂林香草制成,小曲质量较过去还好。又如著名的绍兴酒酿造用的绍兴酒药和宁波酒药,仅用价格低廉到处可取的辣蓼草粉制成,质量也相当好。此外如厦门白曲、四川永川的无药糠曲等,则不添加中草药,既节省药材,也节约了粮食,降低了成本。例如四川省推广无药糠曲后,可节约大米 8 000 t 以上,中药材 1 500 t,成本降低 50% 以上。

近年来,还有纯粹培养根霉和酵母制造纯种无药小曲,也取得良好效果。例如广西全州县酒厂利用纯根霉和酵母,以米粉制造纯种无药小曲酿制湘山酒,酒质较芳香醇和。并在实践中,从过去单一纯种曲改为多种纯种根霉培养,进一步提高了小曲的质量和酒的香味。又如贵州省也有利用纯种根霉,用麸皮制成散曲,应用于白酒生产,也获得良好的效果。此外,上海工业微生物研究所和上海藕粉食品厂,1972 年曾协作采用液体深层通风培养法试制成浓缩甜酒药,并投入生产。这种浓缩甜酒药的功效,相当于老法酒药 3 倍以上。为国家节约大量粮食,也为小曲生产机械化开辟了道路。小曲是用米粉或米糠为原料,添加或不添加中草药,接种曲种式接纯粹根霉和酵母培养而成。小曲的品种较多,归纳起来可分为药小曲(酒曲丸)、酒曲饼、无药白曲、纯种混合曲及浓缩甜酒药等。现分别介绍如下:

1.1　药小曲的生产

药小曲又名酒药或酒曲丸。它的特点是用生米粉作培养基,添加中草药及种曲(曲母),有的还添加白土泥作填充料。至于添加中草药的品种和数量各地有所不同,有的只用一种药,称为单一药小曲,如桂林酒曲丸;有的用药十多种,称为多药小曲,如广东五华长乐烧的药小曲;有的还接种纯粹根霉和酵母,用药多种,混合培养而成,称为纯种药小曲,如广东澄海县酒厂的药小曲。现分别简述其生产过程如下:

1.1.1　单一药小曲

桂林酒曲丸是一种单一药小曲,它是用生米粉,只添加一种香药草粉,接种曲母培养而成。

(1)原料配比

①大米粉　总用量 20 kg,其中酒药坯用米粉 15 kg,裹粉用细米粉 5 kg。

②香药草粉　用量 13%(对酒药坯的米粉重量计)。香药草是桂林特产的草药,茎细小,稍有色,香味好,干燥后磨粉即成香药草粉。

③曲母　是指上次制药小曲时保留下来的一小部分酒药种,用量为酒药坯的 2%,为裹

粉的 4%(对米粉的重量计)。

④水　60%左右。

(2)生产工艺

①浸米　大米加水浸泡,夏天为 2～3 h,冬天为 6 h 左右,浸后滤干备用。

②粉碎　浸米滤干后,先用石臼捣碎,再用粉碎机粉碎为米粉,其中取出 1/4,用 180 目细筛筛出约 5 kg 细米粉作裹粉用。

③制坯　每批用米粉 15 kg,添加香药草粉 13%,曲母 2%,水 60%左右,混合均匀,制成饼团,然后在制饼架上压平,用刀切成约 2 cm 大小的粒状,以竹筛筛圆成酒药坯。

④裹粉　将约 5 kg 细米粉加入 0.2 kg 曲母粉,混合均匀,作为裹粉。然后先撒小部分裹粉于簸箕中,并洒第一次水于酒药坯。倒入簸箕中,用振动筛筛圆成型后再裹粉一层。再洒水,再裹,直到裹完裹粉为止。洒水量共约 0.5 kg。裹粉完毕即为圆形的酒药坯。分装于小竹筛内扒平,即可入曲房培养。入曲房前酒药坯含水量为 46%。

⑤培曲　根据小曲中微生物的生长过程,大致可分 3 个阶段进行管理。

前期:酒药坯入曲房后,室温宜保持 28～31℃。培养经 20 h 左右,霉菌繁殖旺盛,观察到霉菌丝倒下,酒药坯表面起白泡时,可将盖在药小曲上面的空簸箕掀开。这时的品温一般为 33～34℃,最高不得超过 37℃。

中期:24 h 后,酵母开始大量繁殖,室温应控制在 28～30℃,品温不得超过 35℃,保持 24 h。

后期:为 48 h,品温逐步下降,曲子成熟,即可出曲。

⑥出曲　曲子成熟即出房,并于烘房烘干或晒干,贮藏备用。药小曲由入房培养至成品烘干共需 5 d 时间。

1.1.2　纯种药小曲

纯种药小曲的特点是原料采用米粉,添加十几种中草药,接种纯种根霉和酵母,混合培养而制成。它的生产过程如下:

大米预先浸渍 2～3 h,淘洗干净,磨成米浆,用布袋压干水分,至可捏成粒状酒药坯为度。中草药预先干燥后,经粉碎、过筛、混合、即为中草药粉。压干的粉浆,按原料大米的用量加入 4%～5%面盆米粉培养的根霉菌种,2.6%～3%米曲汁三角瓶培养的酵母菌种,中草药粉 1.5%,拌掺均匀,捏成酒药坯。坯粒直径为 3～3.5 cm,厚约 1.5 cm,整齐放于木格内。木格的底垫以新鲜稻草。装格后,即移入保温房进行培养,培养过程要注意温度和湿度的控制。培养 58～60 h,即可出房干燥,贮存备用。贮存时间夏天以一个月为宜,秋、冬季可适当延长。

1.2　酒曲饼的生产

酒曲饼又称大酒饼,它是用大米和大豆为原料,添加中草药与白鲜土泥,接种曲种培养制成。酒曲饼呈方块状，规格为 20 cm×20 cm×3 cm，每块重量为 0.5 kg 左右。它主要含有根霉和酵母等微生物。例如广东米酒和"豉味玉冰烧"的酒曲饼。它的生产过程如下：

原料配比为大米 100 kg，大豆 20 kg，曲种 1 kg，曲药 10 kg（其中串珠叶或小橘叶 9 kg，桂皮 1 kg），填充料白鲜土泥 40 kg。大米宜采用低压蒸煮或常压蒸煮。加水量为 80%～85%（按大米重量计），大豆采用常压蒸煮 16～20 h，务须熟透。大米蒸熟即出饭，摊于曲床上，冷却至 36℃ 左右，即加入经冷却的黄豆，并撒加曲种、曲药及填充料等。拌匀即可送入成型机，压制成正方形的酒曲饼。成型后的品温为 29～30℃，即入曲房保温培养 7 d。培养过程中要根据天气变化和原料质量的情况适当调节温度和湿度。酒曲饼培养成熟，即可出曲，转入 60℃ 以下低温的焙房，干燥 3 d，至含水分达到 10% 以下，即为成品。

1.3 无药白曲的生产

无药白曲是采用纯种根霉和酵母菌种，用大米糠和少量大米粉为原料，不添加中草药所制成的一种糠曲，俗称颗粒白曲。它的优点是不需添加中草药和节约粮食，降低了成本。由于纯种培养，杂菌不易感染，小曲的质量较稳定。它的生产过程如下：

原料配比为新鲜米糠（通过 40 目筛）80%，新鲜米粉（通过 40 目筛）20%，原料需经 100℃ 灭菌 1 h。凉冷的曲料，按原料的重量加入 4% 的米粉面盆培养的根霉菌种，2%～3% 米曲汁酒饼培养的酵母菌种，充分拌匀，捏成直径 4 cm 的球形颗粒，分装于已灭菌的竹筛上，入曲房保温培养。培养过程中要注意调节温度和湿度。培养 30～90 h，菌体已基本停止繁殖，即出房进行低温干燥，烘干温度不宜超过 40℃，干燥至水分 10% 以下，便可保藏备用。如果保藏得好，半年以后的颗粒白曲仍可使用。

1.4 浓缩甜酒药的生产

固体培养法生产甜酒药的传统工艺，耗用粮食多，劳动强度大。利用纯种根霉采用液体深层通风培养法生产浓缩甜酒药，或称浓缩小曲。它比老法可节约用粮 80% 以上，产量增加近一倍，效率提高了三倍，大大节省占地面积，减轻劳动强度，降低成本。产品质量比较稳定，产品体积小，方便运输。为今后实现机械化、连续化、自动化生产开辟了道路。它的生产过程如下：

菌种是从安徽野草中分离而得的根霉。种子罐与发酵罐培养基的配方为粗玉米粉 7%，黄豆饼水解物 3%。黄豆饼粉水解的工艺条件是：黄豆饼粉加水浓度为 30%，加入食用盐酸调节 pH 为 3.0，通蒸汽使温度在 90～100℃，水解 1 h。或加压 24.5×10 000 Pa，保压水解 15 min。水解后不中和。种子罐容积为 400 kg，装填系数为 60%。发酵罐容积为 2.3 t，装填系数为 70%。种子罐与发酵罐培养的工艺条件：培养基浓度 10%，(9.8～12.8)×10 000 Pa 蒸汽压力下，35～40 min，冷却到 (33±1)℃ 接种，接种量为 16% 左右，于 (33±1)℃ 通风培养 18～20 h。种子罐通常培养 18 h，pH 降至 3.8 便可移种。种子罐内搅拌转速为 210 r/min，通风量为 1∶0.35。发酵罐内搅拌转速为 210 r/min，通风量为 1∶(0.35～0.4)。发酵罐培养

成熟后,通过 70 目孔振动筛,弃去醪液,水洗,收集菌体。再于离心机(1 000 r/min)脱水,并以清水冲洗数次。取出菌体,按重量加入 2 倍米粉作为填充料,充分搅拌,加模压成小方块,分散放在筛子上,即可送入二次培养室,进行低温培养。二次培养室温度为 35～37℃,培养 10～15 h。待根霉菌体生长,品温达到 40℃,即翻动几次,使其停止生长,并同时转入低温干燥室。低温干燥室温度为 48～50℃,继续干燥直到含水分达到 10% 为止,即可出室。经粉碎包装即为成品。

液态发酵法麸曲酒的生产

【任务要求】

了解固态发酵法大曲酒生产的工艺和操作要点,能够进行此类白酒的生产,并能正确分析并解决生产中出现的问题。

【参考标准】

GB/T 20821—2007 液态法白酒

【工艺流程】

原料处理 ⟶ 淀粉质原料蒸煮 ⟶ 蒸煮醪糖化 ⟶ 糖化醪发酵 ⟶ 发酵醪蒸馏人工催陈 ⟶ 成品

【任务实施】

1 原料处理

薯干原料经过粉碎应能通过 40 目筛的占 90%,高粱、玉米等原料也以此标准。薯类原料和粮谷类原料,配料时淀粉浓度应在 14%～16% 为适宜。填充料用量占原料量的 20%～30%,根据具体情况作适应调整。粮食与糟水的比例一般为 1:(3～4)。配料时要求混合均匀,保持疏松。拌料要细致,混蒸时拌醪要尽量注意减少酒精的挥发损失,原料和辅料配比要准。

2 淀粉质原料的蒸煮

原料不同,淀粉颗粒的大小、形状、松紧程度也不同,因此蒸煮糊化的难易程度也有差异。蒸煮时既要保证原料中淀粉充分糊化,达到灭菌要求,又要尽量减少在蒸煮过程中产生有害物质,淀粉浓度较高,比较容易产生有害物质,因此蒸煮压力不宜过高,蒸煮时间不宜过长,一般均采用常压蒸煮,蒸煮温度都在100℃以上。蒸煮时间要视原料品种和工艺方法而定,薯类原料,若用间歇混蒸法,需要蒸煮35~40 min。粮谷原料及野生原料由于其组织坚硬,蒸煮时间应在45~55 min。若薯干原料采用连续常压蒸煮只需15 min即可。各种原料经过蒸煮都应达到"熟而不黏,内无生心"的要求。混烧是原料蒸煮和白酒蒸馏同时进行的,在蒸煮时,前期主要表现为酒的蒸馏,温度较低,一般为85~95℃,糊化效果并不显著,而后期主要为蒸煮糊化,这时应该加大火力,提高温度,可以促进糊化,排除杂质。清蒸是蒸煮和蒸馏分开进行,这样有利于原料糊化,又能防止有害杂质混入成品酒内,对提高白酒质量有益。麸曲白酒的生产由于采用常压蒸煮、蒸煮温度又不太高,所以生成的有害物质少,在蒸煮过程中不断排出二次蒸汽,使杂质能较多地排掉。

3 蒸煮醪的糖化

酿酒中利用麸曲的淀粉酶将经蒸煮糊化的淀粉水解成糖,麸曲主要用黄曲霉及黑曲霉生产。用麸曲糖化时,一般生产厂采用时间是35~60 min。在液体发酵的糖化操作中,一般采用分两次加曲代替常用的一次加曲,保证糖化比较适宜。当蒸煮醪液在糖化锅中冷却到70℃时,加入占总曲量50%的麸曲,保温糖化30 min,然后继续冷却到入池温度,加入其余部分麸曲。曲的用量应根据曲的质量和原料种类、性质而定。曲的糖化酶活力高,淀粉容易被糖化,可少用曲,反之则多用曲。一般用曲量为原料量的6%~10%,薯干原料用6%~8%,粮谷原料用8%~10%,代用原料用9%~11%。随着曲的糖化力的提高,用曲量可以相应地减少。应尽量使用培养到32~34 h的新鲜曲,少用陈曲,更不要使用发酵带臭的坯曲。加曲时为了增大曲和料的接触面,麸曲可预先进行粉碎。

4 糖化醪的发酵

将培养成熟的酒母接种于糖化醪,经发酵而变成酒精。酒母和浆水往往是同时加入的,可把酒母醪和水混合在一起,边搅拌边加入。酒母用量以制酒母时耗用的粮食数来表示,一般为投料量的4%~7%,每千克酒母醪可以加入30~32 kg水,拌匀后泼入渣醅进行发酵。加浆量应根据入池水分来决定。所用酒母醪酸度应为0.3~0.4度,酵母细胞数为1亿~1.2亿/mL,出芽率为20%~30%,细胞死亡率为1%~3%。低温入池可保证发酵良好。低温时,酵母能保持活力,耐酒精能力也强,酶不易被破坏。一般入池温度应在15~25℃,在冷天季节,将入池温度降至17~20℃,发酵期延长到4~5 d。微生物的生长和繁殖以及酶的作

用都需要一个适当的 pH。酵母繁殖最适 pH 为 4.5～5.0,发酵最适 pH 为 4.5～5.5。麸曲的液化酶最适 pH 为 6.0,糖化酶的最适 pH 为 4.5,而一般杂菌喜欢在中性或偏碱性条件下繁殖。为了抑制杂菌繁殖,保证发酵正常进行,一般入池酸度:粮谷原料为 0.6～0.8,薯类原料为 0.5～0.6。发酵时不但要求能够产生多量的酒精,而且还要求得到多种芳香物质,使白酒成为独具风格的饮料。在较低温度下进行,糖化速度比较缓慢,代谢产物不会过早地大量积累,升温也不会过快,酵母不会早衰,发酵比较完善,芳香物质也易保存,酒的质量较好。麸曲白酒发酵时间较短,发酵期仅 3～5 d。出池酒精浓度一般为 5%～6%。在麸曲白酒发酵过程中,伴随着淀粉的糖化和酒精的形成,还会生成其他的物质,如杂醇油、有机酸、酯类、甲醇、甘油、双乙酰、醋酸、2,3-丁二醇等,这就需要将发酵期缩短为 3 d。

5 发酵醪的蒸馏

蒸馏对于液态发酵法白酒的风味质量及出酒率都极为重要,麸曲白酒蒸馏,主要用罐式连续蒸酒机进行。罐式连续蒸酒机,由于在蒸馏时整个操作是连续进行的,因此在操作时应注意进料和出料的平衡,以及热量的均衡性,保证料封,防止跑酒。添加填充料要均匀,池底部位的酒醅要比池顶部位的酒醅多加填充料,一般添加填充料的量为原料量的 30%,由于蒸酒机是连续运转,无法掐头去尾,成品酒质量比土甑间歇蒸馏要差。

6 人工催陈

刚生产出来的新酒,口味欠佳,一般都需要贮存一定时间,让其自然老熟,可以减少新酒的辛辣味,使酒体绵软适口,醇厚香浓。为了缩短老熟时间,加速设备和场地回转,可以利用人工催陈的办法促进酒的老熟。

6.1 热处理

对酿成的新酒采用加热保温或冷热处理,可以增强酒分子的运动,强化反应条件,增加反应概率,有利于加速新酒的老熟。新酒在 50～60℃保温 3 d,香味无大变化,口味略见平和。如果在 60℃和－60℃环境中各保持 24 h,其效果更为显著,经处理后,香柔醇和,尾子净。另外采用在 40℃环境中保温贮藏一个月的新酒和对照样品相比,也有一定的好转。

6.2 微波处理

微波之所以能促进酒的老熟,是因为它是一种高频振荡,若把这种高频振荡的能量加到酒体,酒也要做出和微波频率一样的分子运动,这种高速的运动,改变了酒精水溶液的分子排列,使酒醇和,同时由于酒精水分子作高速度的运动,必然产生大量的热,酒温急速升高,加速酒的酯化,增加酒香。经过微波处理后的酒,口味醇和,总酯含量微增,总醛、杂醇油、甲醇含量略见减少。

【任务评价】

评价单

学习领域		液态发酵法麸曲酒的生产			
评价类别	项目	子项目	个人评价	组内互评	教师(师傅)评价
专业能力 (80%)	资讯(5%)	搜集信息(2%)			
		引导问题回答(3%)			
	计划(5%)	计划可执行度(3%)			
		计划执行参与程度(2%)			
	实施(40%)	操作熟练度(40%)			
	结果(20%)	结果质量(20%)			
	作业(10%)	完成质量(10%)			
社会能力 (20%)	团结协作 (10%)	对小组的贡献(10%)			
	敬业精神 (10%)	学习纪律性(10%)			

[师徒共研]

液态法白酒与固态法白酒香味组分的区别

白酒是含香味物质的高浓度酒精水溶液。影响白酒风味的香味物质总含量都不超过1%,固态法白酒与液态法白酒的区别就在这不到总量1%的香味成分上(总量与各组分的比例不同)。为了揭示液态法白酒(没有改善质量措施的)和固态法白酒在香味成分方面的差别,采用常规分析与纸层析、气相色谱等分析法,初步查明主要区别有4点:

(1)液态法白酒中的高级醇含量较高,为固态法白酒的2倍多。在高级醇中异戊醇含量突出,异戊醇:异丁醇的比值,即所谓A/B值也较大。

(2)液态法白酒的酯类在数量上只有固态法白酒的1/3左右,在种类上则更少。

(3)液态法白酒中的总酸量仅为固态法的1/10左右,在种类上也少得多。有人认为这是使酒体失去平衡、饮后"上头"的原因。

(4)应用气相色谱剖析,液态法白酒的全部香味成分不足20种,而固态法白酒却有40～50种。

由此可看出,液态法白酒除了异味很浓的杂醇油高于固态法白酒外,香味成分不论在数量上和种类上都低于固态法白酒,由于两者的物质基础不同,给人的感受当然不同。见表3-2。

表 3-2 液态法白酒与固态法白酒主要香味成分的区别 mg/100 mL

酒类品种	乙酸	乳酸	乙酸乙酯	乳酸乙酯	乙醛	乙缩醛	异丁醇	异戊醇
液态白酒	20～50	2～10	20～60	10～30	2～10	5～30	30～60	70～130
固态普通白酒	40～80	5～20	30～80	20～70	8～30	20～70	15～30	30～60
固态优质白酒	40～130	10～15	60～200	40～200	15～60	60～200	10～25	30～60

[知识链接]

1 麸曲的制备

麸曲是麸曲白酒生产中的糖化剂,它是以麸皮为主要原料加入适宜的新鲜酒糟和其他疏松剂,接入纯种曲霉菌培养制成的。麸曲制造中常用的菌种有:邬氏曲霉菌 3758、甘薯曲霉菌 3324、黄曲霉菌 3800、米曲霉菌 3384;黑曲霉诱变菌 AS3.4309、东酒 1 号等。黑曲霉菌以糖化型淀粉酶为主,生成的是葡萄糖,能为酵母菌直接利用;而且糖化的持续性长,其淀粉酶和蛋白酶的耐酸性也强,适于作为酒母及制酒的糖化剂。黄曲霉菌以液化型淀粉酶为主,生成糊精、麦芽糖及葡萄糖。其淀粉酶不耐酸,在发酵过程中容易受到抑制。所以,生产上以黑曲霉和黄曲霉菌以 7∶3 配比混合使用为好。

1.1 工艺流程

原菌试管 ⟶ 斜面试管菌种 ⟶ 三角瓶扩大培养 ⟶ 种曲制造

1.2 操作要点

1.2.1 斜面菌种培养

将大米用水淘洗干净后,1 kg 大米加水 5 kg 左右,然后蒸 1～2 h,使米充分蒸烂成粥状,取出散冷至 60℃ 左右,在每千克大米煮成的粥中加米曲 0.5 kg,1 kg 米曲再补加 55℃ 的温水 4 kg,搅拌均匀,在 50～55℃ 温度下糖化 3～4 h,然后再加热到 90℃ 左右静置,取其澄清液用细布过滤。要求滤出之米曲汁呈淡黄色、透明,浓度为 6.5～7°Bé,酸度为 0.2 左右。取已调好的米曲汁,每 100 mL 加入琼脂 2～3 g,然后加热溶化。待琼脂完全溶化后趁热装入已灭菌的试管中,装入量约为试管容积的 1/5,然后塞上棉塞,再用纸将棉塞包上,灭菌 15～20 min,或常压间歇灭菌 3 次(每隔 24 h,1 次),每次 30 min,第一次、第二次灭菌后需放在温度为 28～30℃ 的地方保存。灭菌完毕,趁热将试管斜放,斜面长度约为试管的 1/2。培养基凝固后,将试管平放于温度为 25～30℃ 处,6～7 d,以便蒸发除去管壁上的水滴。经检查没有杂菌后,即可接种。

1.2.2 原菌试管培养

接种前先将手洗净,并用酒精擦洗灭菌,然后再将固体试管菌种,固体斜面培养基及其他用具用酒精(70%～75%)仔细擦洗,并将试管的棉花头在酒精灯上轻烧后放入无菌箱内。

一手拿菌种和培养基试管,一手拿接种针在酒精灯火焰上灼烧,待冷却后拔去棉塞,并迅速把管口移近酒精灯火焰。拔下的棉塞应用手指夹住,从进入无菌箱到移出无菌箱均不能使棉塞与箱底接触。然后把接菌针伸进菌种的试管内,将针头插进培养基内冷却一下,挑取健壮菌种少许,迅速伸入待接种的试管内,在离管底约 0.5 cm 处,由下向上轻轻地进行划线接种,但不可将培养基表面划破。接种完结,将塞入试管内部分的棉花头在火焰上轻烧后,塞入已接种的试管内。接种后必须将接种针灼烧灭菌后才能进行第 2 次接种。在接种过程中,拔去棉塞的试管口不能离开火焰。接种完毕方可熄灯,将试管取出分别贴好标签,注明菌名和接种日期,进行保温培养。已接种的试管斜面置于恒温箱中(30±1)℃培养,经 3~4 d,曲霉菌已发育成熟,取出试管经检查合格后,用于扩大培养或放在低温干燥处保管。

1.2.3 三角瓶扩大培养

取 500~1 000 mL 三角瓶或 12.5~15 cm 培养皿,用水洗刷干净,烘干后,三角瓶塞上灭菌棉塞,培养皿用纸包好,在 140~150℃ 干热灭菌 1 h 后备用。取麸皮,每千克原料加水 0.8~1 kg,用粗布包好,放在蒸汽灭菌器中,蒸煮 20 min,取出散冷并充分搓碎疙瘩。如有被水浸湿的原料,要去除不用。将蒸好的麸皮原料,分装于已灭菌的三角瓶中。装料厚度为 0.25~0.3 cm,加压(0.1 MPa)灭菌 15~20 min,或常压蒸汽灭菌 3 次,每次 30 min,取出降温至 35℃ 以下。此时瓶壁上附着凝结水,须旋转摇动瓶,使凝结水被原料吸收。但不要使原料粘在瓶壁上,特别要严防原料与棉塞接触。将灭菌完毕的瓶,移入无菌箱内,每只瓶子接入 2~3 针孢子。接种完后,将瓶移出无菌箱,充分摇匀。接种后的瓶,放于 31~32℃ 的培养箱或恒温间中,恒温培养。

经 10~12 h 摇瓶 1 次,使瓶壁附着的凝结水为麸皮吸收。摇瓶后将麸皮摊平。再经 4~8 h,菌丝蔓延生长,待麸皮刚刚连成饼时即可进行扣瓶。扣瓶时要将瓶轻轻震动倒放,使成饼的材料脱离瓶底悬起来,便于曲饼底部生长菌丝,并防止凝结水浸渍原料。扣瓶后要将瓶倒放,继续保持温度 31~33℃。

接种后经 65~72 h,曲菌已发育成熟,这时可由瓶内取出曲饼,放进已灭菌的纸袋内,在不超过 40℃ 的温度条件下进行充分干燥,使水分降到 10% 以下。然后将纸袋密封在低温干燥的地方妥善保存。保存时要严防吸潮,保存期最多不超过 1 个月。

1.2.4 种曲制造

(1)原料处理 麸皮 100 kg,配 15 kg 酒糟,如原料过细,加入适量谷糠(5% 左右)。每 100 kg 原料加水 89~90 kg,加水用喷壶边加边搅拌。拌匀后过筛一次(筛孔直径 3~4 mm),堆积润料 1 h,然后放入小甑锅或蒸笼中蒸 50~60 min。也可将原料用粗布包起来,在麸曲蒸料时放在锅中间进行蒸煮。

(2)散冷接种 将已蒸好的原料,放在恒温室内灭过菌的木箱(槽)中,过筛一次,翻拌散冷到 38℃ 左右接种,接种量 0.15%~0.20%(采用扩大培养原菌种)。在接种时先用一小部分原料与扩大培养的菌种混合搓散,使霉菌孢子散布均匀,然后撒在其余的原料上。再翻拌 2~3 次,充分混合均匀并降温至 30~34℃,用原来包原料的布包起来,放在离地面 30 cm 左右的木架上进行堆积保温。夏季也可以直接装盒,但直接装盒时应将原料堆放在曲盒中而

不摊平,原料的高度略低于曲盒的高度,以防将原料压紧。

(3)堆积装盒　自接种开始装盒,是曲霉菌的发芽阶段,一般需经过 5～6 h。堆积开始的品温应在 30～32℃,曲料水分含量为 50%～53%,酸度为 0.3～0.5。此时应控制室温在29℃左右,干湿球差 1～2℃。经过 3～4 h,进行松包翻拌一次,翻完后品温不得低于 30℃。再包好,并经 3～4 h 即可装盒(曲料不经堆积直接装盒时,可将原料摊平)。装盒前将原料翻拌 1～2 次,装料厚度为 0.5～0.8 cm。装盒时应轻松均匀,装完后用手摊平,使盒的中心稍薄,四周略厚些。搬曲盒时,应轻拿轻放,避免震动,并将其放在木架上摆成柱形,每摞为 6～8 个曲盒,最上层的曲盒应盖上草帘或空曲盒,避免原料水分迅速挥发。冬季摞与摞之间靠紧,夏季则可留 2～4 cm 的空隙。

(4)拉盒　自装盒到拉盒 7 h 左右是曲霉菌营养菌丝的蔓延阶段,装盒后品温应控制在30℃左右,室温仍控制在 28℃,干湿球差 1～1.5℃。装盒后 4 h 左右倒盒 1 次,柱形排列不变,只是上下调换曲盒位置,达到温度均一。再经 3 h 左右,品温上升到 35℃左右时,进行拉盒。盒子都盖上已灭菌的湿草帘摆"品"字形。草帘含水不宜过多,严禁有水滴入原料内。此时应控制品温不超过 35℃。

(5)保潮　拉盒 24 h 以内是曲霉生长子实体和生成孢子时期,即进入保潮期阶段。此时曲霉菌繁殖迅速、呼吸旺盛,品温应掌握在 35～36℃,最高不得超过 37℃,室温控制在 24～25℃,干湿球差 0.5℃。在保潮阶段应每隔 3～4 h 倒盒 1 次,如果品温上升过猛,除适当降低室温外,还可将曲盒之间的空隙加大,减少曲盒的层数,或将草帘折在一起,以散发热量。如果湿度不够,可以用冷开水喷雾或向地面洒水。保潮期间应撤开草帘 1～2 次,以散发二氧化碳和热量。如发现草帘干燥,应用冷开水浸湿后再盖上。

自装盒后经 10～12 h,曲料已连成饼状,可用无菌的玻璃将曲料划成 2 cm 左右小块,但不要划得太细,以免菌丝断裂而影响发育和生长。

(6)排潮出室　拉盒 24 h 以后则为孢子成熟期,进入排潮阶段。此时可揭去草帘,品温有逐渐降低趋势,必须保持室温 29～31℃,干湿球差 1～2℃,品温在 36℃左右,保持14～16 h 的霉菌已生长成熟。在此期间为使品温一致,还应倒盒 1～2 次。接种后过 58～60 h 即可出曲房进行干燥,干湿温度以不超过 40℃为宜。干燥完毕后用盒保管。此即种曲,用于麸曲生产接种。

2　麸曲的生产

(1)配料　麸皮 75%～85%,鲜酒糟 15%～25%(以其风干量计算)。如原料较细,可加入 5%～10%谷糠以增加疏松透气程度。

制曲原料质量要求:麸皮必须是干燥不发霉的,酒糟应用当日生产的新鲜糟,并在蒸完酒出甑时趁热扬 3～4 次。垫窖糟,压霉糟,雨淋、腐烂发霉糟,酸度过高糟均不能使用。

(2)润料、加水　要求保证曲料在堆积时含有适宜水分,为此,须根据不同季节、气候和原料的吸水、排水性能等条件灵活掌握。通常蒸后曲料的含水量比蒸前增加 1%～2%。

100 kg 原料春、夏,秋季加水量为 80～95 kg。冬季加水量为 70～85 kg。

润料:将拌料场打扫干净,然后将麸皮摊开,边加水边搅拌。加完水后,用锨翻拌一次,再加入酒糟,过筛一次(筛孔 4～6 mm),或用扬料机打一遍,消除疙瘩并堆成丘形。润料时间一般为 1 h,冬季应适当延长。

(3)蒸料　打开甑锅气门或加大火力,使锅水沸腾,然后铺好帘子,将已润好的曲料用簸箕和木锨装甑。装甑操作必须轻松均匀,并顶着汽装,装完后盖上草袋或草帘,蒸煮 40 min。

(4)散冷接种　接种地面应保持清洁,切忌有生料。散冷接种操作必须迅速,以减少杂菌侵入机会。蒸料完毕后,揭去锅上草袋,出甑过筛或用扬料机吹扬,充分打碎疙瘩,翻扬散冷到 38～40℃,进行接种。接种数量按投入风干原料计算,每 100 kg 料春、夏、秋季加曲种 0.2～0.35 kg,冬季为 0.3～0.45 kg。接种时先将曲种加入两倍的熟曲料,充分搓散时孢子分布均匀,然后与大堆曲料混合翻拌 1～2 次,降温到 32～34℃,即可入曲室堆积。

(5)堆积、装盒　堆积开始时,要求曲料含水量冬季为 48%～50%,春、夏、秋、秋季为 52%～54%,酸度为 0.45～0.65,品温在 31～32℃,室温为 27～29℃。干湿球差 1℃。堆积时间:夏季 4～7 h,冬季 6～8 h。曲料入曲室后,如发现品温不均匀,可再翻拌 1 次,堆成丘形,堆积高度不超过 60 cm,在堆积中心处插入温度计,每小时检查 1 次,经 3～4 h 品温上升时翻拌 1 次,再经 2～3 h 即可装盒。

装盒前应将曲料拌均匀,分装于盒内摊平,要求装得轻松均匀,四周较厚,中心稍薄些。装盒时应轻拿轻放,以保持曲料疏松。曲盒应摆在木架上,每摞曲盒的重叠堆码高度以不超过 4 个为宜。冬天摞与摞之间应靠紧,夏天可留 2～3 cm 的空隙。窗口应用草袋或席子挡上,以防冷风侵袭。

(6)拉盒　装盒后品温在 30～31℃。室温应保持在 28～30℃,干湿球差 1℃,经 3～4 h,品温上升到 34～35℃,倒盒 1 次;现经 3～4 h,品温上升到 37℃左右,这时可把盒拉开,摆成"品"型,并根据品温、室温情况来调节盒与盒之间的距离。此时应控制品温在 36℃左右,室温在 28℃左右,干湿球差 0.5～1.0℃。

拉盒后曲霉菌的生殖和呼吸逐渐旺盛起来,应加强降温工作。这时要控制品温不超过 39℃左右,室温下降到 25～26℃,干湿球差 0.5℃。拉盒后再经 3～4 h 应倒盒 1 次,以保持上下曲盒的温度均匀。再经 3～4 h,肉眼可以看到菌丝蔓延生长,曲料连成饼状,试扣 1 盒不破不裂时,即可扣盒。

(7)扣盒、出曲室　扣盒方法一般是先把空盒扣在装料的曲盒上,轻轻翻过来,使顶面材料翻到下面来,盒底材料翻到上面来,散发热量和二氧化碳。

扣盒后曲霉菌繁殖很旺盛,品温猛烈上升,此时应将品温严格控制在 40℃左右,保持室温 25～26℃,干湿球差 0.5℃,并且每隔 3～4 h 倒盒 1 次,同时,要根据品温变化情况,改变摆盒形式,调节盒与盒的距离,开放天窗或进行喷雾。扣盒后,保持品温 39～40℃,室温 28℃左右,干湿球差 1～2℃。自堆积开始经过 28～34 h 的培养,曲子淀粉酶活力达到高峰,即可出曲室。

(8)成品的贮存与保管　麸曲不适宜长期保管贮存,最好在出室后立即使用,一般贮存时间不超过 24 h。如果必须延长贮存时间,应将曲子平铺在干燥的地面上,或放在曲盒内保存,以防止曲子吸潮和发热。一般每隔 5～6 h 检查一次品温,如果发现品温上升,应立即摊薄和翻拌降温。

项目四
果酒酿造

▶ 知识目标

    1. 了解果酒酿造的原理。

    2. 掌握红葡萄酒、白葡萄酒酿造工艺流程及操作要点。

    3. 掌握果酒酿造中常见质量问题及解决途径。

▶ 技能目标

    1. 能够正确、安全地进行果酒酿造。

    2. 能够准确地对果酒制品进行感官评价,根据产品缺陷判断原因,并提出解决方案。

▶ 德育目标

    通过对葡萄酒的学习,让学生了解葡萄酒文化,增加生活常识,丰富餐桌文化和礼仪。

红葡萄酒的酿造

【任务要求】

1. 能够掌握红葡萄酒酿造的基本原理。
2. 能够准确判断红葡萄酒酿造中出现的问题,并能采取措施予以解决。

【参考标准】

1　干红葡萄酒质量标准

1.1　感官要求

色泽:紫红、宝石红、红微带棕、棕红色。

透明度:澄清透明、有光泽、无明显悬浮物(使用软木塞封口的酒,允许有 3 个以下大小不超过 1 mm 的软木渣)。

气味:口味纯正,具有怡悦、和谐的果香和酒香。

1.2　理化要求

酒精度(20°)9％～13％;总糖(以葡萄糖计)≤4 g/L;总酸(以酒石酸计)5.0～7.0 g/L;挥发酸(以醋酸计)≤0.8 g/L。

1.3　微生物指标

细菌总数≤50 CFU/mL;大肠菌群≤3 CFU/100 mL。

【工艺流程】

葡萄 ⟶ 采收 ⟶ 分级、挑选 ⟶ 破碎、除梗 ⟶ 成分调整 ⟶ 发酵 ⟶ 压榨过滤 ⟶ 后发酵 ⟶ 陈酿 ⟶ 调配 ⟶ 过滤 ⟶ 包装杀菌 ⟶ 成品

【任务实施】

1　品种选择

选择含糖量高,并含有一定量有机酸的品种。有机酸在果酒酿造中有促进酵母菌繁殖,抑制腐败细菌生长的作用,还可增加酒香和风味,促进果中色素溶解,使酒具有鲜丽色泽。用于酿造红葡萄酒的主要品种有赤霞珠、品丽珠、佳丽酿、增芳德、梅鹿辄、法国蓝等。

2　原料准备

原料品种葡萄、葡萄破碎机、果汁分离机、果汁压榨机、高速离心机、发酵罐、贮酒罐。

3　破碎、除梗

葡萄酒原料选择

葡萄采收后,挑出霉烂果及成熟度差的果,选充分成熟的葡萄进行清洗。用破碎机将果粒压碎,不宜太细,用压榨机或搅笼压榨,只破碎果肉,不伤及种子和果梗,使用搅笼时要调整速度。籽粒挤碎会使制成的酒带有涩味或异味。破碎便于榨汁,利于酵母与果汁的接触,利于红葡萄酒色素的浸出,易于二氧化硫的均匀利用和物料的运输等。破碎的葡萄不能与铁铜接触,防止这些金属溶于酒中引起破败病。

破碎后的原料要立即将果浆与果梗分离,除梗可防止因果梗中的苦涩物质增加酒的苦味,还可减少发酵体积,便于运输。制红葡萄酒用果肉、果皮一起发酵。

4　成分调整

葡萄破碎、除梗过程

4.1　糖分调整

一般果实含糖量为 5%～23%,在发酵旺盛期,加蔗糖来补充糖分,调整糖分要以发酵后的酒精含量作为主要依据,生产上一般 1 L 果汁的加糖量可用 230～240 g 减去果汁原含糖量来计算。加糖时,应将糖先溶于部分果汁中,再加入大量果汁里。同时结合酸分含量情况,如酸分含量过高,则制成果浆加入;反之,宜加干糖,且要充分搅拌,溶解。生产上酿造高浓度的葡萄酒常用分次加糖法,因葡萄酒发酵要求含糖量不宜超过 24%,所以每次加糖量不宜过多,可分 2～3 次加入。即先加适量的糖,以适应酵母旺盛地繁殖发酵,等发酵降低了糖浓度后,再加剩余的糖。世界上很多葡萄酒生产国家,不允许加糖发酵,或限制加糖量。葡萄含糖量低时,只允许添加浓缩葡萄汁。

4.2　酸度调整

酸可抑制细菌生长繁殖,可使葡萄酒颜色鲜明,酒味清爽,有柔软感,与醇生成酯,增加酒的芳香,增加酒的贮藏性和稳定性。葡萄酒发酵要求酸度为 6 g/L,pH 3.3～3.5。提高酸度的方法:添加未熟的葡萄压榨汁、酒石酸或柠檬酸,以酒石酸为好。加酸时,先用少量葡萄汁与酸混合,缓慢均匀地加入葡萄汁中,并搅拌均匀。操作中不可使用铁质容器。降低酸度的方法:添加碳酸钙等降酸剂。1 L 汁液中加 1 g 碳酸钙,可降低酸量(以硫酸计)为 1 g/L。

4.3　含氮物质调整

酵母菌繁殖需一定量氮素物质。汁液中含氮量在 0.1% 以上,就能满足需要。含氮量较低的果汁,可在发酵前加入 0.05%～0.1% 的磷酸铵或硫酸铵。

4.4　添加二氧化硫

在葡萄除梗破碎后入发酵罐时立即加入二氧化硫,并且一边装罐一边加入。加入量:无破损、霉变,成熟度中等,含酸量高,一般用量为 30～50 mg/L;无破损、霉变,成熟度中等,含酸量低,一般用量为 50～80 mg/L;破损、霉变,一般用量为 80～150 mg/L。二氧化硫在酒中的作用为杀菌、澄清、抗氧化、增酸,利于色素和单宁的溶出,使葡萄酒风味变好。

5　酒精发酵

5.1　酒母的制备

酒母即经三次扩大培养后加入发酵醪的酵母液。

(1)试管培养　于发酵前 10～15 d 取新鲜、澄清果汁,分装于洁净、干热灭菌试管中,装量为 1/4,常压沸水杀菌 1 h,冷却。常温无菌下,接入活化好的固体斜面酵母菌种,25～28 ℃ 恒温培养 24～48 h。

(2)三角瓶培养　500 mL 三角瓶中装入 1/2 新鲜果汁,灭菌接入试管酵母液 2 支,于 25～28 ℃ 恒温培养 22～24 h。

(3)卡氏罐培养　取洁净 10 L 卡氏罐加入新鲜澄清的果汁 6 L,常压杀菌 1 h,冷却后加入亚硫酸,使其二氧化硫含量达 80 mg/L。24 h 后接入 2 个三角瓶培养酵母,摇匀,25～28 ℃ 恒温培养,到发酵旺盛。

(4)酒母罐培养　用 200～300 L 带盖木桶或不锈钢罐培养酒母。容器经硫黄烟熏杀菌,4 h 后桶中装入容量 80% 的 12°～14° 的葡萄汁,添加 1～2 个卡氏罐培养酵母,25～30 ℃ 下培养 24～48 h,即可作为生产用酒母。此酒母用量为 2%～10%。

5.2　发酵及管理

酒的发酵过程分前发酵(主发酵)与后发酵 2 个过程。将发酵醪送入发酵容器到新酒出桶的过程为前发酵;分离后的新酒,由于酒液与空气接触,酵母又得到复苏,在贮存过程中,酵母将酒液中的残糖进一步发酵以提高酒精浓度,这一过程称为后发酵。

(1)入发酵池　果汁经糖酸调整后装入发酵池,充满系数 75%～80% 为宜,以防发酵旺盛时汁液外溢,采用密闭式发酵。安装发酵栓便于二氧化碳逸出和阻止空气进入。发酵池内装有沉没酒帽的隔板。接入酒母即开始发酵。

(2)前发酵(主发酵)　它包括酵母繁殖期和酒精生成期。前发酵是酿酒发酵的主要阶段。果汁经前发酵变成了果酒。

①酵母繁殖期　发酵之初,液面平静,随着有微弱的二氧化碳气泡产生,发酵开始。而后酵母繁殖加快,二氧化碳逸出增多,温度升高,发酵进入旺盛期。

酵母繁殖期管理上主要是控温。最适温度应控制在 20～30 ℃,每天应观测品温三次,注意发酵过程中及时测定糖分、酒度和酸度,作为发酵情况的控制依据。同时注意空气供给,

促进酵母繁殖。

②酒精生成期　此时甜味渐减,酒味渐增,皮渣上升在液面结成浮渣层,当品温升到最高,酵母细胞数保持一定。随后,发酵液气泡减少,液体相对密度下降到 1‰ 左右,发酵势减弱,二氧化碳释放减少,液面接近平静,品温下降近室温。此时,糖分大部分已转变成酒精,完成主发酵。

酒精生成期管理主要控制品温在 30℃ 以下,不断翻汁,破除酒帽。主发酵结束后,及时将酒液虹吸或用泵抽出,也可通过筛网流出,即为原酒。此工序很重要,可防止糖苷类物质、单宁溶于酒中,造成果酒的涩味,影响品质。

(3)后发酵　前发酵结束后,应及时出桶。将不加压自行流出的酒即自流酒与压榨酒渣最初得到的 2/3 压榨酒混合,转入消过毒的贮酒桶,装入量为容积的 90% 左右,酒中剩的少量糖（1°左右）,在后发酵中进一步转化为酒精。如原酒中酒精浓度不够,应补充一些糖分。后发酵仍在密闭容器中进行,装上发酵栓,糖分下降到 0.1%～0.2%,已无二氧化碳放出,后发酵便完成,将发酵栓取下,用同类酒添满,加盖密封。待酵母、皮渣全部下沉后,及时换桶,分离沉淀,转入陈酿。

后发酵管理上控制温度在 20℃,经 15～20 d,后发酵完成。

6　陈酿

陈酿目的是使果酒清亮透明,醇和可口,有浓郁纯正的酒香。陈酿酒桶都应装发酵栓,防止外界空气进入。陈酿酒桶应装满酒,随时检查,及时添满,以免好气性细菌增殖,造成果酒病害。一般陈酿两年开始成熟。陈酿中要多次进行换桶。及时清除不溶解的矿物质、蛋白质及其他残渣等在贮藏中产生的沉淀。

6.1　贮存环境条件

一般应放置在温度为 10～15℃,相对湿度为 85% 左右的地下室或酒窖中,贮存环境空气新鲜,无异味和无二氧化碳积累。

6.2　贮存中的管理

(1)添桶　用同批葡萄酒添满容器,随时保证贮酒桶内的葡萄酒装满。防止葡萄酒氧化和被外界的细菌污染。

(2)换桶　将酒从一个容器换入另一个容器。目的是加速酒的成熟;调整酒内溶解氧的含量,避免出现二氧化碳饱和现象,清除酒脚,加速酒的成熟。换桶次数和时间因酒质而定,酒质较差需提前换并增加次数。第一次换桶时间在当年的 12 月底到次年元月,第二次换桶在第二年春季的 2～3 月,第三次在秋季 8 月,第四次在冬季。以后根据情况每年换 2 次或 2 年一次,在春季或冬季进行,换桶应选择无风、低温时进行。

7　果酒澄清

果酒在陈酿过程中进行澄清。采用自然澄清或加胶过滤方法除去果酒中的悬浮物。加胶澄清方法有以下几种：

7.1 加明胶

果酒中加明胶 0.1～0.15 g/L,单宁 0.08～0.12 g/L,用少量酒将单宁溶解,加入搅匀。白明胶用冷水浸泡 12～14 h,除腥味,然后除去浸泡水,重新加水,用微火加热或水浴加热溶解,再加 5～6 L 果酒搅匀,倒入酒桶,静置 8～10 d,过滤。此法适用于苹果酒的澄清。

下胶澄清原理

7.2 加鸡蛋清

100 L 果酒加 2～3 个蛋清,每加蛋清一个,添加单宁 2 g。用少量果酒溶解单宁,倒入桶内充分搅匀,经 12～24 h 后,将打成沫状的蛋清,用少量果酒搅匀,加入陈酿酒中。静置 8～10 d,即可澄清。

7.3 加琼脂

先将琼脂浸泡 3～5 h,然后用少量水加热溶化,按 1%～5% 的浓度稀释,加热至 60～70℃,倒入酒中,充分搅匀,静置 8～10 d,过滤。每 100 L 果酒用琼脂 5～45 g。适于杏酒、李酒的澄清。

8 成品调配

成品调配包括勾兑和调整。勾兑是选择原酒,并按适当比例混合。目的是使不同品质酒取长补短。调整是对勾兑酒的某些成分进行调整或标准化。调整指标主要有酒度、糖分、酸分、颜色。调配后再经过一段贮藏去"生味",使成品醇和、芳香、适口。

8.1 酒度

原酒的酒精度若低于产品标准,用同品种高度酒调配,或用同品种葡萄蒸馏酒调配。

8.2 糖分

糖分不足,用同品种浓缩果汁或精制砂糖调整。

8.3 酸分

酸分不足,加柠檬酸补充,1 g 柠檬酸相当于 0.935 g 酒石酸,酸性过高,用中性酒石酸钾中和。

8.4 颜色

红葡萄酒若色调过浅,可用深色葡萄酒或糖色调配。

9 过滤

过滤是葡萄酒生产中常见的澄清方法。一般过滤可采用纸板过滤机或无菌过滤器完成。

10 包装、杀菌

装瓶前进行果酒成熟度的测定,即将果酒装入消毒的空瓶中,盛酒一半,塞住瓶口,在常

温下对光保持一周。如不发生混浊或沉淀便可装瓶。

葡萄酒常用玻璃瓶包装,优质葡萄酒配软木塞封口。装瓶时,空瓶先用 30～50℃、2%～4%碱液浸泡,再用清水冲洗后用亚硫酸溶液冲洗消毒。

杀菌有装瓶前杀菌和装瓶后杀菌。装瓶前杀菌是将酒经快速杀菌器 90℃ 杀菌,杀菌 1 min 后迅速装瓶密封;装瓶后杀菌是将酒先装瓶适量,再经 60～70℃、10～15 min 杀菌。对酒度在 16° 以上的干葡萄酒及含糖 20% 以上、酒度在 11° 以上的甜葡萄酒,可不杀菌。酒精浓度在 16° 以下的需杀菌,杀菌温度为 60～70℃,时间 10～15 min。

对光检验酒中是否有杂质,装量是否适宜,合格后贴标装箱。

【任务评价】

评价单

学习领域	红葡萄酒酿造					
评价类别	项目	子项目	个人评价	组内互评	教师(师傅)评价
专业能力(80%)	资讯(5%)	搜集信息(2%)			
		引导问题回答(3%)			
	计划(5%)	计划可执行度(3%)			
		计划执行参与程度(2%)			
	实施(40%)	操作熟练度(40%)			
	结果(20%)	结果质量(20%)			
	作业(10%)	完成质量(10%)			
社会能力(20%)	团结协作(10%)	对小组的贡献(10%)			
	敬业精神(10%)	学习纪律性(10%)			

[师徒共研]

1.微生物引起的葡萄酒病害

(1)酸败　葡萄酒发病时,酒的表面产生一层灰色的膜,最初是透明的,逐渐变暗,甚至有时变成玫瑰色,并出现皱纹。而后薄膜脱离,沉入桶底,形成一种黏性的稠密的物体,但也有不生膜的。染病的酒有一种醋和醋酸酯味,有刺舌、刺喉感。

发病原因:主要是醋酸杆菌引起的,还有其他一些产生醋酸的细菌。该菌主要存在于果园中,当带皮压榨葡萄酿酒时,卫生条件不好,温度达到 20～25℃,就可繁殖,当发酵盛期温度过高,达到 33~35℃该菌会大量繁殖,使酒变成醋。

防治方法:初病期可对酒进行 72~80℃维持 20 min 的杀菌,而后加胶剂澄清。静置后换桶去除沉淀物。

(2)酒花病　葡萄酒发病时,酒面上先生成灰白色的小点,扩大成光滑的薄膜,逐渐增厚、起褶,振动破碎下沉,使酒混浊,酒味变质。

防治方法:用二氧化硫杀菌,在酒面上经常保持一层高浓度酒精。若已经发生酒花病,过滤除去酒花,用 65~70℃杀菌 10 min。

2.霉味、苦味

(1)霉味　由于选用原料未清除霉烂果实或空桶生霉酿酒前未处理使葡萄酒产生霉味。

防治方法:严格分选原料,对空桶检查,刷洗干净。如有霉味用活性炭处理后过滤,可减轻霉味。

(2)苦味　由于种子和果梗中的糖苷带入酒中,使葡萄酒的单宁含量升高。此外,发酵温度高,主发酵时间长也会造成葡萄酒的苦味。

防治方法:葡萄除梗,加糖苷酶分解糖苷,选用精制蔗糖,也可采用下胶法除去苦味,1 000 L 葡萄酒用明胶 35 g。

[知识链接]

1　果酒酿造原理

1.1　果酒酿造微生物

1.1.1　酵母菌

酵母菌是果酒酿造的主要微生物,包括尖端酵母、葡萄酒酵母、巴氏酵母。在果酒自然发酵过程中,最先繁殖的是尖端酵母,当酒精产量达到 4％以上时,尖端酵母的活动被抑制,让位于葡萄酒酵母,葡萄酒酵母又称椭圆酵母。葡萄酒酵母活动能力强、产酒精量高,可使酒精含量达到 12％~16％,最高达 17％,生香性强,抗逆性强,能在高二氧化硫含量的果汁中代谢繁殖,是完成果酒发酵的主要酵母。目前人工筛选的葡萄酒酵母,酒精产量能达到18％以上。果酒后发酵是由巴氏酵母完成。

我国分离选育的酵母已有 1203 号酵母,39 号酵母,玫瑰香酵母,通化 1 号、2 号、8 号酵母,苹果酒酵母。

1.1.2　乳酸菌

乳酸菌也是果酒酿造的重要微生物,乳酸菌能把苹果酸转化为乳酸,使葡萄酒的酸涩、粗糙等缺点消失,使葡萄酒变得醇厚饱满,柔和协调;但当有糖存在时,乳酸菌易分解糖成乳

酸、醋酸等,使酒的风味变坏。

1.2 酒精发酵

水果中的糖分被酵母菌发酵成为酒精的过程称为酒精发酵。

影响酒精发酵的因素主要有温度、酸度、氧气浓度、糖浓度、乙醇浓度及二氧化硫加入量。

(1)温度 酵母菌活动的最适温度是 20~30℃,20℃以上,繁殖速度随着温度升高而加快,至 30℃达到最大值,40℃停止活动。根据发酵温度的不同,可将发酵分为高温发酵和低温发酵。30℃以上为高温发酵,发酵时间短,但口味粗糙、杂醇、醋酸等含量高。20℃以下为低温发酵,发酵时间长,但果酒风味好。果酒发酵的理想温度为 25℃左右。一般红葡萄酒发酵最佳温度为 26~30℃;白葡萄酒发酵最佳温度为 18~20℃。

(2)酸度 酵母菌在 pH 2~7 范围内均可生长,pH 4~6 生长最好,发酵能力最强,但一些细菌也生长良好,因此生产中一般控制 pH 3.3~3.5,此时,细菌受到抑制,酵母菌活动良好。

(3)氧气和二氧化碳浓度 酵母是兼性厌氧微生物,在氧气充足时,酵母繁殖快,酒精产量减少;而在缺氧条件下,酵母虽然繁殖慢,但酒精产量却很高。根据这一特性,在果酒酿造初期供给酵母菌充足氧气,使其大量繁殖,后期创造缺氧的环境,使其产生大量酒精,完成酒精发酵。二氧化碳浓度过高时,也会阻止酒精发酵。

(4)糖分 酵母菌生长繁殖所需要的营养从果汁中获得,糖浓度影响酵母的生长和发酵,糖度为 1%~2%时,生长发酵速度最快,果汁中含糖量超过 25%,会抑制酵母菌活动;含糖量 60%以上,发酵几乎停止。因此,生产高酒度果酒时,要采用多次加糖的方法,以保证发酵的顺利进行。

(5)乙醇含量 多数酵母在乙醇浓度达到 2%,就开始抑制发酵,尖端酵母在乙醇浓度达到 5%不能生长,葡萄酒酵母可忍受 13%~15%的酒精。所以自然酿制不可能生产酒精含量过高的果酒,必须通过蒸馏或添加纯酒精生产高度果酒。

(6)二氧化硫抑杂菌 酵母菌对二氧化硫的抵抗能力比较强,在果酒生产中使用二氧化硫进行发酵容器和发酵液的灭菌,添加二氧化硫主要是为了抑制有害菌的生长。葡萄酒酵母可耐 1 g/L 的二氧化硫,果汁含 10 mg/L 二氧化硫,对酵母无明显作用,但其他杂菌则被抑制。二氧化硫含量达 50 mg/L 发酵仅延迟 18~20 h,其他微生物完全被杀死,二氧化硫是理想的抑菌剂。二氧化硫在果汁中加入量为 100~150 mg/L。

思政花园

    顺口溜 食品生产有许可,一看二闻三要选,市场准入无假货,包装防假应细观,包装标志序列号,色味不同防质变,证明无假市场销。

    食品名称专用名,生产食品要检验,配料清单顺序定,讲究卫生保安全,价值特性应明了,严把生产准入关,经销日期都写清。

1.3　陈酿

新酿成的果酒浑浊、辛辣、粗糙,不适宜饮用,必须经过一定时间的贮存,以消除酵母味、苦涩味、生酒味和二氧化碳刺激味等,使酒质透明、醇和芳香,这一过程称酒的陈酿或老熟。

陈酿中发生了一系列化学变化,这些变化中,以酯化反应和氧化还原反应对酒的风味影响最大。

1.3.1　酯化反应

酯化反应是指酸和醇生成酯的反应。酯类物质是果酒香气的主要来源之一。在陈酿的前两年,酯的形成速度快,以后逐渐减慢。影响酯化反应的因素主要有温度、酸的种类、pH及微生物种类等。

(1)温度　在葡萄酒贮存过程中,温度越高,酯的生成量也越高,这是葡萄酒进行热处理的依据。

(2)酸的种类　有机酸的种类不同,其生成酯的速度也不同,而且酯的芳香也不同,对于总酸 0.5% 左右的葡萄酒来说,如通过加酸促进酯的生成,以加乳酸效果最好,柠檬酸次之,苹果酸又次之,琥珀酸较差,加酸量以 0.1%～0.2% 的有机酸为适当。

(3)pH　氢离子是酯化反应的催化剂,因此 pH 对酯化反应的影响很大,同样条件下,pH 降低一个单位,酯的生成量增加一倍。

(4)微生物种类　微生物种类不同,生成的酯的种类和数量有一定差异。

1.3.2　氧化还原反应

氧化还原反应是果酒加工中重要的反应,直接影响到产品的品质。因为氧化还原反应可以通过酒中的还原性物质去除酒中游离氧的存在,还可以促进一些芳香物质的形成,对酒的芳香和风味影响很大。

2　果酒的分类

根据酿造方法和成品特点不同,果酒分 5 类。

2.1　发酵果酒

用果汁或果浆经酒精发酵酿造而成,如葡萄酒、苹果酒等。根据发酵程度不同,又分为全发酵果酒与半发酵果酒。

2.2　蒸馏果酒

果品经酒精发酵后,再经蒸馏所得到的酒,如白兰地、水果白酒等。蒸馏果酒酒精含量较高,多在 40% 以上。

2.3　配制果酒

是将果实或果皮、鲜花等用酒精或白酒浸泡提取或用果汁加酒精、糖、香精、色素等食品添加剂调配而成的,又叫露酒。

2.4　加料果酒

以发酵果酒为基础,加入植物性增香物质或药材而制成。如人参葡萄酒、鹿茸葡萄酒等。此类酒因加入香料或药材,往往有特殊浓郁的香气或滋补功效。

2.5 起泡果酒

酒中含有二氧化碳的果酒。如香槟、小香槟、汽酒。香槟是以发酵葡萄酒为酒基,再经密闭发酵产生大量的二氧化碳而制成。小香槟酒中二氧化碳由发酵产生或人工充入二氧化碳制成。汽酒中二氧化碳由人工充入。

3 葡萄酒的分类

果酒中以葡萄酒的产量和类型最多。

3.1 按成品酒的颜色分

红葡萄酒:用红葡萄带皮发酵酿造而成。酒色呈自然深宝石红、宝石红、紫红或石榴红色。

白葡萄酒:用白葡萄或红皮白肉的葡萄分离取汁发酵酿造而成。酒色近似无色或微绿、浅黄、淡黄、禾秆黄色。

桃红葡萄酒:用红葡萄短时间浸提或分离发酵酿造而成。酒色介于红、白葡萄酒之间,呈玫瑰红、桃红、浅红色。

3.2 按含糖量分(以葡萄糖计,g/L 葡萄酒)

干葡萄酒:含糖量≤4.0 g/L。

半干葡萄酒:含糖量 4.1～12.0 g/L。

半甜葡萄酒:含糖量 12.1～50.0 g/L。

甜葡萄酒:含糖量≥50.1 g/L。

3.3 按酿造方式分

天然葡萄酒:完全用葡萄为原料发酵而成。

加强葡萄酒:在发酵期间或原酒中,添加白兰地或脱臭酒精以提高酒精度。

加香葡萄酒:以葡萄原酒浸泡芳香植物,再经调配而成,如味美思。

任务二 白葡萄酒的酿造

【任务要求】

1. 能够掌握白葡萄酒酿造的基本原理。

2. 能够准确判断白葡萄酒酿造中出现的问题,并能采取措施予以解决。

【参考标准】

白葡萄酒与红葡萄酒生产工艺的主要区别在于,白葡萄酒是用澄清葡萄汁发酵的,而红葡萄酒则是用皮渣(包括果皮、种子)与葡萄汁混合发酵的。白葡萄酒酒度12%,糖分1.5%以下,酒液呈果绿色,清澈透明,气味清爽,酒香浓郁,回味深长,含有多种维生素,营养丰富。

1 干白葡萄酒质量标准

1.1 感官要求

色泽:近似无色,嫩黄带绿、禾秆黄、金黄色。

透明度:澄清透明、有光泽、无明显悬浮物(使用软木塞封口的酒,允许有3个以下大小不超过1 mm的软木渣)。

气味:口味纯正,具有怡悦、和谐的果香和酒香。

1.2 理化要求

酒精度(20°)9%～13%;总糖(以葡萄糖计)≤4 g/L;总酸(以酒石酸计)5.0～7.0 g/L;挥发酸(以醋酸计)≤0.6 g/L。

1.3 微生物指标

细菌总数≤50 CFU/mL;大肠菌群≤3 CFU/100 mL。

【工艺流程】

原料 → 采收 → 分级、挑选 → 破碎、压榨 → 皮汁分离 → 果汁澄清 → 成分调整 →

低温发酵 → 添桶 → 换桶 → 陈酿 → 调配 → 澄清 → 包装杀菌 → 成品

【任务实施】

1 品种选择

由于白葡萄酒更强调酸度,而在葡萄成熟过程中,成熟度和甜度成正比,和酸度成反比,采收既要达到足够的成熟度,以产生足够的酒精和香气,也要保持足够的酸度,防止葡萄因过熟而造成酸度低。因此,在采收葡萄时必须精确掌握葡萄刚好成熟,又不会过熟的时机。同时,白葡萄比较容易被氧化,采收时必需尽量小心保持果粒完整,以免影响品质。制干白葡萄酒,不能过熟采收。制甜白葡萄酒应充分成熟,确保含糖量多,香味好。

2 去梗和低温浸皮

传统的白葡萄酒酿造方法是直接进行破皮、压榨和汁皮分离。后来人们发现葡萄皮中富含香味分子,传统的白葡萄酒酿制法使大部分存于皮中的香味分子都无法溶入酒中。因此,如今许多葡萄酒生产厂家,为了丰富白葡萄酒的香气和口感,都采取发酵前低温浸皮过程。

首先将整串的葡萄放入去梗机去梗,然后破皮并轻微地挤出果肉,放入酒槽中,将酒槽温度保持在15℃,并充入二氧化硫气体,以防止发酵和氧化,使葡萄皮中的香料物质进入葡萄酒中。但这种浸皮过程不能太长,时间过久会使葡萄皮中的单宁萃取到酒中,因此一般浸皮时间12 h左右。同时对于那些用红葡萄品种酿造白葡萄酒的情况,这种浸皮过程不能被采用。

3 榨汁和澄清

这个过程是生产白葡萄酒和红葡萄酒最大的不同之处。红葡萄酒是为了从葡萄皮中萃取更多颜色、单宁和香精物质,因此需要将葡萄汁和葡萄皮长时间地接触;而白葡萄酒反而需要避免葡萄皮中的色素和单宁进入酒液中,因此需要尽快进行汁皮分离的压榨。

将通过低温浸皮获得的汁皮混合物加入葡萄压榨机,为了避免将葡萄皮和籽中的单宁和油脂榨出,压榨时压力必须温和平均,而且要适当翻动葡萄渣。现代压榨机采用气囊压榨,在机械容器的中部有一个可充气的气囊,随着气体的加注,气囊膨胀,轻柔、缓慢地挤压葡萄果粒。

葡萄汁的澄清可采用二氧化硫低温静置澄清法、果胶酶澄清法、皂土澄清法和高速离心分离澄清法等几种方法。快速地去除各种悬浮物,获得清澈葡萄汁。

4 酒精发酵

白葡萄酒的酒精发酵温度一般为18～20℃,比红葡萄酒酒精发酵温度低得多,发酵过程也缓慢得多。主要是为了保持葡萄酒清新果香和口感。所以采用的不锈钢酒槽,会有更多的降温冷却设计。白葡萄酒发酵多采用添加人工培育的优良酵母(或固体活性酵母)进行低温密闭发酵。低温发酵有利于保持葡萄中原果香的挥发性化合物和芳香物质。发酵分成主发酵和后发酵两个阶段。主发酵一般温度控制在16～22℃为宜,发酵期15 d左右。主发酵后残糖降低至5 g/L以下,即可转入后发酵。后发酵温度一般控制在15℃以下,发酵期约1个月。在缓慢的后发酵中,葡萄酒香味形成更为完善,残糖继续下降至2 g/L以下。

白葡萄酒发酵设备目前常采用密闭夹套冷却的钢罐,它发酵时降温比较方便。也有采用密闭外冷却后再回到发酵罐发酵的。对于一些适合酿造酒体较重,口感丰富白葡萄酒的葡萄品种,也可采用小橡木桶进行发酵。因为橡木中含有橡木单宁,橡木单宁进入白葡萄酒中,随着发酵过程的完成,这些单宁物质会和死去的酵母一起沉淀到桶底。这些物质和葡萄酒浸泡在一起,会使白葡萄酒形成更丰实的口感。一般生产上120～360 d之后才换桶移除这些沉淀物质。

5 乳酸发酵

乳酸发酵在葡萄酒酿造过程中并不是必需的,很多白葡萄酒如长相思、雷司令等,大多数都不会进行乳酸发酵这个过程,以保持清爽的酸度和清新的果香;而霞多丽恰恰相反,大多都要经过乳酸发酵,使口感更柔顺。

为了阻止乳酸发酵的进行,可以在酒精发酵完成时马上就对白葡萄酒进行过滤、澄清,将其中的乳酸菌、蛋白质等物质滤掉;或者将葡萄酒冷却到很低温度;或者灌注少量二氧化硫气体阻止这一进程。

6　冷却稳定

未经过乳酸发酵的白葡萄酒酸度很高,低温下会析出米粒大小白色结晶物质酒石酸盐,酒石酸盐虽然对人体无害,对酒质也没有影响,但影响酒的美观。因此,酒厂会将未装瓶的白葡萄酒冷却到临近冰点,使酒石酸盐析出。

7　陈酿、澄清和过滤、混合调配

大多数白葡萄酒都是在不锈钢酒槽中进行陈酿过程。虽然也有部分白葡萄酒也会像红葡萄酒一样进行橡木桶陈酿,但时间一定要短,防止破坏白葡萄酒清新精细的风格。

澄清、过滤和混合调配过程和红葡萄酒相似。此处不再介绍。

【任务评价】

评价单

学习领域			白葡萄酒酿造			
评价类别	项目	子项目	个人评价	组内互评	教师(师傅)评价
专业能力(80%)	资讯(5%)	搜集信息(2%)			
		引导问题回答(3%)			
	计划(5%)	计划可执行度(3%)			
		计划执行参与程度(2%)			
	实施(40%)	操作熟练度(40%)			
	结果(20%)	结果质量(20%)			
	作业(10%)	完成质量(10%)			
社会能力(20%)	团结协作(10%)	对小组的贡献(10%)			
	敬业精神(10%)	学习纪律性(10%)			

[师徒共研]

1. 变色

白葡萄酒加工中变褐色、变粉红色。

白葡萄酒变褐色主要是由酒中所含有的少量着色物质和酚类化合物被氧化造成。

白葡萄酒变粉红色是由于葡萄酒中的黄酮接触空气变为粉红色的黄盐。

防治方法：①尽量避免葡萄酒接触空气。可采取水封，每周用同品种同质量的酒液添罐一次，补加二氧化硫等方法。②减少氧化物质。用含皂土 0.02%～0.03%澄清酒液（葡萄汁）。③降低氧化酶的活性。在发酵前后，罐内充入氮气或二氧化碳等惰性气体。④凡与葡萄汁或葡萄酒接触的铁、铜等金属工具及设备，需涂食用级防腐涂料。

2. 铁、铜破败病

铁破败病在红葡萄酒和白葡萄酒均可发生。铁破败病有蓝色破败病和白色破败病之分。在红葡萄酒中常发生蓝色破败病，使酒液呈蓝色混浊；在白葡萄酒中常发生白色破败病，使酒液呈白色混浊。

铜破败病常发生于白葡萄酒中，使白葡萄酒酒液有红色沉淀产生。

防治方法：降低葡萄酒中铁、铜含量。采用膨润土-亚铁氰化钾除去过多的铁、铜离子；除去铜离子还可通过皂土澄清或使用硫化钠使铜离子沉淀。

[知识链接]

1　我国果酒酿造的历史

果酒酿造在我国已有 2 000 多年的历史，早在汉武帝年间，张骞出使西域，带回葡萄品种和酿造技术，但一直未得到发展，直到 1892 年，华侨张弼士在烟台建立了"张裕葡萄酒公司"才开始进行小型工业化生产。

我国果酒业的发展极不平稳，20 世纪四五十年代，果酒的产量、品种均寥寥无几，到 60 年代才开始以 30%的增幅加速增长，进入大发展时期，同时也涌现出了许多优秀产品。如北方的辽宁熊岳苹果酒、沈阳山楂酒、一面坡的三梅酒（紫梅、香梅、金梅）；南方的四川渠县红橘酒、广柑酒，万县地区的中国橙酒，福建的荔枝酒；野生植物酿造的内蒙古牙克石红豆酒，河北涿鹿的沙棘酒，以及食疗兼用的长白山五味子酒等，这些产品大部是含糖高的或糖含量高于酒精含量的甜型酒，包括葡萄酒类产品也以这种类型产品为主。这种甜型酒，当时市场销势很好，很受消费者的欢迎。但随着人民生活水平的提高，国际交往的频繁，人民对生活要求的视野扩大了，反映在饮食结构上也发生了巨大的变化，在饮料酒中突出表现的是果酒、葡萄酒酒种的甜型酒不再受人们的欢迎，市场销量下降，果酒业开始走入低潮。20 世纪 90 年代初期，葡萄酒企业适时地转型，在经过 10 余年的努力后，干型酒主导了市场的位置，取得了消费者的认可，并由于名牌产品的领衔作用，葡萄酒行业获得了辉煌的发展。但果酒类产品却一直没有走出低谷，行业上缺乏龙头企业，市场上缺乏领衔产品，使果酒行业整体形象得不到树立。

2 我国果酒酿造的现状

随着人民生活水平的提高以及果酒生产者等各方面的共同努力,最近几年我国果酒业结束了长期徘徊不前的局面,发展呈现出良好的态势,如广东省投资建设了数家以荔枝为原料的果酒加工厂,浙江宁波地区也建成了杨梅酒和桑葚酒生产基地。另外,西北地区的枸杞酒、天津的果酒也都进行了规模化生产和管理。这些,都显示着我国的果酒业正在健康地向前发展。在世界饮料酒中占 15%～20% 比例,葡萄酒是果酒中的主要产品,其次产量较大的为苹果酒,苹果酒以生产历史悠久的法国产品最具盛名,美国、澳大利亚、英国的产品也具有较高的市场地位。目前,在世界上虽然果酒占饮料酒的比例为 15%～20%,而在中国果酒只占饮料酒的 1% 左右。我国果酒的人均年消费量为 0.2～0.3 L,而世界人均年消费量为6 L,彼此之间相差甚远,但同时说明我国果酒市场有潜力可挖。随着人们健康意识的加强,果酒正以其低酒度、高营养、好口感的特点而越来越被众多消费者认同和接受。尽管短时间内,我国的果酒消费量不可能同比增长,但是,我国的果酒市场绝对有着充分的发展空间和市场前景。

3 我国果酒酿造的未来发展

3.1 我国丰富的水果资源为果酒酿造提供基础

我国除了葡萄酒以外的其他水果种植面积广阔,资源丰富(包括栽培和野生两大类),种类繁多,产量较大。2002 年水果总产量达 6 952 万 t,约占世界上水果总产量的 14%。人均果品占有量为 43.3 kg,而发达国家人均年消费为 80 kg 左右。我国的大宗水果主要有苹果、梨、桃、橘子、杏、山楂、草莓、杨梅、石榴、大枣、猕猴桃、沙棘果、樱桃、哈密瓜、西瓜、枇杷、橄榄等。其中,苹果、梨的产量占世界首位,约占世界总产量的 40%。

3.2 利用各类水果酿造风味各异的果酒,在我国已有悠久历史

随着经济发展,生活水平的提高,开发和利用各种果酒资源已成为必然的趋势。由于水果中含有大量的糖类物质、有机酸、维生素、矿物质等营养成分,所以利用水果酿造果酒以满足不同口味、不同爱好的消费者的需求,其市场前景是可以预期的。此外,果酒还可以作为鸡尾酒的调配基酒。配置果酒,不单以水果为基本原料,某些植物的果、花、叶、茎都可用来酿制各种各样的果酒。有的取其优良的色、香、味;有的单取其香,有的单取其味,有的甚至单取其疗效成分。单就其数量和质量而言,酿制果酒仍以各种各样的水果为最佳。特色果酒生产,是利用新鲜水果为原料,利用自然界或人工添加的酵母菌来分解糖分,产生酒精及其他副产物。伴随着酒精和副产物的产生,果酒内部发生一系列复杂的生物化学反应,最终赋予果酒独特的风味及色泽。

3.3 我国果酒的品牌特点

在果酒中,葡萄酒是世界性产品,其产量、消费量和贸易量均居酒类的第一位。其次是

苹果酒,在英国、法国、瑞士等国较普遍,美国和中国也有酿造。此外还有柑橘酒、枣酒、梨酒、杨梅酒、柿酒、刺梨酒等,它们在原料选择上要求并不严格,也无专门用的酿造品种,只要含糖量高,果肉致密,香气浓郁,出汁率高的果品都可以来酿酒。近年来,一些酿酒巨头也纷纷加入特色果酒行业,五粮液开发出仙林青梅酒,全兴集团开发的馨千代青梅酒市场前景均很好。

3.4 我国果酒的发展趋势

随着人们健康意识的加强,果酒正以其高营养、好口感的特点而越来越被众多消费者认同和接受。果酒酿造也将由以生产干酒为主向以生产甜酒为主转变;由纯果酒生产向生产复合型果酒转变;由低度果酒生产向高度果酒转变。

任务三 半甜苹果酒的酿造

【任务要求】

1. 能够掌握半甜苹果酒酿造的基本原理。

2. 能够准确判断半甜苹果酒酿造中出现的问题,并能采取措施予以解决。

【参考标准】

1 半甜苹果酒质量标准

1.1 感官要求

色泽:浅黄带绿;外观:澄清透明,无悬浮沉淀物;香气:具有纯正、优雅、怡悦、和谐的果香及酒香;滋味:酸甜适口,酒体丰满。

1.2 理化要求

酒度(V/V,20℃)12±0.5;总糖(以葡萄糖计,g/L)40~50;总酸(以苹果酸计,g/L)4.5~5.5;挥发酸(以醋酸计,g/L)≤0.6;总二氧化硫(mg/L)≤200;游离二氧化硫(mg/L)≤30;浸出物(g/L)≥15;铁(mg/L)≤8。

1.3 卫生指标

铅、细菌、大肠杆菌指标按 GB 2758—2012 执行。

【工艺流程】

苹果 —→ 分选 —→ 洗涤 —→ 破碎 —→ 压榨 —→ 加二氧化硫、果胶酶 —→ 静置 —→ 分离 —→ 低温

发酵 —→ 转池 —→ 补加二氧化硫 —→ 酒精 —→ 贮存 —→ 调配 —→ 皂土下胶 —→ 过滤 —→ 冷冻 —→

过滤 —→ 无菌灌装 —→ 外包装 —→ 成品

【任务实施】

1 分选

苹果品质如何,对所生产的产品质量影响很大。适合于高档半甜苹果酒酿造的苹果品种应为脆性果实,绵苹果则不宜使用。中熟品种可以"新红星"为主,后熟则以"富士"苹果为主。进厂的苹果要求充分自然成熟,做到有序进厂和加工,避免出现果品积压现象。对病虫果、霉烂果、未熟果应予以剔除,然后再经喷淋洗果机进行洗果并控干。

2 取汁

苹果中的水分大多被蛋白质、果胶及微量淀粉等亲水胶体所束缚,能自由分离的果汁很少,因此,对破碎的果肉(粒度 0.3～0.4 cm)需采用加压的手段才能挤出果汁。但要注意的是,果核不能压破,否则会给果汁带进异杂味;同时,需控制出汁率为 60%～70%,如出汁率过高,则酿成的半甜苹果酒口感粗糙,品质得不到保证。

3 添加二氧化硫、果胶酶

苹果汁进入发酵池中,需及时添加 70～90 mg/L 的二氧化硫和 40～60 mg/L 的酶,活力单位为 20 000 的果胶酶粉剂,并充分混匀,静置 24 h。苹果汁中二氧化硫添加的方法有:①用高压二氧化硫液态钢瓶,用减重法,阀门控制加入所需二氧化硫的量;②加入液体亚硫酸,根据商品标注二氧化硫含量,直接加入苹果汁中;③添加偏重亚硫酸钾(先用 10 倍的水溶解),一般按有效含量 50% 计算,如计算加入二氧化硫为 A 克,则所需加入偏重亚硫酸钾为 2A 克。二氧化硫的作用在于:一方面可加速胶体凝聚,对苹果汁中的杂质起到助沉作用;另一方面对苹果汁中的野生酵母、细菌、霉菌等微生物可起到抑制作用,避免这些有害微生物对苹果汁的破坏;此外,苹果汁中的酚类化合物等极易发生氧化反应,使果汁变质,而苹果汁中有游离二氧化硫存在时,则二氧化硫可以与氧气发生氧化反应,防止苹果汁被氧化,起到抗氧作用。而果胶酶的作用在于分解苹果汁中的果胶质,使之分解生成半乳糖醛酸和果胶酸,使苹果汁的黏度下降,使原来存在于苹果汁中的固形物失去依托而沉降下来,增强澄清效果。这样,通过在发酵前将苹果汁中的杂质含量减少到最低程度,可以避免苹果汁因含有杂质参与发酵而产生不良的成分,影响口感质量。果胶酶的使用方法是:准确称取果胶酶粉剂放入容器中,用 4～5 倍的温水(40～50℃)稀释均匀,放置 1～2 h,加入苹果汁中搅匀。

4　发酵

将分离出的苹果汁装满池罐 90％体积以后,加入 0.03％～0.05％的果酒发酵用活性干酵母。其添加方法是:往 35～42℃的温水中加入 10％量的活性干酵母,小心混匀。静置使之复水活化,每隔 10 min 轻轻搅拌一下,经 20～30 min(在此活化温度下最多不超过 30 min)酵母已经复水活化,然后直接添加到苹果汁中搅拌 1 h。因在随后进行的发酵过程中会产生热量,导致醪液品温上升,为此,需采用降温的措施,其方法主要有以下 2 种:①发酵池罐有冷却管或蛇形管,以输送冷水或冰水降温;②双层发酵罐的罐体外层有保温层,夹套内输送冷水或制冷介质用来降温。整个发酵阶段需保持 18～20℃的低温。在此温度下,生成的半甜苹果酒挥发酸含量低,果香风味物质损失少。

5　补加二氧化硫、酒精

苹果醪经 8～12 d 发酵后,其中的含糖量在 3 g/L 以下,此时酵母等已经聚沉,在此情况下,需将发酵结束的苹果原酒进行转池分离,并补加 60 mg/L 的二氧化硫和适量的食用酒精,使苹果原酒的酒精含量达到 12％(V/V)左右,以增强酒液抵抗微生物侵染的能力。添加的酒精在必要时需进行脱臭处理。其方法是:在酒精中加 0.01％～0.015％高锰酸钾氧化 12 h,再加 0.08％～0.09％氢氧化钠放置 4 h,然后进行蒸馏,去 7.5％的酒头、酒尾,取中馏部分备用;或者在酒精中加入 0.02％～0.04％的粉状活性炭搅匀,静置 7～10 d,待活性炭全部沉淀,抽取上层酒精即可。通过这样的脱臭措施,可以去除酒精中所含的对酒液品质有严重影响的杂醇油、醛类等成分。

6　调配

苹果原酒经 4～5 个月的密封贮存陈酿后,转池进行糖、酒、酸的调配,使各成分保持适当的比例,使酒体协调柔顺。添加的蔗糖应熬制成糖浆后使用。方法是:将软化水放入化糖锅中煮沸,一般每 100 L 水可加白糖 200 kg,并加入所需补加的苹果酸。待溶解的糖浆冷却后,直接加入待配的苹果原酒中。

7　皂土下胶

配好的半甜苹果酒需用 40～60 mg/L 的皂土进行下胶处理。皂土本身带负电荷,它能和酒液中带正电荷的蛋白质相互吸引结合,形成絮状沉淀,并在下沉过程中将半甜苹果酒中悬浮的很细微粒沉淀下来,使酒澄清。下胶时需取 10～12 倍的 50℃左右的热水将皂土逐渐加入并搅拌,使之呈乳状,静置 12～24 h,待膨胀后加入调配好的半甜苹果酒中并充分搅匀,静置 10～14 d 后将上清液进行过滤分离。

8 冷冻

将下胶处理好的半甜苹果酒在－4.5～5.5℃的温度条件下保温 7 d,并趁冷过滤。这样可以使半甜苹果酒的口感柔和,并使酒液中某些苹果酸盐等低温不溶物质析出而通过过滤除去,从而提高成品半甜苹果酒的稳定性。

9 灌装

为了最大限度地保持半甜苹果酒的新鲜果香,可将酒液进行无菌灌装,其方法是:灌酒前预先将酒液所通过的管道及灌酒机认真进行蒸汽杀菌操作,盛酒用玻璃瓶子须经瓶子灭菌机处理,酒经纸板过滤机进行除菌过滤后,再经灌酒机装酒,最后用已杀过菌的软木塞进行封口,这样就可以不再进行对半甜苹果酒品质风味有影响的加热杀菌操作。

10 外包装

必须高度重视半甜苹果酒产品的外包装。商标应贴在瓶子的适当位置,且粘贴需牢固平整,横平竖直,不得拱突翘角。黏合剂涂抹均匀,不能有明显的黏合痕迹。并将贴了商标的瓶子用透明塑料玻璃纸包裹起来,以保护商标不致磨损,提高产品的外观效果。

【任务评价】

评价单

学习领域			半甜葡萄酒酿造		
评价类别	项目	子项目	个人评价	组内互评	教师(师傅)评价
专业能力(80%)	资讯(5%)	搜集信息(2%)			
		引导问题回答(3%)			
	计划(5%)	计划可执行度(3%)			
		计划执行参与程度(2%)			
	实施(40%)	操作熟练度(40%)			
	结果(20%)	结果质量(20%)			
	作业(10%)	完成质量(10%)			
社会能力(20%)	团结协作(10%)	对小组的贡献(10%)			
	敬业精神(10%)	学习纪律性(10%)			

半甜苹果酒生产中的注意事项

(1)半甜苹果酒的酿造对其卫生要求极为严格,生产环境、贮酒容器、设备管道等必须清洗干净,定期用酒精擦洗,硫黄燃烧消毒,否则各种天然有害微生物极易污染酒液,使酒的挥发酸等不良成分含量增高,影响产品品质。

(2)半甜苹果酒在整个酿造灌装过程中极易在氧存在的条件下发生褐变,使成品酒的风味品质下降,所以整个生产过程必须严格禁止苹果汁、醪、酒液接触空气;同时,半甜苹果酒从原料进厂加工到瓶装的过程时间也不宜太长,否则酒液的颜色逐渐变得过黄,新鲜的果香也大大减弱。通常生产周期为6~8个月即可。

项目五
黄酒酿造

1.理解黄酒生产的原料,了解黄酒酿造所需糖化发酵剂的种类、作用。

2.掌握黄酒发酵的基本原理和生产工艺。

3.熟悉黄酒的后处理、成分及其质量标准。

1.能查阅、收集、整理、分析相关信息资料,能够进行工艺参数控制和进行质量控制。

2.能从理论上解释生产中常见的实际技术问题。

1.具备严谨负责的工作态度、合作沟通的团队素质和自主学习的习惯和能力。

2.具有职业道德,具有食品质量第一的概念、扎实的发酵食品生产技术知识。

黄酒是以大米和黍米为原料,经过蒸煮、冷却、接种、发酵以及压榨而酿成的酒,它是我国也是全世界最古老的酒精饮料之一。其中以绍兴黄酒为代表的麦曲稻米酒是历史最悠久、最有代表性的黄酒产品;山东即墨老酒是北方粟米黄酒的典型代表;福建龙岩沉缸酒、福建老酒是红曲稻米黄酒的典型代表。中国的黄酒,也称为米酒,属于酿造酒,在世界三大酿造酒(黄酒、葡萄酒、啤酒)中占有重要的一席,酿酒技术独树一帜,成为东方酿造界的典型代表和楷模。

黄酒顾名思义因为颜色是黄色的,所以得此称谓,与白酒清澈透明不同,黄酒颜色多为褐色、黄色、棕色等,也有部分黄酒呈现无色的状态。黄酒按照酿造工艺分为传统煮制方法和现代蒸制方法,前者原料在煮制过程中由于水分少、温度高,经过煮制过程之后,颜色加深,这在以后发酵过程中便充当了天然的着色剂,在煮酒过程中通过把握温度和时间可以调整酒质颜色的深浅。然而黄酒传统工艺在工业化生产上存在一定的局限性。到了近代,黄酒的生产工艺改进为蒸制之后进行拌曲发酵,相比于传统的酿造工艺,现代化的工艺效率更高且安全卫生,酒质较为统一,但是后期黄酒的颜色需要借助于焦糖色的添加才能形成。焦糖色属于天然的着色剂,在现在黄酒生产中扮演着重要的角色。

任务一　黄酒酿造

【任务描述】

黄酒是以粮食为原料,通过酒曲及酒药等共同作用而酿成的,它的主要成分是乙醇,但浓度很低,一般为 8%～20%,很适应当今人们由于生活水平提高而对饮料酒品质的要求,适于各类人群饮用。

【参考标准】

GB/T 13662—2018　黄酒

【工艺流程】

糯米 → 精白 → 清洗 → 浸米 → 蒸煮 → 冷却 → 拌料 → 落缸加 0.3%～0.5% 的安琪甜酒曲

固态糖化 → 加水加曲冲缸 → 糖化发酵 → 后发酵 → 压榨 → 澄清 → 煎酒 → 成品黄酒

【任务实施】

1 原料准备

新鲜粳糯米、安琪甜酒曲、活性干酵母、蒸馏水。

2 实验器材

不锈钢浸泡罐,蒸饭器,发酵罐(5～7 L),榨酒器,不锈钢贮酒(灭菌)器,pH 计,酒精计,温度计,密度计。

3 操作要点

3.1 原料选择

糯米分粳糯、籼糯两大类。粳糯的淀粉几乎全部是支链淀粉,籼糯则含有 0.2%～4.6% 的直链淀粉。支链淀粉在蒸煮中容易糊化,直链淀粉结构紧密,煮时消耗的能量大,不易糊化。选用糯米生产黄酒,应尽量选用新鲜糯米。陈糯米精白时易碎,发酵较急,易升酸。

酿造用水的质量直接影响到产品的优劣。一般要求所用的水要清洁卫生,符合饮用水的标准,常用泉水、湖水、深井水和河心水。

3.2 米的精白

大米外层含有脂肪和蛋白质,影响成品质量,应该通过精白(碾米加工)把它除去,大米的精白程度可用精米率表示,一般要求精米率在 90%。

3.3 清洗

原料的清洗对于某些发酵产品的生产来说是一个重要的步骤。经过清洗后,可进一步除去糯米表面的尘土、谷糠及精米时的残留蛋白质、脂肪等物质,有利于食品卫生及酒的风味的改善。可清洗 1～2 遍。

3.4 浸米

浸渍蒸馏水高出米面 5～10 cm。其目的是使淀粉吸水,便于蒸煮糊化。传统工艺浸米时间长达 18～20 d,主要目的是取得浸米浆水,用来提高发酵醪液的酸度,因为浆水含有大量乳酸;新工艺生产一般浸米 2～3 d,即可使米吸足水分。

3.5 蒸饭

蒸饭目的是使淀粉糊化,同时使蛋白质变性及杀灭杂菌。目前一般使用卧式或立式连续蒸饭机蒸饭,常压蒸煮 25 min 左右即可,蒸煮过程中可喷洒 85℃ 左右的热水并进行炒饭。要求米饭"外硬内软、内无生心、疏松不糊、透而不烂、均匀一致"。

3.6 发酵

将热米饭淋清凉水沥干,促饭降温,然后盛入发酵容器。当温度降至 20℃ 左右时,则均

匀地拌入适量甜酒曲反复搅拌,接着把饭扒平,在饭的中央挖一小井,盖好容器,品温控制在 24～26℃。落罐 10～12 h,品温升高,进入主发酵阶段后,这时必须控制发酵温度在 30～ 31℃,24 h,不宜盖得过紧,须留一气孔出气,否则酒易变酸。

3.7 后发酵

经过主发酵后,发酵趋缓弱,即可把酒醪移入后发酵罐,加入 10% 的白酒,50% 冷开水, 控制品温和室温在 15～18℃,静止发酵 5 d 左右,使酵母进一步发酵,并改善酒的风味。

3.8 压榨、澄清、消毒

后发酵结束,利用板框式压滤机把黄液体和酒糟分离开来,让酒液在低温下澄清 2～ 3 d,吸取上层清液,再经棉饼过滤机过滤,然后送入换热消毒器,70～75℃灭菌 20 min 左右, 杀灭酒中的酵母和细菌,并使酒中沉淀物凝固而进一步澄清,也让酒体成分得到固定。灭菌 后趁热罐装,并严密包装。

【任务评价】

评价单

学习领域			黄酒酿造			
评价类别	项目	子项目	个人评价	组内互评	教师(师傅)评价
专业能力(80%)	资讯(5%)	搜集信息(2%)			
		引导问题回答(3%)			
	计划(5%)	计划可执行度(3%)			
		计划执行参与程度(2%)			
	实施(40%)	操作熟练度(40%)			
	结果(20%)	结果质量(20%)			
	作业(10%)	完成质量(10%)			
社会能力(20%)	团结协作(10%)	对小组的贡献(10%)			
	敬业精神(10%)	学习纪律性(10%)			

[师徒共研]

1.黄酒醪的酸败

黄酒发酵是敞口式、多菌种发酵,发酵醪中常常污染一些对酿酒有害的微生物,如乳酸 杆菌、醋酸菌及野生酵母等。

黄酒发酵醪的酸败不但降低了出酒率,而且损害了成品酒的风味,使酒质变差,甚至无法饮用。

(1)黄酒发酵醪酸败的表现　①在主发酵阶段,酒醪品温很难上升或停止。②酸度上升速度加快,而酒精含量增加缓慢,酒醪的酒精含量达14%时,酒精发酵几乎处于停止。③糖度下降缓慢或停止。④酒醅发黏或醪液表面的泡沫发亮,出现酸味甚至酸臭。⑤镜检酵母细胞浓度降低而杆菌数增加。

(2)黄酒发酵醪酸败的原因　①原料种类。②浸渍度和蒸煮冷却。③糖化曲质量和使用量。④酒母质量。⑤前发酵温度控制太高。⑥后发酵时缺氧散热困难。⑦卫生差、消毒灭菌不好。

(3)预防和处理　①严格消毒灭菌,保持环境卫生。②控制曲、酒母质量,控制酒母中的杂菌数。③控制发酵温度,协调好糖化发酵的速度。尽量控制在30℃左右进行主发酵,避免出现36℃以上的高温,在后发酵时,必须控制品温在15℃以下,以保证发酵正常进行。④发酵时必须有足够健壮的酵母细胞。可通过添加旺盛发酵的主发酵醪,或增加酒母用量,以保证酵母菌在发酵醪中的绝对优势,抑制杂菌的滋生。生产上常提供适量的无菌空气,以加速酵母在发酵前期的增殖和后期的存活率。⑤添加偏重亚硫酸钾,在不影响酒的质量的情况下一定程度地杀灭乳酸杆菌。⑥在主发酵过程中,如发现升酸现象,可以及时将主发酵醪液分装于较小的容器,降温发酵,防止升酸加快,并尽早压滤灭菌;成熟发酵醪中如有轻度超酸,可以与酸度偏低的醪液混合,以便降低酸度,然后及时压滤;中度超酸者,可在压滤澄清时添加碳酸钠等中和酸度,并尽快煎酒灭菌;对于重度超酸者,可加清水冲稀醪液,采用蒸馏方法回收酒精成分。

2.黄酒的褐变

黄酒的色泽随贮存时间的延长而加深,尤其是半甜型、甜型黄酒,由于所含糖类、氨基酸类物质丰富,往往生成的类黑精物质增多,贮存期过长,酒色很深并带有焦糖臭味,质量变差,俗称褐变。

防止和减慢褐变现象的措施:①减少麦曲用量,以降低酒内氨基酸类物质的含量,减弱羰基—氨基反应的速度和类黑精成分的形成。②甜型、半甜型黄酒的生产分成两个阶段,先生产干型黄酒并进行贮存,然后在出厂前加糖分,调至标准糖度和酒精含量,消除形成较多类黑精的可能性。③适当增加酒的酸度,减少铁、锰、铜等元素的含量。④缩短贮存时间,降低贮酒温度。

3.黄酒的浑浊

黄酒是一种胶体溶液,它受到光照、振荡、冷热的作用及生物性侵袭,会出现不稳定现象而浑浊。

(1)生物性浑浊　黄酒营养丰富,酒精含量低,如果污染了微生物或煎酒不彻底有可能出现再发酵,生酸腐败,浑浊变质。

这属于生物不稳定现象,应该加强黄酒的灭菌,注意贮酒容器的清洗、消毒和密封,勿使

微生物有复活、侵入的机会,同时应在避光、通风、干燥、卫生的环境下贮存。

(2)非生物性浑浊 黄酒的胶体稳定性主要取决于蛋白质的存在状态。通过发酵、压滤、澄清和煎酒,大分子的蛋白质绝大部分被除去,存在于酒液中的主要是中分子和低分子的含氮化合物。

当温度降低或 pH 发生变化时,蛋白质胶体稳定性被破坏,形成雾状浑浊,并产生失光,影响酒的外观。当温度升高时,浑浊消失,恢复透明。

除了蛋白质浑浊外,若添加的糖色不纯净,也会在黄酒灭菌后出现黑色块状的沉淀。

另外,因黄酒酸度偏高而加石灰水中和,一旦环境条件变化,也会出现浑浊和失光现象。

(3)防治方法 黄酒灭菌贮存后产生少量的沉淀是不可避免的。为了消除沉淀,可以在压滤澄清时,添加少量蛋白酶(木瓜蛋白酶或酸性蛋白酶),把酒液中残存的中、高分子蛋白质加以分解,变成水溶性的低分子含氮化合物。或者添加单宁,使之与蛋白质结合而凝固析出,经过滤除去。

在煎酒时提高温度(≥93℃),也能使蛋白质及其他胶体物质变性凝固,在贮存过程中彻底沉淀。

思政花园

顺口溜 食品安全有制度,进货查验是义务;采购原料要建账,索证索票不要忘;逐项登记别嫌烦,追根溯源才不难;三无产品不能要,防患未然要做到;进货查验供货商,执照证件样样要;合格认证和质检,食品卫生加动检;食堂管理很重要,陈列整齐要做到;食品储存有讲究,隔墙离地把类分。

[知识链接]

1 中国黄酒的分类

1.1 按酒的含糖量分

(1)干黄酒 含糖量小于 1.50 g/100 mL,口味醇和、鲜爽、无异味。"干"表示酒中的含糖量少,糖分都发酵变成了酒精,故酒中的糖分含量最低,这种酒属稀醪发酵,总加水量为原料米的 3 倍左右。发酵温度控制得较低,开耙搅拌的时间间隔较短。酵母生长较为旺盛,故发酵彻底,残糖很低。在绍兴地区,干黄酒的代表是"元红酒"。

(2)半干黄酒 含糖量在 1.50~4.00 g/mL。"半干"表示酒中的糖分还未全部发酵成酒精,还保留了一些糖分。由于在生产上,降低了加水量,相当于在配料时增加了饭量,故又称为"加饭酒"。我国大多数高档黄酒,口味醇厚,柔和、鲜爽、无异味,均属此种类型。

(3)半甜黄酒 这种酒采用的工艺独特,是用成品黄酒代水,加到发酵罐中,使糖化发酵的开始之际,发酵醪中的酒精浓度就达到较高水平,在一定程度上抑制了酵母菌的生长速度,由于酵母菌数量较少,对发酵醪中生产的糖分不能转化成酒精,故成品中糖分较高。含糖量为 4.00~10.00 g/100 mL,品味醇厚,鲜甜爽口,酒体协调,无异味。

(4)甜黄酒　这种酒一般是采用淋饭操作法,拌入酒药,搭窝先酿成甜酒酿,当糖化至一定程度时,加入 40%~50%浓度的米白酒或糟烧酒,以抑制微生物的糖化发酵作用,含糖量在 10.00~20.00 g/100 mL,口味鲜甜、醇厚,酒体协调,无异味。

1.2　按酿造原料分

糯米黄酒、籼米黄酒、粳米黄酒、黍米黄酒、小麦黄酒、玉米黄酒等。

1.3　按酒曲种类分

麦曲黄酒、米曲黄酒、小曲黄酒。

1.4　按生产工艺分

(1)传统工艺黄酒

淋饭酒:将蒸熟的米饭用冷水淋凉,使其达到发酵温度,加酒药和曲进行发酵,这样酿酒的操作方法称淋饭法。该法酿成的酒口味淡薄,但比较鲜爽。

摊饭酒:将蒸好的饭摊在竹席上,自然摊凉,现在发展成在蒸饭车上吹风降温,之后再加曲、加酒母、加浸米浆水发酵而成为酒。该方法多用来生产干型、半干型黄酒,如绍兴的加饭酒、元红黄酒。

喂饭酒:即在黄酒发酵中多次投料,多次发酵酿制黄酒。一般为 3 次喂饭,也有 4 次喂饭的。浙江嘉兴和福建红曲黄酒多采用此法。该法的特点是逐步扩大培菌,分批多次喂饭,发酵持续保持旺盛状态,酿成的酒苦味减少,酒质醇厚,而且出酒率比较高。

(2)新工艺黄酒　是指以纯种发酵取代自然曲发酵,以大规模的发酵生产设备代替小型手工操作酿制而成的黄酒。

1.5　按产品风格分

(1)传统型黄酒　是以稻米、黍米、玉米、小米、小麦等为主要原料,经蒸煮、加酒曲、糖化、发酵、压榨、过滤、煎酒(除菌)、贮存、勾兑而成的黄酒。

(2)清爽型黄酒　是以稻米、黍米、玉米、小米、小麦等为主要原料,加入酒曲(或部分酶制剂和酵母)为糖化发酵剂,经蒸煮、糖化、发酵、压榨、过滤、煎酒(除菌)、贮存、勾兑而成的、口味清爽的黄酒。

(3)特型黄酒　由于原辅料和(或)工艺有所改变,具有特殊风味且不改变黄酒风格。

1.6　按照酿酒用曲的种类分

按照酿酒用曲可将黄酒分为:麦曲黄酒、小曲黄酒、红曲黄酒、乌衣红曲黄酒等。

2　黄酒一般特点

黄酒在生产工艺、产品风格等方面独具特色,具有以下特点:

(1)品种繁多,各具特点和风格。由于我国各地黄酒生产原料的差异,糖化发酵剂种类不同,工艺操作方法的不同以及自然条件的差别等,造成了黄酒品种繁多,各具特色。

(2)双边发酵,即边糖化边发酵。黄酒酿造时,淀粉糖化和酒精发酵同时进行,醪液中不会积累过多糖分,酒精成分逐步升高,可高达 16%～20%。

(3)低温长时间发酵。黄酒的低温长时间发酵有利于黄酒色、香、味的形成。因此传统黄酒酿造选择在冬天进行,一般需要发酵至少一个月,多则半年。

(4)多菌种混合发酵。黄酒发酵是不专门进行灭菌的开放式发酵。发酵中,曲、水和各种用具都存在着大量的杂菌,空气中的有害微生物也会侵入酒中。

(5)煎酒灭菌。可将生酒中的微生物杀死和破坏残存的酶,防止成品酒发生酸败。还可促进黄酒的老熟和部分溶解的蛋白质凝结,使黄酒色泽清亮透明。

3 黄酒的风味物质成分

(1)香气　柔和、愉快、优雅;香气由酒香、曲香、焦香三方面组成。

(2)滋味　主要有酒精味、酸味、甜味、苦味和涩味等几种滋味,协调搭配。

(3)黄酒的营养价值　被称为液体面包。

4 黄酒的原料和辅料

黄酒生产的主要原料是酿酒用的大米、酿造用的水,辅料是制曲用的小麦。在一些地区,也有用玉米、黍米等作酿酒原料的。

4.1 大米原料

黄酒的主要原料是大米,包括糯米、粳米和籼米。

4.1.1 大米的结构和理化性质

(1)米粒的构造　稻谷加工脱壳后成为糙米,糙米由 4 部分组成。①谷皮,由果皮、种皮复合而成,主要成分是纤维素、无机盐,不含淀粉。②糊粉层,与胚乳紧密相连。糊粉层含有丰富的蛋白质、脂肪、无机盐和维生素。糊粉层占整个谷粒的质量分数为 4%～6%。常把谷皮和糊粉层统称为米糠层,米糠中含有 20% 左右的脂肪。③胚乳,位于糊粉层内侧,是米粒的最主要的部分,其质量为整个谷粒的 70% 左右。④胚,是米的生理活性最强的部分,含有丰富的蛋白质、脂肪、糖分和维生素等。

(2)大米的物理性质

①外观、色泽、气味　正常的大米有光泽,无不良气味,特殊的品种,如黑糯、香粳等,有浓郁的香气和鲜艳的色泽。

②粒形、千粒重、相对密度和体积质量　一般大米粒长 5 mm,宽 3 mm,厚 2 mm。籼米长宽比大于 2,粳米小于 2。短圆的粒形精白时出米率高,破碎率低。大米的千粒重一般为 20～30 g,谷粒的千粒重大,则出米率高,加工后的成品大米质量也好。大米的相对密度在 1.40～1.42,一般粳米的体积质量为 800 kg/m³,籼米约为 780 kg/m³。

③心白和腹白　在米粒中心部位存在乳白不透明部分的称心白,若乳白不透明部分位于腹部边缘的称腹白。心白米是在发育条件好时粒子充实而形成的,故内容物丰满。酿酒要选用心白多的米。腹白多的米强度低,易碎,出米率也低。

④米粒强度　含蛋白质多、透明度大的米强度高。通常粳米比籼米强度大,水分低的比水分高的强度大,晚稻比早稻强度大。

（3）大米的化学性质

①水分　一般含水在 $13.5\%\sim14.5\%$,不得超过 15%。

②淀粉及糖分　糙米含淀粉约 70%,精白米含淀粉约 80%,大米的淀粉含量随精白度提高而增加。大米中还含有 $0.37\%\sim0.53\%$ 的糖分。

③蛋白质　糙米含蛋白质 $7\%\sim9\%$,精米含蛋白质 $5\%\sim7\%$,主要是谷蛋白。在发酵时,一部分氨基酸转化为高级醇,构成黄酒的香气成分,其余部分留在酒液中形成黄酒的营养成分。蛋白质含量过高,会使酒的酸度升高和贮酒期发生混浊现象并有害于黄酒的风味。

④脂肪　脂肪主要分布在糠层中,其含量为糙米质量的 2% 左右,含量随米的精白而减少。大米中脂肪多为不饱和脂肪酸,容易氧化变质,影响风味。

⑤纤维素、无机盐、维生素　精白大米纤维素质量分数仅为 0.4%,无机盐 $0.5\%\sim0.9\%$,主要是磷酸盐。维生素主要分布在糊粉层和胚中,以水溶性 B 族维生素 B_1、维生素 B_2 为最多,也含有少量的维生素 A。

4.1.2　糯米、粳米、籼米的酿造特点

大米都可以酿造黄酒,其中以糯米最好。用粳米、籼米作原料,一般难以达到糯米酒的质量水平。

（1）糯米　糯米分粳糯、籼糯两大类。粳糯的淀粉几乎全部是支链淀粉,籼糯则含有 $0.2\%\sim4.6\%$ 的直链淀粉。支链淀粉结构疏松,在蒸煮中能完全糊化成黏稠的糊状;直链淀粉结构紧密,蒸煮时消耗的能量大,但吸水多,出饭率高。

选用糯米生产黄酒,应尽量选用新鲜糯米。陈糯米精白时易碎,发酵较急,米饭溶解性差;发酵时所含的脂类物质因氧化或水解转化为含异臭味的醛酮化合物;浸米浆水常会带苦而不宜使用。尤其要注意糯米中不得含有杂米,否则会导致浸米吸水、蒸煮糊化不均匀,饭粒返生老化,沉淀生酸,影响酒质,降低酒的出率。

（2）粳米　粳米的直链淀粉平均含量为 $15\%\sim23\%$。直链淀粉含量高的米粒,蒸饭时显得蓬松干燥、色暗、冷却后变硬,熟饭伸长度大。粳米在蒸煮时要喷淋热水,让米粒充分吸水,彻底糊化,以保证糖化发酵的正常进行。

（3）籼米　籼米所含的直链淀粉高达 $23\%\sim35\%$。杂交晚籼米因蒸煮后能保持米饭的黏湿蓬松和冷却后的柔软,且酿制的黄酒口味品质良好,适合用来酿制黄酒。早、中籼米由于在蒸饭时吸水多,饭粒蓬松干燥,色暗,淀粉易老化,发酵时难以糖化,酒醪易升酸,出酒率低,不适宜酿制黄酒。

4.2 其他原料

(1)黍米 黍米俗称大黄米,色泽光亮,颗粒饱满,米粒呈金黄色。黍米的淀粉质量分数为 $70\% \sim 73\%$,粗蛋白质质量分数为 $8.7\% \sim 9.8\%$,还含有少量的无机盐和脂肪等。黍米以颜色来区分大致分黑色、白色和黄色 3 种,其中以大粒黑脐的黄色黍米品质最好。这种黍米蒸煮时容易糊化,是黍米中的糯性品种,适合酿酒。白色黍米和黑色黍米是粳性品种,米质较硬,蒸煮困难,糖化和发酵效率低,并悬浮在醪液中而影响出酒率和增加酸度,影响酒的品质。

(2)粟米 粟米俗称小米,去壳前称谷子。糙小米需要经过碾米机将糠层碾除出白,成为可食用或酿酒的粟米(小米),由于它的供应不足,现在酒厂已很少采用了。

(3)玉米 近年来出现了以玉米为原料酿制黄酒的工艺。玉米淀粉质量分数为 $65\% \sim 69\%$,脂肪质量分数为 $4\% \sim 6\%$,粗蛋白质质量分数为 12% 左右。玉米直链淀粉占 $10\% \sim 15\%$,支链淀粉为 $85\% \sim 90\%$,黄色玉米的淀粉含量比白色的高。玉米与其他谷物相比含有较多的脂肪,脂肪多集中在胚芽中,含量达胚芽干物质的 $30\% \sim 40\%$,酿酒时会影响糖化发酵及成品酒的风味。故酿酒前必须先除去胚芽。

4.3 小麦

小麦是黄酒生产重要的辅料,主要用来制备麦曲。小麦含有丰富的碳水化合物、蛋白质、适量的无机盐和生长素。淀粉质量分数为 61% 左右,蛋白质质量分数为 18% 左右,制曲前先将小麦轧成片。小麦片疏松适度,很适合微生物的生长繁殖,它的皮层中还含有丰富的 β-淀粉酶。小麦的糖类中含有 $2\% \sim 3\%$ 糊精和 $2\% \sim 4\%$ 蔗糖、葡萄糖和果糖。小麦的蛋白质含量比大米高,大多为麸胶蛋白和谷蛋白,麸胶蛋白的氨基酸中以谷氨酸为最多,它是黄酒鲜味的主要来源。

黄酒麦曲所用小麦,应尽量选用当年收获的红色软质小麦。大麦由于皮厚而硬,粉碎后非常疏松,制曲时,在小麦中混入 $10\% \sim 20\%$ 的大麦,可改善曲块的透气性,促进好氧微生物的生长繁殖,有利于提高曲的酶活力。

4.4 水

黄酒生产用水包括酿造水、冷却水、洗涤水、锅炉水等。

酿造用水直接参与糖化、发酵等酶促反应,并成为黄酒成品的重要组成部分,水在黄酒成品中占 80% 以上。故首先要符合饮用水的标准,其次从黄酒生产的特殊要求出发,应达到以下条件:①无色、无味、无臭、清亮透明。②pH 在中性附近。③硬度 $2° \sim 6°$ 为宜。④铁质量浓度 $<0.5\ mg/L$。⑤锰质量浓度 $<0.1\ mg/L$。⑥黄酒酿造水必须避免重金属的存在。⑦有机物含量是水污染的标志,常用高锰酸钾耗用量来表示,超过 $5\ mg/L$ 为不洁水。不能用于酿酒。⑧酿造水中不得检出 NH_3,氨态氮的存在表示该水不久前曾受到严重污染。⑨酿造水中不得检出 NO_2^-,NO_3^- 质量浓度应小于 $0.2\ mg/L$。NO_2^- 是致癌物质,NO_3^- 大多是由动物性物质污染分解而来,能引起酵母功能损害。⑩硅酸盐(以 SiO_3^{2-} 计)$<50\ mg/L$。⑪细菌总数大肠菌群的量应符合生活饮用水卫生标准,不得存在产酸细菌。

5　原料的处理

5.1　大米原料的处理

糙米需经精白、洗米、浸米,然后再蒸煮。

5.1.1　米的精白

糙米的糠层含有较多的蛋白质、脂肪,会给黄酒带来异味,降低成品酒的质量;糠层的存在妨碍大米的吸水膨胀,米饭难以蒸透,影响糖化发酵;糠层所含的丰富营养会促使微生物旺盛发酵,品温难以控制,容易引起生酸菌的繁殖而使酒醪的酸度升高。因此,对糙米或精白度不足的原料应进行精白,以消除上述不利的影响。

精白米占糙米的百分率称为精米率,也称出白率,反映米的精白度。

精白度的提高有利于米的蒸煮、发酵,有利于提高酒的质量。我国酿造黄酒,粳米和籼米的精白度以选用标准一等为宜,糯米则标准一等、特等二级都可以。

5.1.2　洗米

大米中附着一定数量的糠秕、米粞和尘土及其他杂物。处理的方法有用洗米机清洗,洗到淋出的水无白浊为度;有洗米与浸米同时进行的;也有取消洗米而直接浸米的。

5.1.3　浸米

(1)浸米的目的

①大米吸水膨胀以利蒸煮　大多数厂采用浸渍后用蒸气常压蒸煮的工艺。适当延长浸渍时间,可以缩短蒸煮时间。

②获取含乳酸的浸米浆水　在传统摊饭法酿制黄酒的过程中,浸米的酸浆水是发酵生产中的重要配料之一。操作中,浸米的时间可长达 16～20 d,米中约有 6% 的水溶性物质被溶入浸渍水中,由于米和水中的微生物的作用,这些水溶性物质被转变或分解为乳酸、肌酸和磷酸等。抽取浸米的酸浆水作配料,在黄酒发酵一开始就形成一定的酸度,可抑制杂菌的生长繁殖,保证酵母的正常发酵;酸浆水中的氨基酸、维生素可提供给酵母利用;多种有机酸带入酒醪可改善酒的风味。有害微生物大量浸入浆水会形成怪臭、稠浆、臭浆;陈糯米浸水后,浆水会变苦;粳米长期浸渍后,由于其蛋白质含量高,会产生怪味、酸败。这些浆水害多利少,不利酿酒,应弃去。

(2)浸米过程中的物质变化　浸米开始,米粒吸水膨胀,含水量增加;浸米 4～6 h,吸水达 20%～25%;浸米 24 h,水分基本吸足。浸米时,米粒表面的微生物利用溶解的糖分、蛋白质、维生素等营养物质进行生长繁殖。浸米 2 h 后,浆水略带甜味,米层深处会冒出小气泡,乳酸链球菌将糖分逐渐转化为乳酸,浆水酸度慢慢升高。数天后,水面上将出现由产膜酵母形成的乳白色菌膜,与此同时,米粒中所含的淀粉、蛋白质等高分子物质受到微生物分泌的淀粉酶、蛋白酶等的作用而水解,其水解产物提供给乳酸链球菌等作为转化的基质,产生有机酸,使浸米水的总酸达 0.5%～0.9%。酸度的增加促进了米粒结构的疏松,并出现"吐浆"

现象。经分析,浆水中细菌最多,酵母次之,霉菌最少。

浸米过程中,由于溶解作用和微生物的吸收转化,淀粉等物质有不同程度的损耗。浸米15 d,测定浆水所含固形物达3‰以上,原料总损失率达5‰~6‰,淀粉损失率为3‰~5‰。

配料所需的酸浆水,应是新糯米浸后从中间抽出的洁净浆水。当酸度大于0.5％时,可加清水调整至0.5％上下,经澄清,取上清液使用。

(3)影响浸米速度的因素　浸米时间的长短由生产工艺、水温、米的性质等决定。需以浆水作配料的传统工艺浸米时间较长;目前的一般工艺浸米时间都比较短,只要达到米粒吸足水分,颗粒保持完整,手指捏米能碎即可,吸水量为25％~30％(吸水量是指原料米经浸渍后含水百分数的增加值)。

浸米时吸水速度的快慢,与米的品质有关,糯米比粳米、籼米快;大粒米、软粒米、精白度高的米,吸水速度快,吸水率高。用软水浸米,水容易渗透;用硬水浸米,水分渗透慢。浸米时水温越高,吸水速度越快,但有用成分的损失也多。为避免环境气温的影响,可采用控温浸米。当气温降低时,可适当提高浸米水温,使水温控制在30℃或35℃以下。

目前的新工艺黄酒生产不需要浆水配料,常用乳酸调节发酵醪的pH,浸米常在24~48 h内完成。淋饭生产黄酒,浸米时间仅几小时或十几小时。

传统法的浸米设备,大都用缸或坛,新工艺黄酒的浸米设备可用浸米罐并配气力输送系统。

5.1.4　蒸煮

(1)蒸煮的目的

①使淀粉糊化。浸米以后,淀粉颗粒膨胀,淀粉链之间变得疏松。对浸渍后的大米进行加热,生淀粉受热膨胀,破坏了原来淀粉的结晶构造,使植物组织和细胞破裂,水分渗入到淀粉粒内部,淀粉链得以舒展,淀粉分子之间的组合程度受到削弱,形成单个分子而呈溶解状态,这就是糊化。糊化后的淀粉易受淀粉酶的水解作用而转化为糖或糊精。

②原料灭菌。通过加热杀灭大米所带有的各种微生物,保证发酵的正常进行。

③挥发掉原料的怪杂味,使黄酒的风味纯净。

(2)蒸煮的质量要求　黄酒酿造采用整粒米饭发酵,是典型的边糖化边发酵工艺。发酵时的醪液浓度高,呈半固态,流动性差。为了有利于酵母的增殖和发酵,使发酵彻底,同时又有利于压榨滤酒,在操作时特别要注意保持饭粒的完整。蒸煮时,要求米饭蒸熟蒸透,熟而不糊,透而不烂,外硬内软,疏松均匀。

为了检验米饭的糊化程度,可用刀片切开饭粒,观察饭心,不得有白心存在。

蒸煮时间由米的种类和性质、浸米后的含水量、蒸饭设备以及蒸气压力所决定,一般糯米与精白度高的软质粳米,常压蒸煮15~25 min;而硬质粳米和籼米应适当延长蒸煮时间,并在蒸煮过程中淋浇85℃以上的热水,促进饭粒吸水膨胀,达到更好的糊化效果。

黄酒生产的蒸饭设备,过去采用蒸桶间歇蒸饭,现有大多数已采用蒸饭机连续蒸饭。蒸饭机分卧式和立式两大类。

5.1.5 米饭的冷却

米饭蒸熟后,必须冷却到微生物生长繁殖或发酵的温度,才能使微生物很好地生长并对米饭进行正常的生化反应。冷却的方法有淋饭法和摊饭法。

(1)淋饭法 在制作淋饭酒、喂饭酒和甜型黄酒及淋饭酒母时,使用淋饭冷却。此法用清洁的冷水从米饭上面淋下,以降低品温,如果饭粒表面被冷水淋后品温过低,还可接取淋饭流出的部分温水(40~50℃)进行回淋,使品温回升。淋饭法冷却迅速方便,冷却后温度均匀,并可调节至所需要的品温。淋饭冷却还可适当增加米饭的含水量,使饭粒表面光洁滑爽,便于拌药搭窝,颗粒间分离透气,有利于好氧微生物的生长繁殖。

大米经淋饭冷却后,饭粒含水量有所提高。

淋后米饭应沥干余水,否则,根霉繁殖速度减慢,糖化发酵力变差,酿窝浆液浑浊。

(2)摊饭法 将蒸熟的热饭摊放在洁净的竹簟或磨光的水泥地面上,依风吹使饭温降至所需温度。可利用冷却后的饭温调节发酵罐内物料的混合温度,使之符合发酵要求。

摊饭冷却,速度较慢,易感染杂菌和出现淀粉老化现象,尤其是含直链淀粉多的籼米原料,不宜采用摊饭冷却,否则淀粉老化严重,出酒率低。一般摊饭冷却温度为50~80℃。不同米种吸水率见表5-1。

表 5-1 不同米种吸水率比较　　　　　　　　　　　　　　　　　　　　　%

	浸渍吸水率	蒸煮、淋饭吸水率	总吸水率	浸渍吸水率占总吸水率	浸渍损失率
糯米	35~40	55~60	90~100	35~45	2.7~6.0
粳米	30~35	80~85	110~120	25~32	2.1~2.5
早籼米	20~25	120~125	140~150	13~18	4 左右

5.2 其他原料的处理

以黍米、玉米生产黄酒,因原料性质与大米相差甚大,其处理的方法也截然不同。

5.2.1 黍米

(1)烫米 黍米谷皮厚,颗粒小,吸水困难,胚乳难以糊化。必须采用烫米的方法,使谷皮软化开裂,然后再浸渍,使水分向内部渗透,促进淀粉松散。烫米前,先用清水洗净黍米,沥干。再用沸水烫米,并快速搅动,使米粒稍有软化,稍微裂开即可。如果烫米不足,煮糜时米粒易爆跳。

(2)浸渍 烫米时随着搅拌的散热,水温降至35~45℃,开始静止浸渍。冬季浸渍20~22 h,夏季12 h,春秋两季为20 h。

(3)煮糜 煮糜的目的是使黍米淀粉充分糊化而呈黏性,并产生焦黄色素和焦米香气,形成黍米黄酒的特殊风格。煮糜时先在铁锅中放入黍米重量二倍的清水并煮沸,依次倒入浸好的黍米,搅拌或翻铲使淀粉充分糊化;也可利用带搅拌设备的蒸煮锅,在 0.196 MPa 表压蒸气下蒸煮 20 min,闷糜 5 min,然后放糜散冷至 60℃,再添加麦曲或麸曲,拌匀,堆积糖化。

5.2.2 玉米

（1）浸泡 玉米淀粉结构细密坚固，不易糖化。应预先粉碎、脱胚、去皮、淘洗干净，选用30～35粒/g的玉米糁用于酿酒。可先用常温水浸泡12 h，再升温到50～65℃，保持浸渍3～4 h，再恢复常温浸泡，中间换水数次。

（2）蒸煮、冷却 浸后的玉米糁，经冲洗沥干，进行蒸煮，并在圆汽后浇洒沸水或温水，促使玉米淀粉颗粒膨胀，再继续蒸熟为止。然后用淋饭法冷却到拌曲下罐温度，进行糖化发酵。

（3）炒米 炒米的目的是形成玉米黄酒的色泽和焦香味。把玉米糁总量的1/3，投入到5倍的沸水中，中火炒2 h以上，待玉米糁已熟，外观呈褐色并有焦香时，将饭出锅摊凉，再与经蒸煮淋饭冷却的玉米饭粒揉和，加曲，加酒母，入罐发酵。下罐的品温常在15～18℃。

6 传统黄酒的酿造

6.1 干型黄酒的酿造

干型黄酒含糖质量浓度在1.0 g/100 mL（以葡萄糖计）以下，酒的浸出物较少，口味比较淡薄。麦曲类干型黄酒的操作方法主要有淋饭法、摊饭法和喂饭法三种。

6.1.1 摊饭酒

绍兴元红酒是干型黄酒中具有典型代表性的摊饭酒。采用糯米为原料酿制而成。

（1）工艺流程

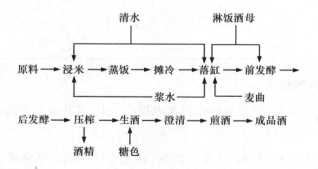

（2）操作方法

①配料 元红酒每缸用糯米144 kg，配入麦曲22.5 kg，水112 kg，酸浆水84 kg，淋饭酒母5～6 kg。加入酸浆水与清水的比例为3：4，即"三浆四水"。

②浸米 浸米操作与淋饭酒母相同，但摊饭酒的浸米时间较长，达18～20 d，浸渍过程中，要注意及时换水。

③蒸饭和摊凉 蒸饭操作和要求与淋饭法基本相同，只是摊饭酒的米，浸渍后不经淋洗，保留附在米上的浆水进行蒸煮。蒸熟后的米饭，必须经过冷却，迅速把品温降至适合微生物繁殖发酵的温度。对米饭降温要求是品温下降迅速而均匀，不产生热块，并根据气温掌握冷却后温度，一般应为60～65℃。

以前,摊饭酒蒸熟米饭的冷却是把米饭摊在竹簟上,用木耙翻拌冷却。现多改为机械鼓风冷却,有的厂已实现蒸饭和冷却的连续化生产。

④落缸　落缸前,应把发酵缸及一切用具先清洗和用沸水灭菌,在落缸前一天,称取一定量的清水置缸中备用。落缸时分 2 次投入冷却的米饭,打碎饭块后,依次投入麦曲、淋饭酒母和浆水,搅拌均匀,使缸内物料上下温度均匀,糖化发酵剂与饭料均匀接触。注意勿使酒母与热饭块接触,以免引起"烫酿",造成发酵不良,引起酸败。落缸的温度根据气温高低灵活掌握,一般控制在 27~29℃。并及时做好保温工作,使糖化、发酵和酵母繁殖顺利进行。

⑤糖化和发酵　物料落缸后便开始糖化和发酵,前期主要是酵母的增殖,品温上升缓慢,应注意保温,随气温高低不同,保温物要有所增减。一般经过 10 h 左右,醅中酵母已大量繁殖,进入主发酵阶段,温度上升较快,缸内可听见嘶嘶的发酵响声,并产生大量的二氧化碳气体,把酒醅顶上缸面,形成厚厚的米饭层,必须及时开耙。开耙时以测量饭面下 15~20 cm 的缸心温度为依据,结合气温高低灵活掌握。开耙温度的高低,影响成品酒的风味。高温开耙(头耙 35℃ 以上),酵母易早衰,发酵能力减弱,使酒残糖含量增多,酿成的酒口味较甜,俗称热作酒;低温开耙(头耙温度不超过 30℃),发酵较完全,酿成的酒甜味少,而酒精含量高,俗称冷作酒。一般情况下的开耙温度和间隔时间如表 5-2 所示。

表 5-2　开耙温度和间隔时间表

	头耙	二耙	三耙
间隔时间/h	落缸后 20 左右	3~4	3~4
耙前温度/℃	35~37	33~35	30~32
室温/℃	10 左右		

开头耙后品温一般下降 4~8℃,此后,各次开耙的品温下降较少。实际操作中,头耙、二耙主要依据品温高低进行开耙,三、四耙则主要根据酒醅发酵的成熟程度,及时捣耙和减少保温物。四耙以后,每天耙 2~3 次,直至品温接近室温。主发酵一般 3~5 d 结束。注意防止酒精过多的挥发,应及时灌坛进行后发酵。此时酒精体积分数一般达 13%~14%。

⑥后发酵(养醅)　灌坛操作时,先在每缸中加入 1~2 坛淋饭酒母(俗称窝醅),搅拌均匀后,将发酵缸中的酒醅分盛于酒坛中,每坛约装 20 kg,坛口上盖一张荷叶。2~4 坛堆一列,堆置室外。最上层坛口除盖上荷叶外,加罩一小瓦盖,以防水进入坛内。

后发酵使一部分残留的淀粉和糖分继续发酵,进一步提高酒精含量,并使酒成熟增香、风味变好。

后发酵的品温常随自然温度而变化。所以前期气温较低的酒醅,要堆放在向阳温暖的地方,以加快后发酵的速度;在后期天气转暖时的酒醅,则应堆放在阴凉的地方,防止温度过高,产生酸败现象,一般控制室温在 20℃ 以下为宜。后发酵一般需 2 个月以上的时间。

⑦压榨、澄清和煎酒　摊饭黄酒的发酵期在 2 个月以上,一般掌握在 70~80 d。酒醅趋于成熟,要进行压榨、澄清和煎酒操作。

6.1.2 喂饭酒

嘉兴喂饭黄酒操作不同于淋饭和摊饭操作,其最大的特点在于粳米蒸饭后不是一次下缸加酵母、麦曲进行糖化发酵,而是以我国独有白药为糖化发酵剂,麦曲为糖化剂,在酿酒制作过程中将第一批原料米制成酒母,然后在培养酒母过程中每批加入新原料米饭,使发酵得以继续进行的一种喂饭酿酒方法。

(1)工艺流程

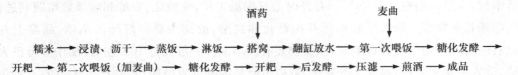

糯米 ⟶ 浸渍、沥干 ⟶ 蒸饭 ⟶ 淋饭 ⟶ 搭窝 ⟶ 翻缸放水 ⟶ 第一次喂饭 ⟶ 糖化发酵 ⟶
开耙 ⟶ 第二次喂饭(加麦曲) ⟶ 糖化发酵 ⟶ 开耙 ⟶ 后发酵 ⟶ 压滤 ⟶ 煎酒 ⟶ 成品

喂饭操作法工艺步骤概括主要分为:双淋双蒸、酒药搭窝、麦曲糖化、翻酿投水、分次喂饭、适时开耙、低温养酯、压榨煎酒八大工序。

(2)操作方法

①生产配料(以醪醅 412.5 kg 计算) 淋饭酒母粳米 50 kg;初喂饭粳米 50 kg;二喂饭粳米 25 kg;黄酒药 180～200 g;生麦曲 12.5～15 kg(分 2 次随喂饭加入);总控制量 165 kg(总控制量 165 kg 是根据原料与成酒比例为 1:3.3)。

②浸渍 室温 20℃左右时,浸渍 20～24 h;室温 5～15℃时,浸渍 24～26 h;室温 5℃以下时,浸渍 48～60 h。米投入时,水面应高出米面 10～15 cm,米要吸足水分。浸渍后用清水冲洗,洗去黏附在米粒上的黏性浆液后蒸煮。

③蒸饭 "双淋双蒸"是粳米蒸饭质量的关键。所谓"双淋"即在蒸饭过程中 2 次用 40℃左右的温水淋洒米饭,炒拌均匀,使米粒吸足水分,保证糊化;"双蒸"即同一原料经过 2 次蒸煮。

头甑饭每甑装粳米 50 kg,待蒸汽全面透出饭层圆汽后,加竹盖 2～3 min 后,在饭面淋洒温水 20～25 kg。套上第 2 只甑桶,等上面甑桶全部透气,再加竹盖 3～4 min,然后将下面一甑抬出倒入瓦缸中,每 50 kg 粳米饭,吃水 18～20 kg,吃水温度 45℃,吃水后将缸中熟饭用木锹翻拌均匀,加上竹盖焖饭,隔 5 min 上下翻拌一下,继续焖饭,又隔 10 min 再上下翻拌一次。头甑饭要求是:外硬内软,用手捻无白心。第 2 次称为 2 甑饭,从缸中取出头甑饭装入蒸饭甑中,再蒸,每桶只装粳米 25 kg(即头甑饭吃水膨胀,体积增大以后分成 2 甑再蒸),两只甑桶上下重叠套蒸,以求稍微增加压力和调节蒸气,等到上面一甑的饭面蒸气透气后,略加盖半分钟,拉出下面一甑桶饭淋水,将上面这一甑桶换到下面,如此重复换甑,被称为"双淋双蒸"。

④淋水 淋水温度和数量要根据气候和下缸品温灵活掌握。气温低时,要接取淋饭流出的温水,重复回淋到饭中,使饭粒内外温度一致,保证拌药所需的品温。

⑤拌药、搭窝 蒸饭淋水后,沥干,落缸。一般每缸为粳米 50 kg 的米饭,搓散饭块,拌入酒药 0.2～0.25 kg 搭窝。用竹丝帚将窝面轻轻敲实,不使饭窝下塌为度,然后盖上草缸盖。

拌药品温 26～32℃,根据气温适当调节,做好保温工作。经 18～22 h 开始升温,到 32～38 h,饭面上白色霉菌丝滋生,相互黏结在一起。饭粒表面出现亮晶晶的水珠,饭面下陷,此时整个饭粒均软化,缸中发出特有酒酿香,窝中出现酿液。根据发酵进度和温度,逐渐移掉草缸盖,约经 50 h,当窝内溢满酿液时,进行酿缸分析:呈白玉色,有正常酒酿香;酒精度 4%～5%(V/V),糖度 24～26 g/100 mL,酸度 0.35～0.4 g/100 mL,酵母数 1.0 亿～1.2 亿/mL,芽孢率 26%～28%。

⑥翻缸放水　将淋饭酒母翻缸放水,加水量按总控制量 330%计算。例经淋饭以后称重淋饭率每甑为 220%～225%,用曲量 8%～10%,加水量则为 90%～105%。每缸总米量 125 kg,每缸放水量控制在 117～125 kg。实际操作中可每天抽有代表性样缸进行淋饭称重的实际数计算加水量。

⑦第一次喂饭　翻缸 24 h 后,第一次加曲,其数量为总用曲量的 1/2,喂入原料米 50 kg 的米饭,捏碎大的饭块,喂饭后品温一般在 25～28℃,略拌匀。

⑧开耙　第一次喂饭后 13～14 h,缸底的酿水温度在 24～26℃,缸面品温为 29～30℃,甚至高达 32～34℃,开头耙。

⑨第二次喂饭　第一次喂饭后约 24 h,加入余下的一半麦曲,再喂入原科米 25 kg 的米饭。喂饭前后的品温一般在 28～30℃,随气温和酒醪温度的高低,适当调整喂入米饭的温度。

⑩灌坛、养醅　第二次喂饭以后的 5～10 h,酒醅从发酵缸灌入酒坛,露天堆放,养醅 60～90 d,进行缓慢的后发酵,然后压榨、澄清、煎酒、灌坛。

采用喂饭法操作,应注意以下几点:①喂饭次数以 2～3 次为宜,以 3 次最佳。②喂饭时间间隔以 24 h 为宜。③酵母在酒醅中要占绝对优势,使糖浓度不致积累过高,以协调糖化和发酵的速度,使糖化和发酵均衡进行,防止因发酵迟缓导致品温上升过于缓慢,使糖浓度下降缓慢而引起升酸。④后发酵时间一般根据气温,秋 25～30 d、冬 60～70 d、春 28～35 d。

6.2　半干型黄酒的酿造

半干型黄酒含糖量在 1.0%～3.0%。这类黄酒的许多品种,酒质优美,风味独特,特别是绍兴加饭酒,酒液黄亮,呈有光泽的琥珀色,香气浓郁芬芳,口味鲜美醇厚,甜度适口,是绍兴酒中的上品,在国内外久负盛名。下面以绍兴加饭酒为代表,介绍半干型黄酒的酿造。

加饭酒,顾名思义,是在配料中增加了饭量,实际上是一种浓醪发酵酒,采用摊饭法酿制而成。比干型的元红酒更为醇厚,与元红酒有不同之处。

6.2.1　工艺流程

6.2.2　操作说明

(1)加饭酒操作基本与元红酒相同,但因减少了放水量,原料落缸时拌匀比较困难,应将落缸经搅拌过的饭料,再翻到靠近的空缸中,以进一步拌匀,俗称"盘缸"。空缸上架有大孔眼筛子,饭料用挽斗捞起倒在筛中漏入缸内,随时将大饭块用手捏碎,以达到曲饭均匀,温度一致。

(2)因醪浓厚,主发酵期间品温降低缓慢,可安排在严寒季节生产。落缸品温不宜过高,一般在26~28℃,并根据气温灵活掌握;同时发酵温度比元红酒低1~2℃。

(3)加饭酒的发酵不仅要求酒精、酸度增长符合要求,而且保持一定的糖分。因此开耙很关键,主要靠开耙技工的实践经验灵活掌握。加饭酒采用热作开耙,即头耙温度较高,一般在35~36℃,这样有利于糖化发酵迅速进行,使酒精含量增长快,发酵后糟粕少。当发酵升温高潮到来后,根据主发酵酒醪的成熟程度,及时冷耙,降低品温。

6.3　半甜型黄酒的酿造

半甜型黄酒的糖分在3.0%~10.0%,这是由发酵方法和酿酒操作所形成的。绍兴善酿酒是半甜型黄酒的代表,是用元红酒代水酿制而成的酒中之酒。以酒代水使得发酵一开始就有较高的酒精含量,对酵母形成一定的抑制作用,使酒醪发酵不彻底,从而残留较高的糖分和其他成分,再加上配入芬芳浓郁的陈酒,形成绍兴善酿酒特有的芳香、酒度适中而味甘甜的特点。下面介绍绍兴善酿酒的酿造工艺。

6.3.1　工艺流程

善酿酒是采用摊饭法酿制而成的,其酿酒操作与元红酒基本相同,不同之处是落缸时以陈元红酒代水酿制。为适应加酒后发酵缓慢的特点,增加了块曲和酒母的用量,同时使用一定量的浆水,浆水的酸度要求在0.3~0.5 g/100 mL,目的是为了提高糖化、发酵的速度。

6.3.2　酿酒操作

善酿酒在米饭落缸时,以陈元红酒(16%)代水加入,使酒精体积分数达在6%以上,酵母的生长繁殖受到抑制,发酵速度缓慢。为了在开始促进酵母的繁殖和发酵作用,要求落缸品温比元红酒稍高2~3℃,一般在30~31℃,并做好保温工作。落缸后20 h左右,随着糖化发酵的进行,品温升到30~32℃,便可开耙。后品温下降4~6℃,继续保温,再经10~14 h,品温恢复到30~31℃,开二耙。再经4~6 h,开三耙并做好降温工作。此后要注意捣冷耙降温,避免发酵太老,糖分降低太多。一般发酵2~4 d,便可灌醪后发酵,经过70 d左右即可榨酒。

6.4　甜型黄酒的酿造

甜型黄酒的糖分在10.0%以上,一般采用淋饭法酿制,即在饭料中拌入糖化发酵剂,当糖化发酵达到一定程度时,加入酒精体积分数为40%~50%的白酒,抑制酵母菌的发酵作用,以保持酒醪中有较高的含糖量。同时由于酒醪中加入白酒后,酒精含量较高,不致被杂菌污染,所以生产不受季节限制。具有代表性的品种有绍兴的香雪酒、福建省的沉缸酒、江苏丹阳和江西九江的封缸酒等产品,下面着重介绍绍兴香雪酒的酿造工艺。

香雪酒是用白酒代水酿制而成的,酒醅经陈酿后,既无白酒的辣味,又有绍兴酒特有的浓郁芳香,上口香甜醇厚,为国内外消费者所欢迎。

6.4.1 工艺流程

6.4.2 操作方法

香雪酒是先用淋饭法制成酒酿,再加麦曲继续糖化,然后加入白酒(糟烧)浸泡,再经压榨、煎酒而成。冲缸以前的操作与淋饭酒母相同。

酿制香雪酒时,关键是蒸饭要熟透而不糊,酿窝甜液要满,窝内加麦曲(俗称窝曲)、投酒要及时。

首先,米饭要蒸熟,吸水多,糊化彻底,有利于糖化,但不要蒸得太烂,否则淋水困难,搭窝不疏松,影响糖化菌生长,糖分形成少。窝曲是为了补充酶量,加强淀粉的液化和糖化,同时也赋予酒液特有的色、香、味。窝曲后,当糖化作用达到一定程度,必须及时加入白酒来提高酒的酒精含量,抑制酵母的发酵作用。

一般在酿窝糖液满至 90%,糖液口味鲜甜时,投入麦曲,充分拌匀,保温糖化 12～14 h,待固体部分向上浮起,形成醪盖,其下面积聚醅液约 15 cm 高度时,便可加入白酒,充分搅拌均匀,加盖静置发酵 1 d,即灌醅转入后发酵。

酒醅的堆放和榨煎:加白酒后的酒醅,经一天静置,灌坛。灌坛时,用靶将缸中的酒充分捣匀,使灌坛固液均匀。灌坛后,坛口包扎好荷叶箬壳。3～4 坛为一列堆于室内,在上层醅压坛口,封上少量湿泥。如用缸封存,则加入白酒后,每隔 2～3 d 捣醅一次,经捣拌 2～3 次后便可,用洁净的空缸覆盖,两缸口衔接处,用荷叶衬垫,并用盐卤拌泥封口。

香雪酒的后发酵时间长达 4～5 个月之久,经后发酵后,酒醅已无白酒气味,各项理化指标均已达到规定标准,便可进行压榨。由于黏性大、酒糟厚,榨酒时间比元红酒要长。香雪酒由于酒精含量和糖分都比较高,无杀菌必要,但经煎酒后,胶体物质被凝结,维持酒液清澈透明和酒体的稳定性,可进行短时间杀菌。

香雪酒养醅的作用:绍兴香雪酒一般在炎热季节时要堆放数月之久,进行养醅,这对于酒醅的继续成熟和酒中各种成分的变化是必不可少的。

香雪酒醅自灌坛以后酒精含量稍有下降,主要是由于挥发所致。但酸度及糖分逐渐升高,这说明加白酒后,醅液中的糖化酶虽被钝化,但并没全部被破坏,糖化作用仍在缓慢进行。此外,从 7 d 酒醅镜检可知,酵母总数达 1 亿个/mL 以上,细胞芽生率在 5%～10%,这充分说明黄酒酵母具有较强的耐酒精能力。

7 其他原料黄酒的酿造

7.1 即墨老酒

即墨老酒采用黍米为原料,色呈黑褐色,香味独特,具有焦米香,味醇和适口,微苦而回味深长。

7.1.1 工艺流程

压榨 → 澄清 → 杀菌 → 成品

7.1.2 操作要点

(1)洗米 把干米 95 kg 倒入缸内,加入清水,水量加到离缸口 23 cm。先用木锨将米搅动起来,捞出水面上浮杂物,再把米捞到另一缸内(在捞米时水沥至滴点为佳)。

(2)烫米 将洗好的米根据季节不同适当加入底浆(清凉水),再倒入沸水。水位离缸口 12 cm 为宜,立即用木锨搅动,此时缸内温度在 60℃左右,待 10 min,再将缸内的米用木锨搅动一次。

(3)散凉 烫米后,如直接加凉水浸泡会造成米粒"大开花"现象,以致淀粉损失。为此,应有一个搅动散凉的过程,即让烫米水温降到 40℃左右,再加水浸渍。

(4)浸渍 黍米按不同季节掌握浸渍时间、温度及换水次数,见表 5-3。

表 5-3 浸米时间、温度及换水次数

	春季	夏季	秋季	冬季
浸渍水初温/℃	35～40	32～35	35～40	40～44
换水次数		2～3	1～2	
浸渍时间/h	18～20	8～12	18～20	22～24

(5)煮糜 煮熟的黍米醪俗称"糜",因此这一操作称为煮糜。由于要用铁铲进行翻铲,又称"铲糜"。对糜的质量要求是:没有煳味,米质变色不变焦,无锅渣,无烟味,不稠,锅底的疙渣无煳味,每锅出糜 97～100 kg。

(6)散凉、拌曲、糖化 将煮好的糜运到经开水烫过的糜案上,迅速降温,待品温降到 60℃放入块曲,拌匀,堆积糖化 1 h。

即墨老酒的糖化曲采用生麦曲,多在夏季中伏天踏制,陈放一年以上,又称陈伏曲,用曲量为黍米原料的 7.5%。这种砖状的块曲,使用时先粉碎成 2～3 cm 的小方块,在煮糜铁锅中焙炒 20 min,使部分轻度焦化,然后粉碎成粉末使用。

(7)加酒母 即墨老酒的酒母,采用固体酒母。将锅内的糜煮到将要变色时,取出 1 kg,散冷至适宜温度,即加麦曲 1 kg,加菌根(种子)200 g,拌匀后做成圆馒形。根据气温,保温培养。一般开始品温 28~34℃,最后发酵成熟品温在 37~39℃,保温培养时间 12~20 h。

糖化后的糜,继续放冷至 28~30℃,接入原料米用量 0.5% 的固体酒母,拌匀后入缸发酵。

(8)发酵　在糜米入缸前,先将发酵缸用开水杀菌,揩干。一般糜入缸后 22 h 左右,即开头耙,此时品温比入缸时品温高 2~3℃,此后,应每天检查一次品温,以便及时发现问题,采取措施。

(9)压榨成品　经 7 d 发酵后的成熟醪用板框式气膜压滤机压滤出清酒,再经过澄清和杀菌等工序即为成品。成品酒贮存于不锈钢大罐中,经 90 d 左右贮存后装瓶,灭菌后出厂。每千克黍米出酒 1.2 kg。

7.2　玉米黄酒

7.2.1　工艺流程

玉米糙 ⟶ 淘洗 ⟶ 浸米 ⟶ 捞出 ⟶ 冲洗 ⟶ 2/3 蒸饭 ⟶ 淋饭
　　　　　　　　　　　　　　　　　　　　　　　　　↓
加水 ⟶ 烧沸 ⟶ 1/3 炒米 ⟶ 出饭 ⟶ 摊饭 ⟶ 揉和 ⟶ 加曲、加酵母 ⟶ 入缸 ⟶
发酵 ⟶ 压榨 ⟶ 澄清 ⟶ 灭菌 ⟶ 过滤 ⟶ 基础酒 ⟶ 调制 ⟶ 过滤 ⟶ 装瓶 ⟶ 灭菌 ⟶ 成品

7.2.2　操作要点

(1)原料　原料为优质玉米糙,制曲原料为小麦、麸皮,辅料为谷壳。

(2)破碎　将玉米破碎,粉碎粒度以 30~35 粒/g 为宜。

(3)淘洗　淘洗破碎的玉米糙,除净胚、皮和杂质。

(4)浸米　常温浸泡 12 h 后,再加温到 60~65℃,热水浸 3 h,散冷至常温,继续浸泡,共浸米 48 h,中间换水两次,捞出,冲洗干净。

(5)蒸饭　取冲洗干净的玉米糙约 80 kg(每缸投料 110 kg 的 2/3 左右),在木甑桶中进行蒸米,待圆汽后,加 80℃ 以上的热水 10 kg 进行淋饭,共蒸 2 h,使米饭内外熟透,均匀一致。

(6)炒米　在铁锅中加水 150 kg,将水烧沸,投入冲洗干净余下的玉米糙约 30 kg。用中火炒米 2 h 以上,待米已熟,外观呈黑褐色,有焦香时,可出锅。

(7)揉和、加曲、加酒母　将玉米蒸饭和玉米炒饭混合、翻拌、揉和。待凉至 60℃ 时,加入 5% 麦曲、15% 麸曲,翻拌均匀。散冷至 30℃,加入干料 8% 的酒母。

(8)落缸　在容量为 500 kg 的瓦缸中,先加入 50 kg 清水。然后将上述拌好曲、酒母的玉米饭落入缸中,下缸品温为 16~18℃,控制室温为 15~18℃。

(9)发酵　待品温上升幅度达到 5~7℃ 时,开头耙,再过 5 h 左右开二耙,待自动翻腾时,停止开耙。控制发酵品温不超过 30℃,发酵时间 7 d。

(10)榨酒、澄清、灭菌、贮存、装瓶、出厂　发酵 7 d 后,即可榨酒、澄清、灭菌,灭菌温度为 70~75℃,时间为 1 h。冷却后贮存 2 个月。经 2 次过滤后装瓶、灭菌、出厂。

(11)出酒率　每 100 kg 玉米糙出酒 200 kg。

8 压滤、澄清、煎酒和包装贮存

经过较长时间的后发酵,黄酒酒醅酒精体积分数升高2%～4%,并生成多种代谢产物,使酒质更趋完美协调,但酒液和固体糟粕仍混在一起,必须及时把固体和液体加以分离,进行压滤。之后还要进行澄清、煎酒、包装、贮存等一系列操作,才成为黄酒成品。

8.1 压滤

发酵成熟酒醅中的酒液和糟粕的分离操作称为压滤。压滤前,应检测后发酵酒醅是否成熟,以便及时处理,防止产生"失榨"现象(压滤不及时)。

8.1.1 酒醅成熟检测

酒醅是否成熟可以通过感官检测和理化分析来鉴别。

(1)酒色 成熟酒醅的糟粕完全下沉,上层酒液澄清透明,色泽黄亮。若色泽仍淡而混浊,说明还未成熟或已变质。如色发暗,有熟味,表示由于气温升高而发生"失榨"现象。

(2)酒味 成熟酒醅酒味较浓,口味清爽,后口略带苦味,酸度适中。如有明显酸味,应立即压滤。

(3)酒香 应有正常的新酒香气而无异杂气味。

(4)理化检测 成熟酒醅,经化验酒精含量已达指标并不再上升,酸度在0.4%左右,并开始略有上升趋势;经品尝,基本符合要求,可以认为酒醅已成熟,即可压滤。

8.1.2 压滤

(1)压滤基本原理 黄酒酒醅具有固体部分和液体部分密度接近,黏稠成糊状,糟粕要回收利用,不能添加助滤剂,最终产品是酒液等特点。因此不能采用一般的过滤、沉降方法取出全部酒液,必须采用过滤和压榨相结合的方法完成。

黄酒酒醅的压滤过程一般分为两个阶段,酒醅开始进入压滤机时,由于液体成分多,固体成分少,主要是过滤作用,称为"流清";随着时间延长,液体部分逐渐减少,酒糟等固体部分的比例慢慢增大,过滤阻力愈来愈大,必须外加压力,强制地把酒液从黏湿的酒醅中榨出来,这就是压榨或榨酒阶段。

(2)压滤要求 压滤时,要求生酒要澄清,糟粕要干燥,压滤时间要短,要达到以上要求,必须做到以下几点:

①滤布选择要合适,对滤布要求:一是要流酒爽快,又要使糟粕不易粘在滤布上,容易与滤布分开;二是牢固耐用,吸水性能差。在传统的木榨压滤时,都采用生丝绸袋,而现在的气膜式板框压滤机,通常选用36号锦纶布等化纤布做滤布。

②过滤面积要大,过滤层要薄而均匀。

③加压要缓慢,不论哪种形式的压滤,开始时应让酒液依靠自身的重力进行过滤,并逐渐

形成滤层,待酒液流速减慢时,才逐渐加大压力,最后升到最大压力,维持数小时,将糟粕榨干。

8.2　澄清

榨出的酒液称为生酒,还含有少量的固形物叫作酒渣或酒脚。必须将生酒放入澄清池中,加入适量糖色,搅匀后静止 2～3 d,使少量微细浮游物沉入池底,取上层清液去杀菌,沉渣重新压滤回收酒液,此操作称为澄清。

酒脚的成分为淀粉、纤维素、不溶性蛋白质、微生物和酶等,为了防止酵母自溶和再发酵,以及避免杂菌的繁殖而引起酸败,不使酒质变坏。澄清操作需要在低温下进行,而且澄清时间不能太长。

为了进一步减少成品酒的酒脚,把澄清的酒液再经过一次硅藻土过滤,这样可增强成品酒的保藏性。

8.3　杀菌

杀菌又叫煎酒,是黄酒酿造的最后一道工序,掌握不好也会使成品酒变质。

(1)杀菌的目的　用加热的方法将酒中的微生物杀死和破坏残存的酶,以使黄酒的成分基本上固定下来,并防止成品酒发生酸败。另外,还可促进黄酒的老熟和部分溶解的蛋白质凝结,使黄酒色泽清亮透明。

(2)杀菌的温度　目前,各地酒厂一般采用 85～90 ℃ 的杀菌温度,接近酒的沸点。据资料报道,日本清酒的杀菌温度为 60 ℃,时间 2～3 min,若提高杀菌温度,时间还可以缩短。此外。杀菌温度的高低还应视生酒的酒精含量和 pH 而定。对酒精含量高及 pH 低的酒,杀菌温度可适当低些。因此,对我国黄酒的杀菌温度和时间,还有待于今后的试验来确定。

8.4　黄酒的贮藏

8.4.1　贮藏期间的变化

(1)色泽加深。糖分和氨基酸结合,产生类黑精。

(2)氧化还原电位提高,反映酒的老熟程度。

(3)成分发生变化:第一阶段是压榨后到灭菌前的生酒;第二阶段是灭菌后的贮藏期间。所发生的化学反应有:氧化反应、小分子结合变成大分子、大分子分解成小分子、细长分子内自身的反应。

8.4.2　黄酒的贮藏期

普通黄酒 1 年,名、优黄酒 3～5 年。

缩短黄酒的贮藏期有以下一些措施:延长生酒的澄清期,或者在澄清时适当提高酒温;采用高温杀菌和杀菌后的新酒在较高温度下进行贮藏;将新酒和陈酒混合。

9 成品黄酒质量及其稳定性

黄酒质量主要通过物理化学分析和感官品评的方法来判断。黄酒的色、香、味、格依靠人的感官品评来鉴别。根据分析和品评的结果,对照产品质量标准和国家卫生标准,检查是否符合出厂要求。

9.1 色泽

黄酒色泽一般分色和清浑两个内容。

(1)色　黄酒的色因品种不同而异,大多呈橙黄、黄褐、深褐乃至黑色。

(2)清浑　黄酒应清亮、透明、有光泽,无失光、无悬浮物。

9.2 香气

正常的黄酒应有柔和、愉快、优雅的香气。黄酒香气由酒香、曲香、焦香三个方面组成。

(1)酒香　酒香主要是在发酵过程中产生的。由于酵母和酶的代谢作用,在较长时间的发酵、贮存过程中,有机酸与醇的酯化反应生成各种酯而产生的特有香气。构成酒香除酯类外,还有醇类、醛类、酸类等。

(2)曲香　曲香是由曲子本身带来的香气。这种香气在生产过程中转入酒中,则形成酒的独特之香。

(3)焦香　焦香主要是焦米、焦糖色素所形成,或类黑精产生的。如果酒的主体香是正常醇香的话,伴有轻量、和谐的焦香是允许的;反之,焦香为主,醇香为辅就成为缺点了。

除以上的香气外,还要严格防止黄酒带有一些不正常的气味,如石灰气、老熟气、烂曲气以及包装容器、管道清洗不干净带有的其他异味。

9.3 滋味

黄酒的滋味一般包括酒精、酸、甜、鲜、苦、辣、涩等。要求甜、酸、苦、涩、辣五味调和。

(1)酒精　酒精是黄酒的主要成分之一。但在滋味中不能突出。优良的黄酒,酒精应完全与各成分融和,滋味上觉察不出酒精气味。黄酒的辣味主要是由酒精和高级醇等形成的。

(2)酸味　酸味是黄酒重要的口味,它可增加酒的爽快和浓厚感。黄酒的酸味要求柔和、爽口,酸度应随糖度的高低而改变,干黄酒的酸度(以琥珀酸计)应为 $0.35\sim0.4$ g/100 mL,甜黄酒应为 $0.4\sim0.5$ g/100 mL。

(3)甜味　黄酒的甜味要适口,不能出现甜而发腻的感觉。

(4)鲜味　黄酒含有琥珀酸、氨基酸等成分,因而有一定的鲜味。正常范围内的鲜味,只要入口有鲜的感觉,后味鲜长就可以了。

(5)苦味　苦味是传统黄酒的诸味之一,轻微的苦味给酒以刚劲、爽口的感觉。苦味重了,就破坏了酒味的协调。

（6）涩味　苦涩味物质含量很小时,使酒的口味有浓厚调和感,涩味明显则是酒质不纯的表现。

9.4　风格

酒的风格即典型性是色、香、味的综合反映,是在特定的原料、工艺、产地及历史条件下所形成的。酒中各种成分的组合应该协调,酒质、酒体优雅,具有该种产品独特的典型性。

任务二　新工艺黄酒

【任务描述】

新工艺酿制黄酒的主要特点是:利用纯种糖化曲和纯种酒母为糖化发酵剂,并附以少量熟麦曲酿制黄酒。该工艺具有出酒率高,发酵时间短,原料适应性强等优点。

【参考标准】

GB/T 13662—2018　黄酒

【工艺流程】

精米 ⟶ 计量 ⟶ 输米 ⟶ 浸米 ⟶ 洗米、淋米 ⟶ 蒸饭 ⟶ 淋饭、落罐 ⟶ 前发酵 ⟶ 输醪 ⟶ 后发酵 ⟶ 煎酒 ⟶ 包装

【任务实施】

以杭州酒厂的纯种全加酵母发酵操作法为例。

普通黄酒配方:(以大米 100 kg 计)大米 100%,生块曲 9%,纯种熟曲 1%,酒母醪 10%(由 3 kg 大米制成),清水 29%,总量为 330%。

1　精米

为了提高米的精白度,对精白度不符合要求的大米原料,应重碾。

2　计量

将精白米装入麻袋,每袋 100 kg。然后按包点数,作为投料数量。

3　输米

(1)水箱放入水,转动几下联轴器,确认真空泵正常,即可准备操作。

(2)将大米运到空料斗旁,先放入 400 kg 大米。

(3)关好排料、充气、吸料阀门,保持管路密封。

(4)打开进水阀、抽气阀。

(5)开动电动机,看真空表读数,当真空度达到 80 kPa 以上时,开吸料阀门输米。

(6)调节二次进风,使真空度达 53~60 kPa,使输料平稳。

(7)按贮米罐容量,每输送 1 600 kg 即停机,待贮米罐内米放尽后再第二次输送,直至把本班原料全部输送完为止。

(8)吸料完后,续吸 1 min,将余米吸净。

(9)关闭进水阀,打开充气阀,停机。进行整理、清洁、设备养护工作。

4　浸米

(1)将浸米罐冲洗后,关好阀门。吸取老的米浆水约 250 kg。再放清水至预放水标记数(指水面能高出米面 10~15 cm 的经验数标记)。

(2)浸米间的室温尽可能保持在 20~25℃,浸米水温控制在 23℃左右。

(3)水温调节好后,放米入罐,把平米面,调整水位,使水面高出米面 10~15 cm。

(4)浸米 48 h 后,如达不到要求,应加强保温工作,适当延长浸米时间至达到要求,蒸饭。

5　洗米、淋米

(1)从浸米罐表面用皮管吸出部分老浆水,供下次浸米用。

(2)把浸米罐出口阀套上软管,其头部搁在振动筛上。

(3)打开浸米罐底部出口的自来水阀,让自来水冲动罐锥底部米层,使米容易流出。

(4)打开浸米罐出口阀门,米流入振动筛槽。打开淋米用的自来水阀门,放水冲洗至浆水淋净,并在振动筛槽中沥干。

(5)米放完后,用自来水冲尽余米,把浸米罐冲洗干净,关好出口处自来水冲洗阀门和浸米罐出口阀门。

(6)洗米完毕后,搞好清洁卫生工作和设备维护保养工作。

6　蒸饭

米饭颗粒分明,外硬内软,内无白心,疏松不糊,熟而不烂,均匀一致。出饭率:淋饭168%～170%,风冷饭140%～142%。

7　淋饭、落罐

7.1　控制指标

7.1.1　淋饭品温

应随不同的室温进行控制,如表5-4所示。

表5-4　不同室温的米饭水冷却温度　　　　　　　　　　　　　　℃

室温	0～5	510	10～15	15～20	20以上
饭温	27～28	26～27	25～26	24～25	尽可能接近24

7.1.2　落缸品温

不同室温的落缸品温如表5-5所示。

表5-5　不同室温的落缸品温　　　　　　　　　　　　　　　　℃

室温	0～5	510	10～15	15～20	20以上
饭温	27±5	26±5	25±5	24±5	尽可能接近24

7.2　冷却、落罐操作

投料前,在前发酵罐中先放入配料用水1t,再放入块曲50 kg,酒母醪120 kg。

在熟饭从蒸饭机中出来的同时应进行以下操作:淋饭冷却、落饭、加配料水,加块曲和纯种培养曲、加酒母醪。要求落饭品温要匀,加水、曲、酒母要匀。

饭团、曲团要捣碎,可在入罐处加网篮,遇饭团即由操作工随时用铁钩钩散。

投料完毕,用少量清水冲下黏糊在罐口及罐上壁的饭粒、曲粒、酒母泥。加安全网罩,进行敞口发酵。

8　前发酵

8.1　控制指标

开耙问题是大罐发酵的关键所在。新工艺发酵醅层深,采用人工开耙是不可能的,要及时通入无菌压缩空气,强制性开耙,确保酒醅发酵正常进行。控制情况见表5-6。

表 5-6　开耙温度控制

落罐时间/h	8～10	10～13	13～18	18～24	24～36
品温/℃	28～30	30～32	32～33	33～31	31～30
耙次	头耙	二耙	三耙		必要时通气翻腾

在前发酵过程中,必须加强温度管理,经常测定品温,随时加以调整。管理情况见表 5-7。

表 5-7　前发酵管理

时间/h	0～10	10～24	24～36	36～48	48～60	60～72	72～84	84～96	输醪
品温/℃	25～30	30～33	33～30	30～25	25～23	23～21	21～20	<20	12～15

前发酵还应经常测定其酒精含量、酸度。观察其变化情况,以便及时采取相应措施,正常变化情况见表 5-8。

表 5-8　前发酵期酒精含量与酸度的变化

发酵时间/h	24	48	72	96
酒精体积分数/%	>7.5	>9.5	>12	>14.5
酸度/(g/100 mL)	<0.25	<0.25	<0.25	<0.35

8.2　开耙

定时、定温进行开耙,方法是将无菌压缩空气通入前发酵醪的醪盖下,开头耙只要中心开通,以助自然对流翻腾;二耙开始需要进行上、中、下、边的通气,使上下四周全面翻腾,将沉入罐底的饭团也翻起来,醪盖压下去。

为了控制温度到规定水平,有时单靠无菌压缩空气是不够的,必须同时进行人工强制冷却,降低发酵温度。

发酵 96 h 后,主发酵阶段结束,应将前发酵醪温降至 12～15℃,然后输入后发酵罐。

9　输醪

(1)加压料盖时必须将皮圈垫匀,夹紧夹头,防止漏气。

(2)输醪空气压力,一般为 0.118 MPa,最大不超过 0.147 MPa。

(3)压料完毕,前发酵罐必须排气,直至罐内气压和大气压平衡,方允许开启罐盖,不准带压开罐盖。

(4)皮管和中间截物器,每次用毕,要清洗干净,对粘住的残糟,要认真清除。

(5)如发现前酵罐输出的是酸败醪液,该罐必须仔细冲洗干净,并用甲醛法彻底消毒,隔 3 d 后方可使用。

10 后发酵

（1）控制指标　以干型黄酒为例，控制指标如下：醪液品温控制在（14±2）℃；后发酵时间16～20 d；发酵成熟的酒醪应达到：酒精体积分数≥15.5％，总酸≤0.4 g/100 mL（以琥珀酸计）。

（2）操作　醪液进入后发酵罐后，加盖。

测定醪液品温，后发酵醪的品温一般控制在10～18℃，不得超过18℃。有三种控制方法：一是罐内列管冷却，对降低中心部位醪液的品温较容易；二是后发酵室空调降湿，效果好而耗冷量大，成本较高；三是外围导向冷却，若要迅速降低酒醪中心部位品温，应与无菌压缩空气搅拌相结合。

通无菌压缩空气，进行开耙。一般后发酵第一天，每隔8 h通气搅拌一次；第二至第五天，每天通气搅拌一次；第五天以后，每隔3～4 d搅拌一次；15 d后，不再通气搅拌。不能过量或频繁地通入无菌压缩空气。

后发酵结束。

后发酵成熟的标志：酒精含量基本稳定，酒醪沉静。时间为16～20 d，即可压榨。

【任务评价】

评价单

学习领域			新工艺黄酒		
评价类别	项目	子项目	个人评价	组内互评	教师（师傅）评价
专业能力（80％）	资讯（5％）	搜集信息（2％）			
		引导问题回答（3％）			
	计划（5％）	计划可执行度（3％）			
		计划执行参与程度（2％）			
	实施（40％）	操作熟练度（40％）			
	结果（20％）	结果质量（20％）			
	作业（10％）	完成质量（10％）			
社会能力（20％）	团结协作（10％）	对小组的贡献（10％）			
	敬业精神（10％）	学习纪律性（10％）			

黄酒糖化发酵剂的制备

【任务描述】

糖化发酵剂是黄酒酿造中使用的小曲、麦曲、米曲（包括红曲、乌衣红曲、黄衣米曲）、麸曲和酒母等微生物制剂的总称。在黄酒酿造中,小曲具有糖化和发酵的双重作用,是真正意义上的糖化发酵剂。而酒母和麦曲、米曲、麸曲仅有发酵或糖化作用,分别是发酵剂和糖化剂。

糖化发酵剂是以粮食或农副产品为原料,在适当水分、温度、湿度和气候条件下,培养繁殖微生物的载体。

【参考标准】

GB/T 13662—2018 黄酒

【工艺流程】

陈酒药

辣蓼草末、米粉、水 → 拌料 → 打实 → 切块 → 滚角 → 接种 → 入缸 → 保温 → 入匾 →

换匾 → 并匾 → 装箩 → 并箩 → 出箩 → 晒干 → 成品

【任务实施】

1 辅料的选择与制备

1.1 新早糙米粉的制备

在制酒药的前一天磨好粉,细度以过 50 目筛为佳,磨后摊冷,以防发热变质。要求碾一批,磨一批,生产一批,以保证米粉新鲜,确保酒药的质量。

1.2 辣蓼草粉的制备

采集在每年 7 月中旬进行,选取梗红叶厚、软而无黑点、无茸毛尚未开花的辣蓼草,除去黄叶和杂草,当日晒干,趁热去茎留叶,粉碎成粉末,过筛后装入坛内备用。如果当日不晒干,色泽变黄,会影响酒药的质量。

1.3 陈酒药的选择

选择前一年糖化发酵力强、生产中发酵正常温度易掌握、生酸低、成品酒质量好的优质陈酒药作为种母。接入米粉量的 1%～3%,可稳定和提高酒药的质量。

1.4　水

采用酿造用水。

2　操作方法

2.1　配方

糙米粉:辣蓼草粉:水=20:(0.4～0.6):(10.5～11),使混合料含水量达45%～50%。

2.2　上臼、过筛

将称好的米粉及辣蓼草粉倒在石臼内,拌匀,加水后充分拌和,用石槌捣拌数十下,取出在谷筛上搓碎,移入打药木框内进行打药。

2.3　打药

每臼料(20 kg)分3次打药。木框长70～90 cm,宽50～60 cm,高10 cm,上盖软席,用铁板压平,去框,用刀沿木条(俗称木尺)纵横切成方块,分3次倒入悬空的大竹匾内,将方形滚成圆形,然后加入3%的陈酒药,再回转打滚、过筛使药粉均匀地黏附在新药上,筛落的碎屑在下次拌料时掺用(图5-1至图5-4)。

图5-1　切块

图5-2　掰块

图5-3　接种滚圆

图5-4　过筛

2.4 保温培养

先在缸内放入新鲜谷壳,距缸口边沿 0.3m 左右,铺上新鲜稻草芯,将药粒分行,留出一定间距,摆上一层,然后加上草盖,盖上麻袋,保温培养。气温在 31～32℃时,经 14～16 h,品温升至 36～37℃时,去掉麻袋。再经 6～8 h,缸沿有水汽,并放出香气,可揭开缸盖,观察此时药粒是否全部而均匀地长满白色菌丝。如还能看到辣蓼草的浅草绿色,说明药胚还嫩,不能将缸盖全部揭开,应逐步移开,使菌丝继续繁殖生长。直至药粒菌丝用手摸不黏手,像白粉小球一样,方可揭开缸盖降低温度。再经 3 h 可出窝,凉至室温,经 45 h,使药胚结实即可出药并匾。

2.5 出窝并匾

将酒药移至匾内,每匾盛 3～4 缸的数量,使药粒不重叠而粒粒分散。

2.6 进保温室

将竹匾移入保温室内的木架上,每个木架有 5～7 层,层间距约为 30 cm 左右。气温在 30～34℃,品温保持在 32～34℃,不得超过 35℃。装匾后经 4～5 h 进行第一次翻匾(翻匾是将药胚倒入空匾内),至 12 h,上下调换位置。经 7 h 左右,作第二次翻匾和调换位置。再经 7 h 后倒入竹簟上先摊 2 d,然后装入竹箩内,挖成凹形,并将箩搁高通风以防升温,早晚各倒箩一次,2～3 d 移出保温室至空气流通的地方,再培养 1～2 d,早晚各倒箩一次(图 5-5)。自投料开始培养 6～7 d 即可晒药。

2.7 晒药入库

正常天气在竹簟上须晒 3 d。第一天晒药时间为上午 6～9 点,品温不超过 36℃;第二天上午为 6～10 点,品温为 37～38℃;第三天晒药时间和品温与第一天相同(图 5-6)。然后趁热装坛密封贮存备用。

图 5-5 培养

图 5-6 晾晒

3 注意事项

(1)制造白药的季节,一般在立秋前后,此时气温在 30℃左右,适于微生物的生长,同时早籼稻刚收割完,辣蓼草的采收和加工也已完成。

（2）酒药原料习惯用早籼糙米，富含蛋白质和灰分等营养成分，有利于糖化菌的生长。辣蓼草中含有丰富的生长素，还附带有疏松的作用，所以在米粉中加入少量的辣蓼草粉末，能促进酵母和根霉等微生物的生长和发育。

（3）酒药是含有根霉、毛霉和酵母等多种微生物的混合糖化发酵剂，生产上每年选择部分好的酒药留下来，作为下一次的种子。有的工厂选用优良的根霉菌和酵母菌进行接种培养，制造纯种酒药，进一步提高了酒药的糖化发酵能力，有助于提高出酒率。

（4）酒药的成品率约为原料的85％，成品酒药质量鉴定可用感官和化学分析的方法。一般好的酒药表面白色，口咬质地松脆，无不良香气，糖化力和发酵力高。此外，还可采用简易的鉴别方法做小型酒酿试验，糖液浓度高，香味甜为好酒药。为了保证正常生产，工厂在酿造黄酒开始前，要安排新酒药的酿酒试验，通过生产实践，鉴定酒药质量的好坏。

（5）酒药的制造，还存在着受季节的限制，操作烦琐，劳动强度大，生产率低和不易实现机械化生产等的缺点。

【任务评价】

评价单

学习领域		白药制作				
评价类别	项目	子项目	个人评价	组内互评	教师(师傅)评价
专业能力（80%）	资讯（5%）	搜集信息（2%）			
		引导问题回答（3%）			
	计划（5%）	计划可执行度（3%）			
		计划执行参与程度（2%）			
	实施（40%）	操作熟练度（40%）			
	结果（20%）	结果质量（20%）			
	作业（10%）	完成质量（10%）			
社会能力（20%）	团结协作（10%）	对小组的贡献（10%）			
	敬业精神（10%）	学习纪律性（10%）			

[师徒共研]

酒药又称小曲、酒饼、白药，主要用于生产淋饭酒母或淋饭法酿制甜黄酒。经分离研究，酒药中主要含根霉、毛霉、酵母及少量的细菌和梨头霉等微生物。酒药作为黄酒生产的糖化发酵剂，具有糖化发酵力强、用量少、制作简单、贮存使用方便等优点。目前，酒药的制造方

法有传统法和纯种法两种。传统法有白药（蓼曲）和药曲之分；纯种法主要采用纯根霉和纯酵母分别培养在麸皮或米粉上，然后混合使用。

操作重点：

(1)酒药一般在初秋前后、气温30℃左右时制作，有利于发酵微生物的生长繁殖。此时早籼米稻谷已经收割登场，辣蓼草的采集也完成。

(2)要选择老熟、无霉变的早籼稻谷，在白药制作前一天去壳磨成粉，细度以通过50～60目筛为佳。因新鲜糙米富有蛋白质、灰分等营养、利于小曲微生物生长。陈米、大米的籽粒表面与内部寄附着众多的细菌、放线菌、霉菌和植物病原菌等微生物，有损药酒的质量，故不宜采用。

(3)添加的辣蓼草要求在农历小暑到大暑之间采集，选用梗红、叶厚、软而无黑点、无茸毛即将开花的辣蓼草，拣净水洗，烈日暴晒数小时，去茎留叶，当日晒干舂碎、过筛密封备用。因辣蓼草含量有根霉、酵母等所需的生长素，在制药时还能起到疏松作用。

(4)选择糖化发酵力强、生产正常、温度易于掌握、升酸低、酒的香味浓的优质陈酒药作为酒母，接入米粉量的1％～3％，可稳定和提升酒药质量。也可选用纯种根霉菌、酵母菌经扩大培养后再接入米粉，进一步提高酒药的糖化发酵力。

(5)酒药生产中添加各种中药制成的小曲为药曲。中药的加入可能提供了酿酒微生物所需的营养，或能抑制杂菌的繁殖，使发酵正常并带来特殊的香味，但大多数中药对酿酒微生物是具有不同的抑制作用，所以应该避免盲目地添加中药材，以降低成本。

(6)酒药是多种微生物的共同载体，是形成黄酒独特风味的因素之一。为了进行多菌种混合发酵，防止产酸菌过多繁殖而造成升酸或酸败，必须选择低温季节酿酒，故传统的黄酒生产具有明显的季节性。

[知识链接]

1 纯种根霉曲制作

纯种根霉曲是采用人工培养纯种根霉菌和酵母菌制成的小曲。用它来生产黄酒，成品酒具有酸度低，口味清爽而一致的特点。出酒率比传统酒药提高5％～10％。

1.1 工艺流程

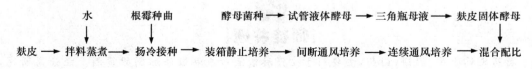

1.2　操作说明

1.2.1　根霉试管斜面培养

采用米曲汁琼脂培养基,使用的菌种有 Q303、3.866 等。

1.2.2　三角瓶种曲培养

培养基采用麸皮或早籼米粉。取筛过的麸皮,加入 80%～90% 的水(籼米粉加 30% 水),拌匀,分别装入经干热灭菌的 500 mL 三角瓶中,料层厚度在 1.5 cm 以内,经 0.098 MPa 蒸汽灭菌 30 min 或常压灭菌两次。冷至 35℃ 左右接种,28～30℃ 保温培养 20～24 h 后,长出菌丝,可轻微摇瓶一次,调节空气,促进菌体繁殖。再培养 1～2 d,出现孢子,菌丝布满整个培养基并结成饼状,进行扣瓶。其目的是增加空气接触面,促进根霉菌进一步生长,直至成熟。

取出后装入灭菌过的牛皮纸袋里,置于 37～40℃ 下干燥至含水分 10% 以下,备用。

1.2.3　帘子曲培养

称取过筛后的麸皮,加水 80%～90%,拌匀堆积 30 min 后经常压蒸煮灭菌,摊冷至 30℃,接入 0.3%～0.5% 的三角瓶种曲,拌匀,堆积保温、保湿,促使根霉菌孢子萌发。经 4～6 h,品温开始上升,可进行装帘,料层厚度 1.5～20 cm,继续保温培养。控制室温 28～30℃,相对湿度 95%～100%,经 10～16 h 培养,菌丝把麸皮连接成块状,这时最高品温应控制在 35℃,相对湿度 85%～90%。再经 24～28 h,麸皮表面布满大量菌丝,此时可出曲干燥。

要求帘子曲菌丝生长旺盛,并有浅灰色孢子,无杂色异味,手抓疏松不黏手,成品曲酸度在 0.5 g/100 mL 以下,水分在 10% 以下。

1.2.4　通风制曲

粗麸皮加水 60%～70%,应视季节和原料的粗细不同做相应调整。常压蒸汽灭菌 2 h,出甑摊冷至 35～37℃ 时接入 0.3%～0.5% 的种曲,拌匀,堆积数小时,装入通风曲箱内。装箱要求疏松均匀,控制装箱后品温为 30～32℃,料层厚度为 25～30 cm,并视气温而定。先静止培养 4～6 h,促进孢子萌发,室温控制在 30～31℃,相对湿度 90%～95%。随着菌丝生长,品温逐步升高,当品温上升至 33～34℃ 时,开始间断通风,保证根霉菌获得新鲜空气。当品温降至 30℃ 时,停止通风。接种后 12～14 h,根霉菌生长逐渐进入旺盛期,呼吸发热加剧,品温上升迅猛,料层开始结块收缩,散热比较困难,需要继续连续通风,最高品温可控制在 35～36℃,此时应尽量加大风量和风压,通入低温(25～26℃)、低湿的风,并在循环风中适当引入新鲜空气。通风后期由于水分不断减少,菌丝生长缓慢,逐步产生孢子,品温降至 35℃ 以下,可停止通风。整个培养时间为 24～26 h。

培养完毕将曲料翻拌打散,送入干燥风进行干燥,使水分下降至 10% 左右。贮存在石灰缸内备用。

1.2.5　麸皮固体酵母

传统的酒药是根霉、酵母和其他微生物的混合体,能边糖化边发酵。而纯种根霉菌只起

到糖化作用。为此还要培养酵母,然后混合使用,才能满足浓醪发酵的需要。

以糖液浓度为 12～13°Bx 的米曲汁或麦芽汁作为黄酒酵母菌的固体试管斜面、液体试管和液体三角瓶的培养基,在 28～30℃ 下逐级扩大、保温培养 24 h,然后以麸皮作固体酵母曲的培养基,加入 95％～100％ 的水,拌匀后经蒸煮灭菌,品温降到 31～32℃,接入 2％ 的三角瓶酵母成熟培养液和 0.1％～0.2％ 的根霉曲。目的是利用根霉菌繁殖后产生的糖化作用,对麸皮中的淀粉继续糖化,供给酵母必要的糖分。

接种拌匀后装帘培养,装帘要求疏松均匀,料层厚度为 1.5～2.0 cm,品温为 30℃,在 28～30℃ 的室温下保温培养 8～10 h,进行划帘。划帘采用经体积分数 75％ 酒精消毒后的竹木制或铝制的撬。划帘的目的是使酵母呼吸新鲜空气,排除料层内的二氧化碳,降低品温,促使酵母均衡繁殖。继续保温培养,品温升高至 36～38℃,再次划帘。培养 24 h 后,品温开始下降,待数小时后,培养结束。进行低温干燥。干燥方法与根霉帘子曲相同。

1.2.6 纯种根霉曲

将根霉曲和酵母按一定比例混合成纯种根霉曲,混合时一般以酵母细胞数为 4 亿个/g 计算,则加入根霉曲中的酵母曲量在 6％ 左右为宜。

2 麦曲

2.1 麦曲的作用和特点

麦曲是指在破碎的小麦上培养繁殖糖化菌而制成的黄酒糖化剂。麦曲在黄酒酿造中占有极为重要的地位,它为黄酒酿造提供了各种酶类,主要是淀粉酶和蛋白酶;同时在制曲过程中,形成各种代谢产物,以及由这些代谢产物相互作用产生的色泽、香味等,赋予黄酒以独特的风味。

麦曲根据制作工艺的不同可分为块曲和散曲。块曲主要是踏曲、挂曲、草包曲等,经自然培养而成;散曲主要有纯种生麦曲、爆麦曲、熟麦曲等,常采用纯种培养而成。

2.2 踏曲

踏曲,又称闹箱曲,是块曲的代表。常在农历八、九月间制作。

2.2.1 工艺流程

小麦 —→ 过筛 —→ 轧碎 —→ 拌曲 —→ 堆曲 —→ 保温培养 —→ 通风干燥 —→ 成品

2.2.2 操作方法

(1)过筛、轧碎 小麦经过筛除去泥、石块、秕粒等杂质,使麦粒整洁均匀。过筛后的小麦通过轧麦机,每粒破碎成 3～5 片,呈梅花形,使麦皮破裂,胚乳内含物外露,使微生物易于生长繁殖。

(2)加水拌曲 称量 25 kg 轧碎的小麦,装入拌曲机内,加入 20％～22％ 的清水,迅速拌匀,使之吸水。不要产生白心和水块,防止产生黑曲或烂曲。拌曲时,可加入少量优质陈麦曲作种子,稳定麦曲质量。

(3)成型 成型又称踏曲。是将曲料在曲模木框中踩实成砖形曲块,便于搬运、堆积、培菌和贮存。

(4)堆曲 堆曲前先打扫干净曲室,在地面铺上谷皮及竹,将曲块搬入室内,摆成"丁"字形,双层堆放,再在上面散铺稻草或草包保温,使糖化菌正常生长繁殖。

(5)保温培养 堆曲完毕,关闭门窗保温。品温开始在 26℃ 左右,20 h 以后开始上升,经3～5 d 后,品温上升至 50℃ 左右,麦粒表面菌丝大量繁殖,水分大量蒸发,可揭开保温覆盖物,适当开启门窗通风,及时做好降温工作。继续培养 20 d 左右,品温逐渐回降,曲块随水分散失而变得坚韧,这时可进行拆曲,改成大堆,按"井"字形堆放,通风干燥后使用或入库贮存。

成品麦曲:应具有正常的曲香,无霉味或生腥味,曲块表面和内部的白色菌丝茂密均匀,无霉烂夹心,曲块坚韧而疏松,含水分为 14%～16%,糖化力较高,在 30℃ 下,每克曲(风干曲)1 h 能产生 700～1 000 mg 葡萄糖。

3 纯种麦曲

纯种麦曲是指把经过纯种培养的黄曲霉(或米曲霉)接种在小麦上,在人工控制的条件下进行扩大培养制成的黄酒糖化剂。

3.1 工艺流程

纯种麦曲按原料处理方法的不同可分为纯种生麦曲、熟麦曲和爆麦曲;多数采用厚层通风制曲法,其制造工艺过程为:

原菌 ⟶ 试管培养 ⟶ 三角瓶扩大培养 ⟶ 种曲扩大培养 ⟶ 麦曲通风培养

3.2 种曲的扩大培养

(1)试管菌种的培养 一般采用米曲汁为培养基,在 28～30℃ 培养 4～5 d,要求菌丝健壮、整齐,孢子丛生丰满,菌丝呈深绿色或黄绿色,不得有异样的形状和色泽,无杂菌。

(2)三角瓶种曲培养 以麸皮为培养基(亦有用大米或小米作原料进行培养),操作与根霉相似。要求孢子粗壮、整齐、密集、无杂菌。

(3)帘子曲培养 操作与根霉帘子曲相似。

(4)通风培养 纯种的生麦曲、熟麦曲和爆麦曲,主要在原料处理上不同,其他操作基本相同。

生麦曲在原料小麦轧碎后直接加水拌匀接入种曲,进行通风扩大培养。爆麦曲是先将原料小麦在爆麦机里炒熟,趁热破碎,冷却后加水接种,装箱通风培养。熟麦曲是先将原料小麦破碎,然后加水配料,在常压下蒸熟,冷却后接入种曲,装箱通风培养。

纯种熟麦曲的通风培养操作程序如下:

①配料、蒸料　小麦用辊式破碎机破碎成每粒 3～5 瓣，尽量减少粉末形成。加水要根据麦料的干燥、粉碎粗细程度和季节不同有所增减，一般加水量在 40％ 左右。拌匀后堆积润料 1 h。常压蒸煮，圆汽后蒸 45 min，以达到淀粉糊化与原料杀菌的作用。

②冷却、接种　将蒸料打碎团块，迅速降温至 36～38℃ 进行接种。种曲用量约为原料量的 0.3％～0.5％，拌匀，控制品温在 33～35℃。

③堆积装箱　曲料接种后，先行堆积 4～5 h，堆积高度为 50 cm 左右，促进孢子吸水膨胀发芽。亦可直接把曲料装入通风培养曲箱内，要求疏松均匀，曲料品温控制在 30～32℃，料层厚度为 25～30 cm，并视气候适当调节。

④通风培养　纯种麦曲通风培养主要掌握温度、湿度、通风量和通风时间。整个通风培养分为 3 个阶段：

前期为间断通风阶段。接种后 10 h 左右，是孢子萌芽、生长幼嫩菌丝的阶段。霉菌呼吸不旺，产热量少，应注意保温、保湿，控制室温在 30～31℃，相对湿度在 90％～95％。品温在 30～33℃，此时可用循环小风量通风。或待品温升至 34℃ 时，进行间断通风，使品温降到 30℃，停止通风，如此反复进行。

中期为连续通风阶段。经过前期培养，霉菌菌丝生长进入旺盛期，菌丝大量形成，并产生大量的热，品温升高很快，菌丝相互缠绕，曲料逐渐结块，通风阻力增加，此时开始连续通风，品温控制在 38℃ 左右，不得超过 40℃，否则会发生烧曲现象。如果品温过高，可通入部分温度、湿度较低的新鲜空气。

后期为产酶排湿阶段。菌丝生长旺盛期过后，呼吸逐步减弱，菌丝体开始生成分生孢子柄及分生孢子，这是产酶和积聚酶最多的阶段，应降低湿度，提高室温或通入干热风，控制品温在 37～39℃，以利排湿，这样有利于酶的形成和成品曲的保存。出曲要及时，整个培养时间约需 36 h，若盲目延长时间，酶活力反而会下降。

⑤成品曲的质量　菌丝稠密粗壮，不能有明显的黄绿色；应具有曲香，不得有酸味及其他霉臭味；曲的糖化力在 1 000 单位以上，含水质量分数在 25％ 以下。制成的麦曲，应及时使用，尽量避免存放。

4　酒母

酒母，原意为"制酒之母"。黄酒发酵需要大量酵母菌的共同作用，在传统的绍兴酒发酵时，发酵醪中酵母细胞数高达 6 亿～8 亿个/L，发酵醪的酒精体积分数可达 18％ 以上，因而酵母的数量及质量对于黄酒的酿造显得特别重要，直接影响到黄酒的产率和风味。

目前，黄酒酒母的种类可分两大类：一是用酒药通过淋饭酒醅的制造自然繁殖培养酵母，这种酒母称为淋饭酒母。二是由试管菌种开始，逐步扩大培养，增殖到一定程度而称之为纯种培养酒母。

4.1　淋饭酒母

淋饭酒母俗称"酒酿"，因将蒸熟的米饭用冷水淋冷的操作而得名。制作淋饭酒母，一般在摊饭酒生产以前 20～30 d 开始。酿成的淋饭酒醅,挑选质量上乘的作为酒母,其余的掺入摊饭酒主发酵结束时的酒醅中,以增强和维持后发酵的能力。

4.1.1 工艺流程

4.1.2 操作方法

(1)配料 制备淋饭酒母以每缸投料米量为基准,根据气候不同有 100 kg 和 125 kg 两种。酒药用量为原料米的 0.15%～0.2%,麦曲用量为原料米的 15%～18%,控制饭水总重量为原料米量的 3 倍。

(2)浸米、蒸饭、淋水 在洁净的陶缸中装好清水,将米倒入缸内,水量以超过米面为宜。浸米时间根据米的质量、气候、水温等不同控制在 42～48 h。捞出冲洗,淋净浆水,常压蒸煮,要求饭粒松软、熟而不糊、内无白心。

将热饭进行淋水,一般每甑饭淋水 125～150 kg,回淋 45℃左右的淋饭水 40～60 kg。淋后饭温应控制在 31℃左右。

(3)落缸搭窝 将发酵缸洗刷干净,用石灰水和沸水泡洗,用时再用沸水泡缸一次。然后将淋冷后的米饭沥去水分,倒入发酵缸,米饭落缸温度一般控制在 27～30℃,并视气温而定。在寒冷天气可高至 32℃。在米饭中撒入酒药粉末,翻拌均匀,在米饭中央搭成倒置的喇叭状的凹圆窝,缸底窝口直径约 10 cm。再在上面撒一些酒药粉,这个操作称搭窝。搭窝时,要掌握饭料疏松程度,窝搭成后,用竹帚轻轻敲实,但不能太实,以饭粒不下落塌陷为度。同时,拌药时要捏碎热饭团,以免出现"烫药",影响菌类生长和糖化发酵的进行。

(4)糖化、加水、加曲、冲缸 搭窝后应及时做好保温工作。酒药中的糖化菌、酵母菌在米饭适宜的温度、湿度下迅速生长繁殖。根霉菌等糖化菌分泌淀粉酶,将淀粉分解成葡萄糖,逐渐积聚甜液,此时酵母菌得到营养和氧气,开始繁殖。一般落缸后,经 36～48 h,饭粒软化,香气扑鼻,甜液充满饭窝的 4/5 高度,此时甜液浓度在 35°Bx 左右,还原糖为 15～25 g/100 mL,酒精体积分数在 3% 以上,酵母细胞数达 0.7 亿个/mL。此时酿窝已成熟,可以加入一定比例的麦曲和水,俗称冲缸。搅拌均匀,使酒醅浓度得以稀释,渗透压有较大的下降,并增加了氧气,同时由于根霉等糖化菌产生乳酸、延胡索酸等酸类物质,调节了醅液的 pH,抑制了杂菌的生长,这一环境条件的变化,促使酵母菌迅速繁殖,24 h 后,酵母细胞数可升至 7 亿～10 亿个/mL,糖化和发酵作用大大加强。

冲缸后,品温由 34～35℃下降到 22～23℃,应根据气温冷热情况,及时做好适当的保温工作,使发酵正常进行。

(5)发酵开耙 加曲冲缸后,由于酵母的大量繁殖,酒精发酵开始占据主要地位,醅液温度迅速上升,8～15 h 后,当达到一定温度时,可用杀菌过的双齿木耙进行搅拌,俗称开耙(表 5-9)。

发酵期间的搅拌冷却,俗称"开耙"。其作用是调节发酵醅的温度,补充新鲜空气,以利于酵母生长繁殖。它是整个酿酒工艺中较难控制的一项关键性技术。一般由经验丰富的老师傅把关。开耙技术是酿好酒的关键。开耙技工在酒厂享有崇高的地位,工人们习惯称开耙技工为"头脑",即酿酒的首要人物。

表 5-9　酒母开耙温度和时间

	室温/℃	经过时间/h	耙前缸面中心温度/℃	备注
头耙	5～10	12～14	28～30	继续保温,适当裁减保温物
	11～15	8～10	27～29	
	15～20	8～10	27～29	
二耙	5～10	6～8		耙后 3～4 灌坛
	11～15	4～6	30～32	耙后 2～3 灌坛
	15～20	4～6		耙后 1～2 灌坛

(6)后发酵　第一次开耙以后,酒精含量增长很快,冲缸 48 h 后可达 10％以上,糖化发酵作用仍继续进行。必须及时降低品温,使酒醅在较低温度下继续缓慢发酵,生成更多的酒精。在落缸后第 7 d 左右,将发酵醪灌入酒坛,装至八成满,进行后发酵,俗称灌坛养醅。经过 20～30 d 的后发酵,酒精含量达到 15％以上,经认真挑选,优良者可用来酿制摊饭黄酒。

4.1.3　酒母挑选

采用理化分析和感官鉴定相结合的方法,从淋饭酒醅中挑选品质优良的酒醅作酒母,称之为"拣酿"。其感官要求酒醅发酵正常,口味老嫩适中,爽口无异杂气味,香气浓郁。理化指标要求:酒精体积分数在 16％左右,酸度在 0.4 g/100 mL 以下,还原糖 0.3％左右,pH 3.5～4.0,酵母总数大于 5 亿个/mL,出芽率大于 4％,死亡率小于 2％。

4.2　纯种酒母

目前纯种酒母有两种制备方法:一是仿照黄酒生产方式的速酿双边发酵酒母,因制造时间比淋饭酒母短,又称速酿酒母;二是高温糖化酒母,是采用 55～60℃高温糖化,糖化完毕经高温杀菌,使醪液中野生酵母和酸败菌死亡。这样可以提高酒母的纯度,减少黄酒酸败因素,目前为较多的黄酒厂所采用。

4.2.1　速酿酒母

(1)配比　制造酒母的用米量为发酵大米投料量的 5％～10％,米和水的比例在 1∶3 以上。纯种麦曲用量为酒母用米量的 12％～14％,如用踏曲则为 15％。

(2)投料方法　将水、米饭和麦曲放入罐内,混合后加乳酸调节 pH 3.8～4.1,再接入 1％左右的三角瓶酒母,充分拌匀,保温培养。

(3)温度管理　落罐品温视气温高低决定,一般在 25～27℃。落罐后 10～12 h,品温可达 30℃,进行开耙搅拌。以后每隔 2～3 h 搅拌一次。使品温保持 28～30℃。最高品温不超过 31℃,培养时间 1～2 d。

(4)成熟酒母质量要求　具有正常的酒香、酯香,酵母细胞粗壮整齐,细胞数 2 亿个/mL

以上,芽生率 15% 以上,酸度 0.3 g/100 mL 以下(以琥珀酸计),酒精体积分数 9%~13% 以上,杂菌数每个视野不超过 2 个。

4.2.2　高温糖化酒母

(1)糖化醪配料　以糯米或粳米作原料,使用部分麦曲和淀粉酶制剂,每罐配料如下:大米 600 kg,曲 10 kg,液化酶(3 000 U)0.5 kg,糖化酶(15 000 U)0.5 kg,水 2 050 kg。

(2)操作要点　先在糖化锅内加入部分温水,然后将蒸熟的米饭倒入锅内,混合均匀,加水调节品温在 60℃,控制米:水>1:3.5,再加一定比例的麦曲、液化酶、糖化酶,搅拌均匀后,于 55~60℃ 静止糖化 3~4 h,使糖度达 14~16°Bx。糖化结束后,将糖化醪品温升至 85℃,保持 20 min。冷却至 60℃,加入乳酸调节 pH 至 4.0 左右,继续冷至 28~30℃。转入酒母罐内,接入酒母醪容量 1% 的三角瓶培养的液体酵母,搅拌均匀,在 28~30℃ 培养 12~16 h,即可使用。

(3)成熟酒母质量要求　酵母细胞数>1 亿~1.5 亿个/mL,芽生率 15%~30%,酵母死亡率<1%,酒精体积分数 3%~4%,酸度 0.12~0.15 g/100 mL,杂菌数每个视野<1.0 CFU。

5　酶制剂及黄酒活性干酵母

5.1　酶制剂

目前,应用于黄酒生产的酶制剂主要是糖化酶、液化酶等。它能替代部分麦曲,减少用曲量,增强糖化能力,提高出酒率和黄酒质量。糖化酶最适温度 58~62℃,最适 pH 4.3~5.6。用酶量一般按每克淀粉用 50 个单位。中温液化型淀粉酶,最适温度 60~70℃,最适 pH 6.0~6.5,钙离子使酶活力的稳定性提高,用量一般按每克淀粉用 6~8 个单位计算,Ca^{2+} 浓度为 150 mg/L。高温液化型淀粉酶最适温度 85~95℃,最适 pH 5.7~7.0,用量为 0.1%。

5.2　黄酒活性干酵母

黄酒活性干酵母(Y-ADY)是选用优良黄酒酵母菌为菌种,经现代生物技术培养而成。

黄酒活性干酵母的质量指标:水分≤5%,活细胞率≥80%,细菌总数≤$1×10^5$ 个/g,铅≤10 mg/kg。

活性干酵母必须先经复水活化后才能使用,复水活化的技术条件如下:活性干酵母的用量 0.05%~0.1%,活性干酵母与温水的比例为 1:10,活化温度 35~40℃,活化 20~30 min 后投入发酵。

6　黄酒发酵过程中的主要微生物

6.1　霉菌

(1)曲霉菌　麦曲、米曲中的曲霉菌,在黄酒酿造中起糖化作用,其中以黄曲霉为主,还

有较少的黑曲霉等微生物。黄酒生产中一般应以黄曲霉为主,适当添加少量黑曲霉或食品级糖化酶,以提高糖化能力,进一步提高出酒率。

(2)根霉　根霉菌是酒药中主要糖化菌。其糖化力强,几乎使淀粉全部水解生成葡萄糖,还能分泌乳酸、琥珀酸和延胡索酸等有机酸,降低培养基的 pH,抑制产酸菌的侵袭,并使黄酒口味鲜美丰满。

(3)红曲霉　红曲霉是生产红曲的主要微生物。红曲霉菌不怕湿度大,耐酸,最适温度32～35℃,最适 pH 为 3.5～5.0,在 pH 3.5 时,能抑制其他霉菌而旺盛生长,红曲霉菌所耐最低 pH 为 2.5,能耐 10% 的酒精,能产生淀粉酶、蛋白酶等,水解淀粉最终生成葡萄糖,并能产生柠檬酸、琥珀酸、乙醇,还分泌红色素或黄色素等。

6.2　酵母

传统法黄酒酿造中使用的酒药中含有许多酵母,有些起发酵产生酒精的作用,有些起产生黄酒特有香味物质的作用。新工艺黄酒使用的是优良纯种酵母菌。AS2.1392 是常用酿造糯米黄酒的优良菌种,发酵力强,能发酵葡萄糖、半乳糖、蔗糖、麦芽糖及棉籽糖,产生酒精并形成典型的黄酒风味,而且抗杂菌能力强,生产性能稳定。现已在全国机械化黄酒生产厂中普遍使用。

6.3　黄酒酿造的有害细菌

黄酒发酵是霉菌、酵母、细菌的多菌种发酵。如果发酵条件控制不当和消毒不严格等,会造成有害细菌的大量繁殖,导致黄酒发酵醪的酸败。常见的有害微生物主要有醋酸菌、乳酸菌和枯草芽孢杆菌。它们大多来自曲、酒母及原料、环境、设备。

7　发酵基本原理

黄酒发酵的基本原理与其他饮料酒的发酵一样,主要是酵母的糖代谢过程:酵母消耗还原糖,一部分通过异化和同化作用,合成酵母本身物质,而大部分通过代谢后释放出能量,作为酵母生命活动的原动力,并排出二氧化碳、乙醇等代谢产物。作为工艺上特殊点,与黄酒酒精发酵同时进行的还有淀粉的糖化。

7.1　黄酒发酵的主要特点

黄酒发酵的特点是开放式发酵,糖化与发酵同时进行,酒醪的高浓度、低温、长时间发酵及生成高浓度酒精等。

(1)开放式发酵　黄酒发酵是不专门进行灭菌的开放型发酵。发酵中,曲、水和各种用具都存在着大量的杂菌,空气中的有害微生物也会侵入酒醪。但传统的操作法却能保证黄酒的安全酿造。其措施主要有:①低温发酵,可有效地减轻各种有害杂菌的干扰。②在生产传统的淋饭酒或淋饭酒母时,通过搭窝操作,使酒药中大量有益微生物(如根霉、酵母等)在有氧的条件下迅速繁殖,并在初期就生成大量的有机酸,有效地抑制了有害杂菌的生成。③在传统的摊饭法发酵中,除选用优良的淋饭酒醪作酒母外,还可用浆水作配料,既可调节酸度,抑制产酸菌的繁殖生长,又增加了生长素,促使酵母迅速繁殖。④在喂饭酒发酵中,采用分批加饭,醪液酸度和酵母浓度不至于一下稀释得太低,同时还可使酵母多次获得新鲜养分,保持发酵的旺盛状态,阻碍了杂菌的繁衍。⑤合理的开耙在传统工艺中也是做好黄酒的关键。合理的开耙除能调节品温、混匀醪液外,更重要的是输送了溶解氧,强化了酵母的活性,阻止了产酸杂菌的生长。

(2)典型的边糖化边发酵　在黄酒酿造过程中,淀粉糖化和酒精发酵是同时进行的。为使酒醪中酒精体积分数最终达到 16％以上,就必须要有约 30％可发酵性糖分。若醪中一开始就含这么高的糖分,酵母则很难在此环境中进行发酵。只有采用边糖化边发酵,才能使糖液浓度不至于积累太高,而逐步发酵产生酒精。为保持糖化与发酵的平衡,不使任何一方过快或过慢,在生产上通过合理的落罐条件和恰当的开耙进行调节,保证酒醪的正常发酵。

(3)酒醪的高浓度发酵　黄酒发酵时,酒醪中的大米与水之比为 1:2 左右,是所有酿酒中浓度最高的。这种高浓度的醪液,发热量大,流动性差,同时由于原料大米是整粒的,发酵时易浮在上面形成醪盖,热量不易散发。所以,对发酵温度的控制就显得很重要,关键是要掌握好开耙调节温度的操作,尤其是第一耙的迟早对酒质的影响很大。

适当地降低醪液浓度是有利于发酵的,也利于出酒率的提高。新工艺黄酒发酵有增大醪液给水量的趋势。

(4)低温长时间发酵和高酒精度醪液的形成　黄酒酿造中,不仅需要产生乙醇,而且还要产生多种香味物质,并使酒香协调,因此必须经过长时间的低温后发酵。在此阶段进行缓慢的糖化发酵作用,酒精及各种副产物,如高级醇、有机酸、酯类、醛类、酮类等还在继续形成,有些挥发性成分逐步消失,酒味变得柔和细腻。一般低温长时间发酵的酒比高温短时间发酵的酒香气和口味都好。由于在高浓度下进行低温长时间的边糖化边发酵,并且酒醪中酵母的浓度高达 6 亿～8 亿个/mL,以及其他因素的影响,形成了醪液 16％左右的高酒精含量。

7.2　发酵过程中的物质变化

酒醪在发酵过程中的物质变化主要是指淀粉的水解、酒精的形成,并伴随着其他副产物的生成。

(1)淀粉的分解　淀粉的分解是在淀粉酶、糖化酶的作用下将淀粉转化为糊精和可发酵性糖。在发酵中,淀粉大部分被分解为葡萄糖。随着酵母的酒精发酵,糖含量逐步降低,到发酵终了时还残存少量的葡萄糖和糊精,使黄酒具有甜味和黏稠感。还有一部分糖被分解为麦芽三糖、异麦芽糖等非发酵性低聚糖,增加了酒的醇厚性。

淀粉酶经长时间的发酵,活性降低。其中耐酸性的糖化型淀粉酶的活性仍部分地保存下来,经压榨大部分进入酒液,起到较弱的后糖化作用,但酶的存在也能引起蛋白质浑浊。可通过煎酒将酶破坏,以稳定酒质。

(2)酒精发酵　黄酒发酵分为前发酵、主发酵和后发酵 3 个阶段。在前发酵阶段,下缸或下罐 10～12 h,主要是酵母增殖期,发酵作用弱,温度上升缓慢。当醪中的溶解氧基本被

消耗完,酵母细胞浓度相当高时,则进入主发酵期,此阶段酒精发酵旺盛,酒醅温度和酒精浓度上升较快,而酒醅中的糖分逐渐减少。经主发酵,醪液中代谢产物积累较多,酵母的活性变弱,即开始进入缓慢的后发酵阶段。后发酵主要是继续分解残余的淀粉和糖分,发酵作用微弱,温度逐渐降低。待发酵结束榨酒时,酒醅中的酒精体积分数可达16%以上。

(3)有机酸的变化　黄酒中的有机酸部分来自原料、酒母、曲和浆水,但大部分是在发酵过程中由酵母的代谢产生,如琥珀酸等。也有些是因杂菌污染所致。如醋酸、乳酸、丁酸等。这些酸都是由可发酵性糖转化而成。

在正常的黄酒发酵醪中,有机酸以琥珀酸和乳酸为主,此外尚有少量的柠檬酸、延胡索酸和醋酸等。这些有机酸对黄酒的香味和缓冲作用很重要。因此,在生产过程中要有目的地加以控制。酸败变质的酒醅含醋酸和乳酸特别多,而琥珀酸等减少。黄酒的总酸控制在0.35 g/100 mL左右较好,过高或过低都会影响酒的质量。

(4)蛋白质的变化　大米和小麦都含有一定量的蛋白质,在发酵过程中,蛋白质受曲和酒母中蛋白酶的分解作用,形成肽和氨基酸。还有一部分氨基酸是从微生物菌体中溶出的。黄酒酒醅中的氨基酸可达18种以上,且含量居各类酒之首。形成的氨基酸一部分被酵母同化,成为合成酵母蛋白质的原料,同时生成高级醇,再加上氨基酸本身的滋味,这些物质给予黄酒特有的醇香和浓厚感。

(5)脂肪的变化　原料中的脂肪在发酵过程中,被微生物中的脂肪酶作用,分解成甘油和脂肪酸。甘油给予黄酒甜味和黏稠性。脂肪酸受到微生物的氧化作用而生成低级脂肪酸。脂肪酸是形成酯的前体物质,酯与高级醇一起形成黄酒特有的芳香味。

项目六
醋类酿造

任务一　食醋生产

【任务描述】

食醋是人们生活中不可缺少的用品,是一种国际性的重要调味品。它是各种原料发酵后产生的酸味调味剂。酿醋主要是用大米或高粱为原料,适当的发酵可使含碳化合物(糖、淀粉)的液体转化成酒精和二氧化碳,酒精再受醋酸杆菌的作用与空气中氧结合即生成醋酸和水。所以说,酿醋的过程就是使酒精进一步氧化成醋酸的过程。

【参考标准】

GB/T 18187—2000　酿造食醋

GB 8954—2016　食品安全国家标准 食醋生产卫生规范

【工艺流程】

山西老陈醋酿造工艺流程

大曲 —→ 粉碎 —→ 大曲粉

高粱 —→ 磨碎 —→ 浸泡 —→ 蒸熟 —→ 第二次加水 —→ 冷却 —→ 混合 —→ 第三次加水 —→ 糖化及酒精

发酵 —→ 制醋醅 —→ 醋酸发酵 —→ 加盐 $\left\{\begin{array}{l}50\% \text{ 醋醅熏醋} —→ 浸泡 —→ 淋醋\\50\% \text{ 醋醅淋醋} —→ 醋液 —→ 加热\end{array}\right\}$ —→ 新醋 —→ 晒露 —→ 过滤

—→ 装瓶 —→ 成品

【任务实施】

1　原料及原料处理

(1)原料配比(kg):高粱 100,大曲 62.5,麸皮 73,谷糠 73,食盐 5,香辛料(花椒、茴香、桂皮、丁香等)0.05,水 340(蒸前水 50、蒸后水 225、入缸前水 65)。

(2)将高粱磨碎成每粒 4～6 瓣,粉末要尽量少。粉碎的高粱按每 100 kg 加入 30～40 ℃水 60 kg,拌匀,润水 4～6 h,使高粱充分吸收水分。

(3)将润水后的高粱打散,均匀装锅用常压蒸料,上汽后蒸 1.5 h,要求熟料无生心、不黏手。

(4)取出熟料放入池中,再加 215 kg 沸水,拌匀后 20 min,待高粱粒吸足水分呈软饭状。

(5)将软饭状高粱放在晾场上迅速冷却至 25～26℃。

2 糖化及酒精发酵

(1)将大曲磨成曲糁,大小 1～3 mm。

(2)将冷却至 25～26℃高粱软饭加入磨细的大曲粉 30%～35%拌匀,再加入水,使入缸水分达 60%左右,料温控制在 20～25℃,入缸发酵。

(3)入缸后物料边糖化边发酵,品温缓慢上升。最初 3 d 每天上、下午各打耙 1 次。

(4)进入第 3 天品温可上升到 30℃,第 4 天时可升至 34℃,这是发酵最高峰,此时要增加打耙次数,发酵 2～4 d,控制品温在 33℃,不超过 35℃。

(5)高峰过后品温逐渐下降,用塑料薄膜封住缸口,上盖草垫,进行后发酵,品温在 20℃左右,发酵时间为 16 d。

3 醋酸发酵

(1)向酒醅中加入麸皮 73 kg、谷糠 73 kg,制成醋醅,分装入十几个浅缸中。

(2)经 3～4 d 发酵,品温在 43～44℃的新鲜醋醅作为醋酸菌菌种,将它埋入盛有醋醅的浅缸中心,接种量为 10%,缸口盖上草盖,进行醋酸发酵。

(3)接种 12 h 后温度升至 41～42℃,自此日起每天早晚翻醅 1 次。

(4)第 4 天醅温达到 43～45℃,上午取"火醅"作为下一批新醅的火种。剩余的翻拌均匀,顶部仍呈尖形,盖好草盖。

(5)第 5 天醅温开始下降,通过翻醅使温度控制在 38℃左右,中醅及大火阶段持续 3～4 d。

(6)发酵第 7 天开始退火,第 8 天已降至 25～26℃,第 9 天醋酸发酵结束。

(7)醋醅成熟后,酸度可达到 8 g/100 mL 以上,加入 5%的食盐,这样做既能调味,又能抑制醋酸菌的过度氧化,加盐后醅温持续下降。醋醅出缸、进入下一工序。

4 熏醅、淋醋与后加工

(1)选择三套循环法和淋醋设备,如缸、池等。

(2)取成熟醋醅的 1/2 入熏醅缸内,缸口加盖,用文火加热,醅温 70～80℃,每天倒缸翻拌 1 次,共 4 d,出缸为熏醅。

(3)甲组醋缸放入剩余 1/2 的熟醋醅,用二醋浸泡 12～24 h,淋出的醋称为头醋(即半成品);乙组缸内的醋醅是淋过头醋的头渣,用三醋浸泡 12～24 h,淋出的醋是二醋;丙组缸的醋醅二渣,用清水浸泡 12～24 h,淋出的醋称为三醋。淋醋结束,醋渣残酸仅 0.1 g/100 mL,出缸可直接或加工后作为饲料。

(4)在淋出的醋液中加入香料,加热至 80℃,加入熏醅中浸泡 10 h 后再淋醋,淋出的醋叫原醋(新醋),是老陈醋的半成品,每 100 kg 高粱可出原醋 400 kg。原醋的总酸为 6～

7 g/100 mL,浓度为 7°Bé。

(5)陈酿:将新醋储放于室外缸内,除刮风下雨需上缸盖外,一年四季日晒夜露,冬季醋缸中液面结冰,把冰取出弃去,称为"夏日晒,冬捞冰"。

(6)经过三伏一冬的陈酿,醋变得色浓而体重,一般浓度可达到 18°Bé,总酸含量为 10 g/100 mL 以上。陈酿期为 9~12 月,每 100 kg 高粱得到的 400 kg 原醋,经陈酿后只剩下 120~140 kg 老陈醋。

(7)采用热交换器,在 80℃ 以上进行杀菌,不需加苯甲酸钠防腐。

(8)按照工艺要求、食醋卫生标准以及食醋标签等要求,严格进行食醋的包装贮存和出库管理。

【任务评价】

评价单

学习领域		食醋生产			
评价类别	项目	子项目	个人评价	组内互评	教师(师傅)评价
专业能力(80%)	资讯(5%)	搜集信息(2%)			
		引导问题回答(3%)			
	计划(5%)	计划可执行度(3%)			
		计划执行参与程度(2%)			
	实施(40%)	操作熟练度(40%)			
	结果(20%)	结果质量(20%)			
	作业(10%)	完成质量(10%)			
社会能力(20%)	团结协作(10%)	对小组的贡献(10%)			
	敬业精神(10%)	学习纪律性(10%)			

[师徒共研]

液态深层发酵制醋工艺,是当前世界上应用较广的一种先进酿醋工艺。该工艺机械化程度高,生产周期短,食品卫生好,原料出醋多,但在醋酸发酵过程中,醪液极易发生气泡喷罐现象,从而造成直接的物料损失。

1.产生泡沫及喷罐的原因

根据物理化学的理论,液体物料在充入不溶性气体的条件下,都会产生由醪液液膜包容气体组成的气泡,而醪液的组成成分及每种成分的性质将决定着液膜的牢固性和表面张力。

由简单液体组成的醪液中,气泡到达醪液表面便会轻松破裂,放出气体。当醪液中含有胶体物质或其他大分子物质,使醪液形成胶体溶液具有较大黏度时,气泡膜的牢固性高且表面张力有利于气泡的缩小,这样当气泡到达料液表面时,就会较难破裂而形成泡沫,如果堆积起来就会造成喷罐现象。

在液态发酵食醋生产的两步发酵过程中,都有气体的存在,即酒精发酵中的代谢气体二氧化碳和醋酸发酵中通入的空气。因此,在醪液中形成气泡是不可避免的,而醪液起泡又是引起喷罐的原因。

具体成因分析如下:①淀粉质原料(大米、小米)在进行浸泡、磨浆、调浆、液化、糖化工序中处理不正常,造成酒精发酵醪的黏度大。这样,当酵母呼吸产生二氧化碳时,特别是在酵母的旺盛生长期,二氧化碳大量产生,不能及时破裂的泡沫就会发生喷罐现象。②原料蛋白质分解不够,变性程度低,溶于醪液中会产生大量泡沫。③当酵母进入醪液后,吸收营养,生长繁殖。正常条件下,酵母在发酵前 24 h 的生长应是十分健康的,但当酵母营养不足、培养温度过高、污染杂菌等时,会造成酵母菌早衰死亡的现象。

菌体产生自溶、在醪液中形成大量蛋白质的初步水解物,使气泡大量产生,最后造成喷罐现象,严重影响发酵效果。在醋酸发酵工序中醋酸菌活力的控制相当困难,因为好氧菌的生长期本身就很短,遇到二级种质量有问题、通风不当、料液营养成分欠佳以及分割不及时等,醋酸菌就会大量死亡。由此产生的菌体自溶蛋白质中间体,便会产生大量泡沫,从而造成喷罐现象。

2.起泡及喷罐现象的防治措施

(1)加强原料的处理。液态发酵食醋生产的原料多数为大米,含有较多的淀粉,在液化过程中一定要做到认真配料,稍有疏忽就会影响液化效果,造成料液黏度增加。

液化后,一定要经过升温烧浆,使大米中的蛋白质能受热变性,在发酵过程中容易分解。这对抑制泡沫的产生,有一定的作用。

(2)严格控制酒精发酵的操作要点,合理使用酵母菌。目前,液态发酵食醋生产的许多厂家使用酒精活性干酵母,这种酵母产品在生产的过程中细胞体受到了一定的损伤,因此,如果直接投放到制备好的糖化液中,料液中还原糖等可溶性物质会产生渗透压,使酵母内部的细胞物质渗漏出来,造成部分酵母死亡。

据生产实践证明,使用干酵母接种,发酵 12 h 后酵母菌的死亡率可达 3%～5%,这样转入醋酸发酵工序后就会造成醪液起泡、喷罐。如果将干酵母先行活化后再接入,这样在酒精发酵过程中,酒精酵母的死亡率会大大降低,自溶率减少,料液中泡沫就会被抑制。酒精发酵时,品温要求控制在 28～33℃,超过工艺规定品温,要降温,否则会影响出酒率及菌体自溶产生泡沫。发酵品温过低,要适当延长发酵期。

(3)保持醋酸菌的生理活性。在醋酸发酵过程中,醋酸菌的生理活性不但影响着醋酸的生成率,而且菌体的自溶也同样会造成起泡和喷罐。醋酸菌是好氧性微生物,在液态发酵过

程中,一旦停止通气,几分钟就会造成大量醋酸菌死亡。要求醋酸菌种子要纯,通气供氧不停,温度均匀(一般为 29~31℃)。待酒精含量降低到 0.3% 以下时,及时分割取醋,起泡就会得到抑制。

(4)消泡技术:在产气发酵和通风发酵过程中,气泡的存在是必然的。有时虽然有泡沫,但不影响生产;有时虽然经过一定的工艺调控,但仍有大量的泡沫产生,此时就要有一定的补救措施来消除泡沫。

在味精工业生产中,可用化学消泡法,效果良好,但用于醋酸发酵效果较差。米曲霉孢子含有大量油脂,可起到消泡作用,米曲霉扩大曲含有大量蛋白酶可以分解料液蛋白质的中间物质,起到消泡防喷的作用。采用添加 2% 的米曲霉孢子于酒精发酵液中,效果良好。有些酒醪起泡后,可加土耳其红油消泡。

机械消泡法也能消除少量泡沫,但解决不了实际问题。近年来,国外使用了一种机械消泡专利技术,它是将泡沫引入冷冻装置中进行气液分离,然后将气体排出,液体回流入发酵罐中。该技术具有良好的消泡效果。

思政花园

食品生产经营者应当建立食品安全追溯体系,按照食品安全法的规定如实记录并保存进货查验、出厂检验、食品销售等信息,保证食品可追溯。

——《中华人民共和国食品安全法实施条例》第十八条

[知识链接]

1 糖化发酵剂

把淀粉转变为发酵性糖所用的催化剂称为糖化剂,糖化剂主要有大曲、小曲、麸曲,红曲、液体曲等几种。

1.1 大曲的制备与管理

大曲是以根霉、毛霉、曲霉和酵母菌等微生物为主,并混杂大量的其他野生菌,具有很强的酒精发酵和产酯能力,大曲制作的季节一般以春末夏初到中秋节前后最合适。

根据制曲过程中控制的最高温度不同,可将大曲分为高温曲(制曲过程中最高温度达到 60℃以上)和中温曲(最高品温不超过 50℃)两种类型。高温曲和中温曲区别是,前者含水量低,淀粉含量低、糖化力和液化力也较低。

1.1.1　高温曲制备与管理

（1）工艺流程

曲母、水

小麦 —→ 润料 —→ 磨碎 —→ 粗麦粉 —→ 拌曲料 —→ 踩曲 —→ 曲坯 —→ 堆积培养 —→ 出室贮存 —→ 成品曲

（2）生产操作

①在原料小麦中加入 5%～10% 的水润料 3～4 h 后,进行粉碎,要求成片状,能通过 0.95 mm（20 目）筛的细粉占 40%～50%,未通过的粗粒及麦皮占 50%～60%。

②加入麦粉重量 37%～40% 的水和 4%～5%（夏季）或 5%～8%（冬季）的曲母进行均匀拌料。

③将曲料用踩曲机（或人工踩曲）压成砖块状的曲坯,要求松而不散。

④将曲坯移入有 15 cm 高度垫草的曲房内,三横三竖相间排列,坯之间隔留 2 cm,用草隔开。排满一层后,在曲上铺 7 cm 稻草后再排第二层曲坯,以 4～5 层为宜。在最后一层曲坯上盖上乱稻草,以利保温保湿,并常对盖草洒水,经 5～6 d（夏季）或 7～9 d（冬季）培养,曲坯内部温度可达 60℃ 以上,表面长出霉衣,进行关键的第一次翻曲。第一次翻曲后再经 7 d 培养,进行第二次翻曲,第一次翻曲后 15 d 左右可略开门窗,促进换气。40～50 d 后,曲温降至室温,曲块接近干燥,即可拆曲出房。

⑤成品曲有黄、白、黑 3 种颜色,以黄色最佳,它酱香浓郁,再贮存 3～4 月后成陈曲,备用。

1.1.2　中温曲制备与管理

（1）工艺流程

水

大麦 60% + 豌豆 40% —→ 磨碎 —→ 润料 —→ 踩曲 —→ 曲坯 —→ 入室排列 —→ 长霉 —→ 晾霉 —→ 潮火
阶段 —→ 大火阶段 —→ 后火阶段 —→ 养曲阶段 —→ 出房 —→ 贮存 —→ 成品曲

（2）生产操作

①将大麦和 60% 和豌豆 40%（按重量）混合后粉碎,能通过 20 目筛孔占 20%（冬季）或 30%（夏季）。

②将混合粉加水拌料,使含水量达 36%～38%,用踩曲机将其压成每块重 3.2～3.5 kg 的曲坯。

③将曲坯移入铺有垫草的曲房,排列成行,每层曲坯上放置竹竿,其上再放一层曲坯,共放 3 层,成"品"字形,便于空气流通,曲房室温以 15～20℃ 为宜。经 1 d 左右,曲坯表面长满白色菌丝斑点,即开始"生衣",约经 36 h（夏季）或 72 h（冬季）,品温可升至 38～39℃,此时须打开门窗,并揭盖翻曲,每天一次,以降低曲坯的水分和温度,称为"晾霉",经 2～3 d 后,封闭门窗,进入"潮火阶段",当品温又上升到 36～38℃ 时,再次翻曲,并每天开窗放潮 2 次,需时

4～5 d。当品温继续上升至 45～46℃时,即进入"大火阶段",在 45～46℃条件下维持 7～8 d 最高品温不得超过 48℃,每天翻曲 1 次,当有 50%～70% 的曲块成熟时,大火阶段结束,进入"后火阶段",曲坯日渐干燥,品温降至 32～33℃,经 3～5 d 后进行"养曲",品温在 28～30℃左右,使曲心水分蒸发,待基本干燥后即可出房使用。

1.2 小曲的制备与管理

小曲以米粉、碎米或米为主要原料,添加或不添加中草药,接入纯种酵母、根霉或接入曲母培养而成。小曲分为药小曲、无药白曲、无药糠曲、酒曲饼等。小曲中的主要微生物是根霉和酵母菌,对原料的选择性强,适合用糯米、大米、高粱等作为酿醋原料,薯类及野生植物等不宜作为酿醋原料。

1.2.1 工艺流程

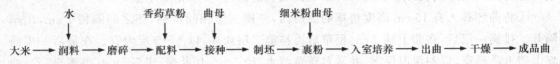

1.2.2 生产操作

(1)取 20 kg 米粉(含裹粉用米粉 5 kg),药粉用量为米粉量的 10%,使用的曲母为上次制备的酒药,制坯时曲母用量为米粉量的 2%,裹粉时曲母用量为米粉量的 4%,用水量为米粉量的 60%

(2)先将大米浸泡 3～6 h,以不黏、无白心为标准。浸泡结束,滤去水分,粉碎,过 180 目筛,筛出 5 kg 细粉留作裹粉用。

(3)将 15 kg 米粉和 2 kg 香药草粉,0.3 kg 曲粉、9 kg 水混合,制成饼块,然后切成小块,在竹匾上筛成圆粒。

(4)将 5 kg 细米粉和 0.2 kg 曲母粉拌匀,作为裹粉材料,裹粉时,先在圆药坯上均匀洒上少许水然后将药坯倒入盛有少量裹粉材料的竹匾中滚动,让裹粉材料均匀地沾在药坯上,如此反复操作,直到裹粉材料用完。

(5)在培曲用的木格底部铺一层稻草,然后将药坯装格入室培养,前期培养 10～20 h,曲室温度控制在 28～31℃,最高品温不得超过 37℃;中期培养 21～45 h,最高品温不得超过 35℃;后期培养 46～90 h,在此过程中品温逐渐下降,曲子渐渐成熟。

(6)曲子成熟后即取出,放入烘房烘干,备用。

成品曲的质量要求为外观呈淡黄色,无黑点,质松,具有酒药芳香。成曲含水量在 12%～14%,总酸不超过 0.6 g/100 mL。

1.3 麸曲的制备与管理

麸曲是以麸皮为主要制曲原料,以优质曲霉菌为制曲菌种,采用固态培养法制得的。麸曲的生产方法有曲盘制曲、帘子制曲和机械通风制曲。

1.3.1　工艺流程

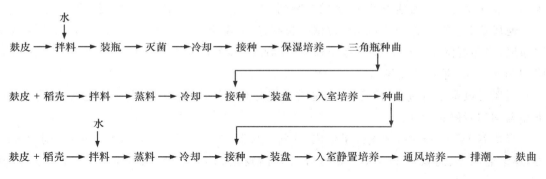

1.3.2　生产操作

(1)试管菌种培养

①培养基配方　6°Bé 米曲汁 100 mL,琼脂 2～3 g,pH 6.0 左右。

②操作　接种后置于 30℃左右恒温箱内培养 3 d,长满黑褐色孢子后取出,放入 4℃冰箱中保存,每 3 个月移接一次,使用 5～6 代后,须分离、纯化,防止菌种退化。

(2)三角瓶菌种培养

①将 100 g 麸皮与 90～100 mL 的水混合均匀,用纱布包好,在 0.1 MPa 压力下蒸汽蒸 30 min,冷却后装入 250 mL 干热灭菌的三角瓶中,厚为 1 cm 左右,塞上棉塞,在 0.1 MP 压力下灭菌 30 min,趁热将瓶内曲料摇松。

②冷却到 30～32℃接种,每瓶接种 6 环,拌匀,呈堆积状,在 30～32℃恒温箱内保温培养,每 8 h 摇瓶一次,36～40 h,曲料结块,应扣瓶摇碎结块,继续恒温培养至全部长满黑褐色孢子即可使用,总培养时间为 4～5 d。

(3)种曲制备及管理

①原料及原料处理　将 90% 麸皮、10% 稻皮与 100% 水混合均匀后堆积 1 h,入锅常压蒸料,冒汽后蒸 1 h,关汽后焖 15～20 min,熟料出锅过筛,装筛要快、松、匀。

②冷却接种　熟料冷却至品温为 30～32℃,接入 0.2% 左右的三角瓶菌种,拌匀,装入经消毒无菌的竹帘上堆积培养。装帘后品温为 30～31℃,在品温 30～33℃。6 h 左右,孢子发芽并有菌丝生长,品温升至 33～34℃时,翻堆一次,降温至 30～31℃,再堆积培养,当品温再升至 34～34.5℃,将料摊平,曲层厚度 1 cm,品温控制在 32～35℃,这是前期操作管理。中期菌丝生长旺盛,呼吸作用强,品温上升迅速,品温控制在 34～35℃,室温在 28～30℃可采用划曲或调换帘子位置等方法控制温度,曲块大小约为 2 cm,保温保湿培养 36 h 后,开始生成孢子,此时品温 35～37℃,室温为 30～34℃,曲料水分要充足,以满足孢子生长的需求。后期菌丝生长缓慢直至停止,并结成大量孢子,曲料变色停止保湿,开窗通风排潮干燥,室温为 34～35℃,品温为 36～38℃,种曲颜色完全变黑,即可出曲,整个过程为 48～50 h。

(4)厚层通风制曲　将麸皮 85%～90%,稻壳 10%～15%,水 65%～70% 混合,拌匀。然后进行蒸料、冷却(同种曲制备)。

将蒸料冷却到 33～35℃，接入 0.3％～0.4％的种曲，曲料入池堆积厚度为 50 cm，品温为 30～32℃，4～5 h 内孢子发芽，料层厚减到 25～30 cm，以利通风降温，便于黑曲霉生长。

通风培养：当培养 8～16 h 时，霉菌生长旺盛，品温由 30～31℃升至 33～34℃，开始第一次通风，当品温降至 30～31℃时停止通风。当品温再次升至 34℃，进行第二次通风，使品温降到 30～31℃，依次反复进行。

通风时风量不可过大，注意保湿，随着品温升高，逐渐加大风量，做到均匀吹透，待上、中下品温均匀后停止通风。

当培养 16～34 h 时，菌丝大量生成，曲料结块紧实，通风受阻，品温上升迅速，则加大风力，连续通风，风温低于 30℃，必要时可打开门窗，保持品温为 34～36℃，上层品温不超过 38℃。

培养最后 1～2 h，可采用间歇通风，加大通风量，控制曲料水分在 25％以下即可，整个厚层通风制曲培养时间为 8～36 h。

厚层通风制曲工艺必须严格掌握配料、料层和通风之间的关系，控制好通风条件，特别要注意保风压、保风温、保风量和保风净，只有如此，才能制得符合质量要求的成曲。

2 酒母

酒母就是选择性能优良经逐级扩大培养后用于糖化醪的酒精发酵的酵母菌。

2.1 实验室阶段培养

（1）培养基制备　实验室培养多采用米曲汁或麦芽汁作为培养基。

①米曲汁制备　将米曲加 4 倍水，置 55～60℃下恒温糖化 3～4 h，米曲汁浓度一般为 10～12°Bx。

②麦芽汁制备　将麦芽磨碎加水混合，在 55～60℃糖化 4 h 后过滤，将滤液浓度调整为 10～12°Bx，即得麦芽汁。

（2）小三角瓶培养　将米曲汁（或麦芽汁）调整浓度 7°Bx，pH 为 4.1～4.4，取 150 mL 装入 250 mL 小三角瓶内，用 0.1 MPa 压力，灭菌 30 min，冷却至常温，无菌条件下，从试管菌种中挑取 1～2 接种环接入小三角瓶培养液内，摇匀。置于 28～30℃保温培养 24 h 左右，瓶内有 CO_2 气泡，瓶底有白色酵母沉淀，即培养成熟。

（3）大三角瓶培养　将 500 mL 米曲汁（或麦芽汁）装入 1 000 mL 大三角瓶内，在无菌条件下取小三角瓶中酵母液 250 mL 移入大三角瓶，摇匀，在 28～30℃保温培养 10～20 h 即可。

2.2 生产车间阶段培养

（1）酒母糖化醪原料的选择　制作酒母糖化的原料以玉米为最好。因为玉米中含有大量淀粉、蛋白质、无机盐和维生素，所以用玉米为原料制作酒母培养基时不需补加其他营养物质。使用薯干粉时应补充氮源。

（2）酒母糖化醪的制作　酒母糖化原料蒸煮采用间歇蒸煮方法，加水量为原料的 4～5

倍,蒸煮后将醪液打入糖化锅,冷却到 68℃ 左右,加入糖化曲搅拌均匀进行糖化,糖化时间控制在 3～4 h,酒母糖化醪糖化完毕后,要加温至 85～90℃,杀菌 15～30 min,确保酒母在培养。

(3)卡氏罐培养　卡氏罐是用锡或不锈钢制成,容量一般为 15 L。将酒母糖化醪稀释至 8°Bx,调节 pH 为 4.1～4.4,取 7.5 L 装入卡氏罐内,然后灭菌。接种时,先将卡氏罐及大三角瓶口用 70% 酒精消毒,然后把培养好的大三角瓶酵母 500 mL,迅速倒入卡氏罐内,摇匀。接种后将卡氏罐放于酒母室内,室温培养 8～18 h,待液面冒出大量 CO_2 泡沫,即培养成熟。

(4)酒母罐培养　酒母培养方法可分为间歇培养和半连续培养两种,主要介绍酒母间歇培养法。

①将酒母罐洗刷干净,并对罐体、管道进行杀菌。

②将酒母糖化醪打入小酒母罐内,调整糖化醪浓度为 8～9°Bx,接入 10% 卡氏罐酒母,通入无菌空气或用机械搅拌,使酒母与糖化醪液混合均匀,并能溶解部分氧气,供酵母繁殖所需,然后控制温度 28～30℃ 进行培养 8～10 h,待醪液糖分降低,并且液面有大量 CO_2 气体冒出,即培养成熟。

③将培养成熟的酒母再接入已装好糖化醪的大酒母罐内,接种量为 10%,用同样方法于 28～30℃ 培养 8～10 h,待醪液糖分降低 50%,液面冒出大量 CO_2 气体时,即可供生产用。

3　醋母

醋母在制醋生产过程中能氧化酒精为醋酸,是醋酸发酵中极重要的菌。

3.1　醋母的选择

醋酸菌是能把酒精氧化为醋酸的一类细菌的总称,一般要求醋酸菌耐酒精,氧化酒精能力强,分解醋酸生成 CO_2 和水的能力弱。现多采用中国科学院微生物研究所 1.41 号醋酸菌及沪酿 1.01 号醋酸菌。

3.2　醋母生产及管理

3.2.1　实验室阶段培养

(1)醋酸菌试管斜面培养

①试管斜面培养基　6°酒液 100 mL,葡萄糖 3 g,酵母膏 1 g,琼脂 2.5 g,碳酸钙 1 g,水 100 mL。

②培养　加热溶化琼脂,分装试管,灭菌冷却后做成斜面试管。在无菌箱内将原菌接入斜面试管,置于 30～32℃ 恒温箱内培养 48 h 即成熟。

③保藏　醋酸菌没有芽孢,易被自己所产生的酸杀灭,特别是能产生酯香的菌种很容易死亡。因此,宜保藏在 0～4℃ 冰箱内备用。

发酵食品加工

（2）三角瓶培养

①培养基制备　称取酵母膏 1 g、葡萄糖 0.3 g、加水 100 mL，溶解后分别装入 1 000 mL 的三角瓶内，每瓶装入量为 100 mL，采用 0.1 MPa 蒸汽压力灭菌 30 min。冷却后，在无菌室内加入 95 度酒精 40%。

②接种　在三角瓶内接入刚培养 48 h 的试管斜面菌种，每支试管可接种 2～3 瓶，摇匀。

③培养　接种后置于恒温箱内静置培养 5～7 d，液面生长出薄膜，嗅之有醋酸的清香味，即为醋酸菌成熟，如果利用摇瓶振荡培养，三角瓶内装入量可加至 120～150 mL，于 30℃ 培养 24 h，镜检菌体正常，无杂菌即可使用。测定酸度一般达 1.5～2 g/100 mL（以醋酸计）。

3.2.2　生产车间培养

（1）固态大缸培养　取生产上配制的新鲜酒醪放置于设有假底、下面开洞加塞的大缸内，把培养菌种推入酒醪表面，使之均匀，接种量为原料的 2%～3%。然后将缸口盖好，使醋酸菌在醪内生长繁殖。1～2 d 后品温升高，采用回流法降温，即将缸底塞子拔出，放出醋汁回浇在醪面上，控制品温不超过 38℃。培养至醋汁酸度（以酸度计）达到 4 g/100 mL 以上，则说明醋酸菌已大量繁殖，即可将固态培养的醋酸菌种接种到生产酒醪中。

菌种培养期间，要防止杂菌污染，如果醋醪中有白花或异味，要进行镜检。污染严重的大缸醋不能用于生产，否则会影响正常的醋酸发酵。

（2）种子罐培养　种子罐内盛酒度为 4%～5% 的酒精醪，填入量为容器的 70%～75%，用夹层汽加热至 80℃，再用直接蒸汽加热至压力为 0.1 MPa，维持 30 min，冷却至 32℃，接入三角瓶种子，接种量在 10%，于 30～31℃ 通风培养 22～24 h，即成熟。

3.3　醋母质量

（1）醋母质量要求　优质醋母的醋酸菌细胞形态整齐、健壮、没有杂菌，革兰氏染色为阴性，成熟醋母的醪液总酸（以醋酸计）为 1.5～1.8 g/100 mL。

（2）影响醋母质量的因素

①培养基质　醋酸菌好糖厌氮，因此生产中应选六碳糖含量丰富的原料作为醋母培养基质。

②培养温度　醋酸菌没有芽孢，对热抵抗力弱、醋酸菌最适生长温度在 30℃ 左右，此时醋酸菌生长繁殖快，细胞形态整齐、健壮。

③通风培养　醋酸菌是好氧菌，通入适量空气对醋酸菌生长十分有利。

④酸度和酒精度　醋酸菌对酸的抵抗性较弱，一般在含醋酸 1.5%～2.5% 时，则完全停止繁殖，但也有个别菌种在含醋酸 6%～7% 浓度中尚能繁殖。

醋酸菌一般耐酒精度为 5%～12%，在含酒精 6%（体积分数）浓度的溶液中尚能制醋。

⑤耐盐力　醋酸菌耐盐力为 1%～1.5%。食盐浓度一旦高于此浓度范围，醋酸菌就被抑制，生长缓慢。

⑥杂菌污染　醋酸菌培养时，要防止杂菌污染，加强灭菌工作，注意卫生。

4　酶法液化通风回流制醋

酶法液化通风回流酿醋工艺是利用酶制剂将原料液化处理,加快原料糖化速度,同时,采用自然通风和醋汁回流代替倒醅操作,使醋醅发酵均匀,提高原料的利用率。

4.1　工艺流程

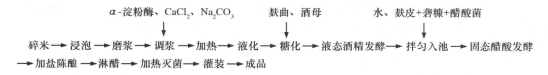

碎米 → 浸泡 → 磨浆 → 调浆 → 加热 → 液化 → 糖化 → 液态酒精发酵 → 拌匀入池 → 固态醋酸发酵 → 加盐陈酿 → 淋醋 → 加热灭菌 → 灌装 → 成品

（α-淀粉酶、CaCl₂、Na₂CO₃）（麸曲、酒母）（水、麸皮+砻糠+醋酸菌）

4.2　主要生产设备

(1)液化及糖化罐　一般容积为 2 m³ 左右不锈钢罐,罐内设搅拌装置及蛇形冷却管,蒸汽管至中心部位。

(2)酒精发酵罐　容积为 30 m³ 左右不锈钢罐,容量为 7 000 kg,内设冷却装置。

(3)醋酸发酵池　容积为 30 m³ 左右,距池底 15～20 cm 处设一竹簟假底,其上装料发酵,假底下盛醋汁,紧靠假底四周设直径 10 cm 风洞 12 个,喷淋管上开小孔,回流液体用泵打入喷淋管,在旋转过程中把醋汁均匀淋浇在醋醅表面(图 6-1)。

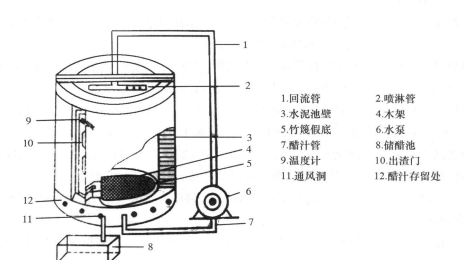

1.回流管　　　2.喷淋管
3.水泥池壁　　4.木架
5.竹簟假底　　6.水泵
7.醋汁管　　　8.储醋池
9.温度计　　　10.出渣门
11.通风洞　　　12.醋汁存留处

图 6-1　醋酸发酵水泥池示意图

4.3　生产操作及管理

4.3.1　主要原料及辅料

同固态发酵酿醋法的主要原料及辅料。

4.3.2　原料处理

(1)原料配比(kg)　碎米 1 200,麸皮 400,砻糠 1 650,水 3 250,食盐 100,酒母 500,醋酸

菌种子200,麸曲60,α-淀粉酶3.9,氯化钙2.4,碳酸钠1.2。

(2)水磨和调浆　碎米用水浸泡无白心,将米与水按1:1.5比例送入磨粉机,磨成细度为70目以上粉浆,送入调浆桶,用碳酸钠调pH 6.2～6.4,加入0.1%氯化钙和每克碎米5 U的α-淀粉酶,充分搅拌。

4.3.3　液化与糖化

(1)液化　将浆料送入液化桶内,加热升温至85～92℃,保持10～15 min,用碘液检测显棕黄色表示已达到液化终点,然后升温至100℃,保持10 min,达到灭菌和使酶失活的目的。

(2)糖化　将液化醪冷却至63℃,加入麸曲,糖化3 h,碘液无颜色反应,糖化完毕。

4.3.4　酒精发酵

(1)糖化醪在糖化锅里冷却到27℃后,将3 000 kg糖化醪泵入酒精发酵罐,再加水3 250 kg,调节pH 4.2～4.4,接入酒母500 kg。控制醪液温度33℃左右,使发酵醪总数在6 750 kg。

(2)开始发酵,品温逐渐上升,当达到33℃左右,在夹套内通入冷却水冷却降温,控制酒精发酵品温在30～37℃。

发酵5 d左右,酒醪的酒精含量达到8.5%左右,酸度0.3%～0.4%,发酵结束。

4.3.5　醋酸发酵

(1)进池　将酒醪、麸皮、砻糠和醋酸菌种子用制醅机充分混合,装入醋酸发酵池内。温度控制在35～38℃最宜,盖上塑料布,开始发酵。

(2)松醅　上层醋醅的醋酸菌繁殖快,升温快,24 h可升到40℃,而中层醋醅温度较低,所以要进行松醅,将上面和中间的醋醅尽可能疏松均匀,使温度一致。

(3)回流　松醅后,每当醋温度升至40℃以上即可进行醋汁回流,使醅温降低。每天可进行6次回流,每次放出醋汁100～200 kg,一般回流120～130次醋醅即可成熟。

(4)醋酸发酵温度　前期可控制在42～44℃,后期控制在36～38℃,如果温度升高过快,除醋汁回流降温外,还可将通风洞全部或部分塞住,进行控制和调节。

当醋酸发酵20～25 d时,测定醋醅中酒精含量已微,醋汁酸度达6.5～7 g/100 mL,酸度不再上升,醋醅成熟。

(5)加盐　醋酸发酵结束,将食盐置于醋醅面层,用醋汁回流溶解食盐使其渗入醋醅中,为避免醋酸被氧化分解成CO_2和H_2O。

(6)淋醋　淋醋仍在醋酸发酵池内进行。把二醋浇淋在成熟醋醅面层,从池底收集头醋,当流出的醋汁醋酸含量降到5 g/100 mL时停止收集,得到的头醋可配制为成品醋。头醋收集完毕,再在醋醅上面浇入三醋,下面收集到的是二醋。最后在醋醅上加水,下面收集三醋。二醋和三醋供下批淋醋循环使用。

(7)灭菌及配制　与固态发酵制醋相同。

5　液态法制醋

在液体状态下进行的耐酸发酵称为液态发酵法制醋。常见的有表面发酵法、淋浇发酵法、液态深层发酵法(图 6-2)、固化菌体连续发酵法。液态发酵法不用辅料,可节约大量麸皮和谷糠,使环境卫生得到改善,减轻劳动强度,有利于实现管道输送,提高了机械化程度,生产周期较固态法缩短。但其风味、色泽及稠厚度较固态法相比要差,需采取其他方法改善。

图 6-2　液态深层发酵

5.1　工艺流程

α-淀粉酶、$CaCl_2$、Na_2CO_3　　糖化曲　　酒母　　　　　麸皮+砻糠+醋酸菌

淀粉质原料 → 调浆 → 液化 → 糖化 → 酒精发酵 → 酒醪 → 醋酸发酵 → 醋醪 → 配兑 → 灭菌 → 成品

5.2　生产操作及管理

液态深层发酵酿醋法是一种先进的生产工艺,一般用谷类、薯类为生产原料。

(1)粉碎　原料可用干法粉碎或湿法粉碎,干法粉碎细度在 60 目以上,湿法粉碎细度在50 目以上。

(2)调浆　原料粉碎后加水,加入原料质量 0.1％的 $CaCl_2$ 和 10％的 Na_2CO_3,调整粉浆pH 为 6.2～6.4,并按 60～80U/g 原料加入细菌 α-淀粉酶制剂,充分搅拌,调成 18～20°Bé粉浆。

(3)液化与糖化　用泵将粉浆打入糖化罐,升温至 85～90℃,维持 15 min,用碘液检查呈棕黄色,液化完成。再升温至 100℃灭菌,维持 20 min。然后将醪液迅速冷却至 63～65℃,加入原料量 10％的麸曲或按 1 g 淀粉加入 100U 糖化酶,糖化 1～1.5 h。然后加水使糖化醪浓度为 8.5°Bé,并使醪液降温至 32℃。

糖化醪质量要求为:糖度 13～15°Bx,还原糖 3.5 g/mL 左右,总酸(以醋酸计)含量度为8.5°Bé,并使醪液降温至 32℃。

（4）酒精发酵　将糖化醪泵入酒精发酵罐中，向罐中接入 10％的酒母，定容至 85％～90％，温度为 30～34℃，发酵 3～5 d。当醪液的酒精含量为 6％～7％，糖度 0.5°Bx 以下，总酸（以醋酸计）含量 0.5 g/100 mL 左右，酒精发酵结束。

（5）醋酸发酵　醋酸发酵罐为自吸式发酵罐。用清水洗净发酵罐，用蒸汽在 150 kPa 下对发酵罐和管道灭菌 30 min，将酒醪泵入发酵罐中，当醪液淹没自吸式发酵罐转子时，开机自吸通风搅拌，装液量为罐容积的 70％。接入醋酸菌种子液 10％（体积分数）。

发酵条件：料液酸度 2％，温度 33～35℃，发酵通风比为控制在发酵醪液体积与通入空气体积比为 1:（0.08～0.1）/min，发酵时间为 40～60 h。当酒精含量（以容量计）降至 0.3％左右，总酸不再增加时，发酵结束，升温至 80℃灭菌，维持 10 min，成熟的醋酸发酵醪液酒精含量为 0.3％左右，总酸（以醋酸计）含量 6 g/100 mL 左右。

（6）过滤　将板框过滤机进料阀门打开，使贮存罐内的成熟发酵自然压进板框中，等待一定时间后，打开料泵将醋醪压进框内，最高压力为 0.2 MPa。要注意观察滤液的流量和澄清度，并作适当调整，醋醪打完后，通风压滤，然后进水洗渣。洗渣完毕，将板框松开清渣，滤布洗净晾干备用。

（7）配制与加热　取半成品醋进行化验，按质量标准进行配兑，并加入食盐 2％，通过列管式换热器加热至 75～80℃进行灭菌，然后输送至成品贮存罐。

（8）产品后处理　为了改善液态发酵的风味，可以用熏醅增香、增色，即将液态发酵的生醋用以浸泡固态发酵工艺中的熏醅，然后淋醋，使之具有熏醅的焦香、悦目的黑褐色。也有把液态发酵醋和固态发酵醋勾兑，以弥补液态发酵醋不足之处。

6　喷淋塔法制醋

喷淋塔法制也称浇淋法、醋塔法、速酿法等，是液态制醋的一种。其特点是用稀酒或酒精发酵醪为原料，在塔内自上而下地流经附着大量醋酸菌的填充料，使酒精很快氧化成醋酸。用这种生产方法又分为浇淋法和速酿法两种类型。

6.1　浇淋法

淀粉质原料加水、加热糊化后，用糖化剂糖化，再接种酵母菌进行酒精发酵，待发酵完毕后接种醋酸菌，通过回旋喷洒器反复淋浇于醋化池内的填充物上。淋浇发酵法不同于前面的固态发酵法，固态发酵法是以酒醪拌麸皮，发酵一批出渣一批，需要消耗大量辅料；而淋浇发酵法是以谷糠和麸皮等为填充料，酒醪回流喷洒于醋醅上，可以连续回流，麸皮等可连续使用。

6.1.1　工艺流程

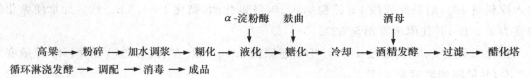

6.1.2　生产操作

（1）酒液制备　碎米经浸泡、磨浆、液化、糖化及液态发酵,酒精浓度以 7°～8° 为好。

（2）醋酸发酵　将酒液一次加入醋塔内,再接入醋酸菌液 10%,然后定时,定温循环回淋,约每隔 90 min 回淋一次。品温控制 35～42℃。根据品温变化情况控制回淋次数及空气入口,经 50 多小时,酒精耗尽,测定淋出酸度不再上升,即为成品。

（3）原料出品率　约 7.5 kg(醋酸含量 5 g/100 mL)/kg 主粮。

6.2　速酿法

速酿法也称醋塔法,是以稀酒液为原料,在塔内流经附着大量醋酸菌的填充料,使酒精很快氧化成为醋酸。丹东白醋就是用这种工艺生产的。

6.2.1　工艺流程

循环醋液、酵母液、水

白酒 → 混合配制 → 喷淋 → 发酵 → 调配 → 勾兑 → 化验 → 包装 → 成品

6.2.2　生产操作

（1）酵母液制备　20 mL、400 mL、10L、125L 四级扩大,培养基采用糖化液,其含糖量为 10%～14%,26～27℃ 静止培养,一般 6～10 h。经灭菌、冷却、过滤备用。

（2）混合液配制　醋液(总酸 9.0%～9.5%)、50 度大曲酒、酵母液、温水(温度为 32～34℃)、醋酸(含量 7%～7.2%)、酒精(含量 2.2%～2.5%)、酵母浸汁(1%),总量 720 kg。

（3）喷淋及其操作　每天喷洒 16 次:早 3 点一次,8 点至 22 点 15 次,每次喷酒量为混合液 45 kg,其余时间静止发酵。

（4）发酵　室温 28～32℃,塔内温度 34～36℃,流出液酸度:9%～9.5%,一部分循环使用流出液。

（5）成品　加水调到规定酸度,加入 2.5% 食盐。50 度大曲酒每千克可产 5% 白醋 8 kg。

7　食醋生产新工艺

以白米醋酿造为例介绍食醋新工艺生产技术。以糯米和饮用白酒为原料,将糯米酿制成黄酒液,与白酒混合稀释,加入醋母,采用表面静置发酵法进行酿制。

7.1　工艺流程

加发酵剂　温水　　　　　白酒　基础醋母

糯米 → 浸泡 → 蒸煮 → 降温 → 糖化及酒精发酵 → 榨酒 → 过滤 → 黄酒液 → 醋酸发酵 → 食盐 → 沉淀 → 加温 → 过滤 → 配兑 → 贮存 → 成品

7.2　生产操作

（1）黄酒液的制备　将糯米浸泡 10 h 左右,沥水后蒸煮 20 min,要求米饭熟透心而不烂,

均匀一致。摊晾降温到 35～37℃,拌入糖化酶 15 U/g,米曲霉麸曲 5％,黄酒干酵母 0.1％,翻拌均匀入缸进行糖化酒精发酵。温度控制在 25℃左右,每天搅拌一次,7～9 d 酒精发酵结束。加入酿酒料量的 100％～120％的温水拌匀压榨过滤,并检查酒精度,以备配兑稀酒精液时计算酒精量。

(2)基础醋母制备 稀释米酒液使酒精含量为 6％～8％,取固态发酵醋醅内的无盐醋液,醋酸含量为 5 g/100 mL。酒醋液各一半,混合后醋酸发酵,温度控制在 28～32℃,经 25 d 醋化结束,制得基础醋母。

8　食醋分类

(1)按原料处理方法分类 粮食原料不经过蒸煮糊化处理,直接用来制醋,称为生料醋;经过蒸煮糊化处理后酿制的醋,称为熟料醋。

(2)按制醋用糖化曲分类 有麸曲醋、老法曲醋之分。

(3)按醋酸发酵方式分类 有固态发酵醋、液态发酵醋和固稀发酵醋之分。

(4)按食醋的颜色分类 有浓色醋、淡色醋、白醋之分。

(5)按风味分类 陈醋的醋香味较浓;熏醋具有特殊的焦香味;甜醋则添加有中药材、植物性香料等。

(6)按产地命名分类 有山西老陈醋、镇江香醋、四川保宁醋、上海香醋等。

9　食醋生产的原辅料及预处理

9.1　食醋生产的原辅料

制醋原料按工艺要求般可以分为主料、辅料、填充料和添加剂四大类。

(1)主料 主料是指能通过微生物发酵被转化而生成醋酸的物料,如谷物、薯类、果蔬、糖蜜、酒精、酒糟以及野生植物等,一般都是含有糖、淀粉或酒精三种主要化学成分的物质。

(2)辅料 酿醋的辅料要求含有一定量的碳水化合物和丰富的蛋白质与矿物质,为酿醋用微生物提供丰富的营养物质,增加成醋的糖分和氨基酸含量,形成食醋的色、香、味、体。常用的辅料有谷糠、麸皮、玉米皮或豆粕等。

(3)填充料 填充料主要作用是疏松醋醅,积存和流通空气,有利于醋酸菌的好氧发酵。填充料要求是:无异味、疏松、表面积大、有适当的硬度和惰性。常用的填充料有粗谷糠(即砻糠)、小米壳、高粱壳、玉米芯等。

(4)添加制 添加剂能不同程度地提高固形物在食醋中的含量,改进食醋的色泽和风味,改善食醋的体态。常用的添加剂有以下几种:

①食盐 在醋醅发酵成熟后,需加入食盐抑制醋酸菌,防止醋酸菌将醋酸分解。同时,食盐还起到调和食醋风味的作用。

②砂糖、香辛料 砂糖、香辛料能增加成醋的甜味,并赋予食醋特殊的风味。

③炒米色 炒米色能增加成醋色泽及香气。

④酱色　增加色泽,改善体态。

⑤防腐剂　苯甲酸钠、山梨酸钾等,防止食醋长醭霉变。

9.2　原料处理

(1)除去杂质　谷物原料多采用分选机处理,通过分选机将原料中的尘土和轻质夹杂物吹出,再经过几层筛网把谷粒筛选出来。薯类用搅拌棒式洗涤机将表面附着的沙土洗涤除去。

(2)粉碎与水磨　为了扩大原料同微生物酶的接触面积,使之充分糖化,应将原料粉碎。生料制醋时原料粉碎应不小于 50 目,酶法液化制醋则用水磨法粉碎原料。

原料粉碎的常用设备是:锤式粉碎机、刀片轧碎机、钢板磨。

(3)原料蒸煮　粉碎后的淀粉质原料,润水后在高温条件下蒸煮,使植物组织和细胞破裂,细胞中淀粉被释放出来,淀粉由颗粒状转变为溶胶状态,糖化时更易被淀粉酶水解。同时,高温蒸煮能杀灭原料中的杂菌,减少酿醋过程中杂菌污染的机会。原料蒸煮温度在 100℃或者 100℃以上。

10　食醋酿造用微生物

食醋生产的微生物主要有曲霉菌、酵母菌、醋酸菌及乳酸菌等。

10.1　曲霉菌

曲霉菌种类很多,主要有黑曲霉、米曲霉、红曲霉、黄曲霉、白曲霉、乌沙米曲霉等,它们在食醋生产中主要作用是糖化,其中黑曲霉的糖化能力较强,应用最为广泛。常用糖化菌及其特性如下:

(1)甘薯曲霉　培养最适温度为 37℃,含有较强活力的单宁酶与糖化酶,有生成有机酸的能力。适宜于甘薯及野生植物酿醋时作糖化菌用。常用的菌株为 AS 3.324。

(2)邬氏曲霉　邬氏曲霉是由黑曲霉中选育出来的,该菌能同化亚硝酸盐,淀粉糖化能力根强,淀粉酶和 P 淀粉酶活力都很高,并有较强的单宁酶与耐酸能力,适用于甘薯及代用原料生产食醋。常用的菌株为 AS 3.758。

(3)河内曲霉　又称白曲霉,是邬氏曲霉的变异菌株。其主要性能和邬氏曲霉大体相似,但生长条件粗放,适应性强。生长适温为 34℃左右,此菌主要在东北地区广泛使用。另外,酶系也较母株邬氏曲霉单纯,用于酿醋,风味较好。

(4)泡盛曲霉　最适生长温度 30～35℃,能生成曲酸和柠檬酸,淀粉酶活力较强。

10.2　酵母菌

酵母菌在食醋酿造中的作用是将葡萄糖分解为酒精、CO_2 及其他成分,为醋酸发酵创造条件,要求酵母菌有强的酒化酶系,耐酒精、耐酸、耐高温及繁殖力强,生产性能稳定,变异性小、产生香味。酵母菌最适宜的培养温度为 28～32℃,最适宜 pH 为 4.5～5.5,酵母菌为兼性厌氧菌,只有无氧条件下才能进行酒精发酵。常用酵母菌及其特性如下:

（1）拉斯 2 号酵母（Rase Ⅱ）　可发酵葡萄糖、蔗糖、麦芽糖，不发酵乳糖，25～27℃下液体培养 3 d，稍浑浊，有白色沉淀。

（2）拉斯 12 号酵母（Rase Ⅻ）　细胞呈圆形、近卵圆形。常用于酒精、白酒、食醋的生产。

（3）南洋混合酵母（1308）　可发酵葡萄糖、蔗糖、麦芽糖，不发酵乳糖、菊糖和蜜二糖。

（4）南洋 5 号酵母（1300）　可发葡萄糖，蔗糖、麦芽糖和 1/3 棉籽糖，不发酵乳糖、菊糖、蜜二糖。

（5）K 字酵母　细胞呈卵圆形，细胞较小，生长迅速。适于高粱、大米、薯干原料生产酒精、食醋。

（6）活性干酵母（Active Dry Yeast，ADY）　活性干酵母的特点是操作简便，起发速度快，出品率高。

10.3　醋酸菌

醋酸菌是能把酒精氧化为醋酸的一类细菌的总称。因此要求醋酸菌耐酒精，氧化酒精能力强，分解醋酸产生 CO_2 和水的能力弱，常用醋酸菌及其特性如下：

（1）AS1.41　该菌的细胞呈杆形，常呈链锁状，革兰氏阴性，该菌专性好气，最适培养温度为 28～30℃，最适产酸温度为 28～33℃，耐酒精度在 8％以下，最高产酸量达 7％～9％（醋酸计）该菌转化蔗糖力很弱，产葡萄糖酸力也很弱；能氧化醋酸为 CO_2 和 H_2O，也能同化铵盐。

（2）沪酿 1.01　该菌有好气性，能将酒精氧化成醋酸，也能将葡萄糖氧化成葡萄糖酸，并能将醋酸氧化成 CO_2 和 H_2O，最适培养温度为 30℃，最适产酸温度为 32～35℃。

（3）许氏醋酸菌　许氏醋酸菌为国外有名的速酿醋菌种，产酸率高达 1.5％（以醋酸计）最适培养温度 25～27.5℃；在 37℃时不能将酒精氧化成醋酸，对醋酸不能进一步氧化。

（4）纹膜醋酸菌　纹膜醋酸杆菌是日本酿醋的主要生产菌株。在高浓度酒精（14％～15％）溶液中也能缓慢地进行发酵，产醋酸最大可达 8.75％（以醋酸计），能将醋酸进一步分量成 CO_2 和 H_2O，耐高糖，在 40％～50％葡萄糖溶液中仍能生长。

11　食醋酿造原理

酿醋是以含有淀粉、糖或两者均有的农作物，经由微生物作用产生乙醇发酵与醋酸发等，两阶段发酵过程生产而成，成品中含有一定量的醋酸可食用液体。这个定义说明了三个重点，即天然的原料、两阶段的发酵、含有一定量的醋酸。

所谓两阶段发酵是指，第一阶段：糖化与酒精化，由糖化菌与酵母菌把原料里的淀粉分解成糖，产生麦芽糖和葡萄糖，糖再转化为酒精（乙醇）与二氧化碳，此阶段的糖化、酒精化是交互进行的，所以又称为复式发酵；第二阶段：醋酸菌会再把酒精（乙醇）氧化成醋酸。两阶段发酵完成后就生成醋，而色、香、味多在后熟过程中产生。色素的产生是通过美拉德反应，香气主要是些酯类，综合味道包括各种酸、醇、氨基酸等。醋酸含量的多寡与第一阶段生成的酒精有关，酒精含量越高，转换出来的醋酸越高。醋的质量标准是醋酸含量，但是醋酸含量的测定并不能区分醋是纯醋酸还是合成的，而是醋液必须含有一定比例的醋酸才能达到抑菌的能力。

任务二
果醋生产

【任务描述】

　　果醋是以水果,包括苹果、山楂、葡萄、柿子、梨、杏、柑橘、猕猴桃、西瓜等,或果品加工下脚料为主要原料,利用现代生物技术酿制而成的一种营养丰富、风味优良的酸味调味品。它兼有水果和食醋的营养保健功能,是集营养、保健、食疗等功能为一体的新型饮品。

【参考标准】

　　GB/T 30884—2014　苹果醋饮料

【工艺流程】

　　原料水果 → 预处理 → 洗净 → 破碎 → 榨汁 → 果胶酶处理 → 过滤 → 加热 → 酒精发酵(加酵母培养液) → 醋酸发酵(加醋酸菌培养液) → 过滤 → 后熟 → 杀菌(调配) → 成品

【任务实施】

　　(1)发酵　用果品加工中的果皮、果核以及残次果作为原料,取料 125 kg,洗净,放入锅中煮沸 40～50 min,煮烂捣碎,用筛过滤的果泥,冷却至 30℃,加入酒酵母液 12 kg,每日搅拌 2～3 次,几天之后,再加入酒酵母 4 kg,第 6 天发酵完毕。

　　(2)制醋坯　将发酵好的果泥,加入麸皮 27 kg,放入缸内,缸上用席盖好,使其自然发热。一般经 24～36 h 后,缸中温度就会升到 40℃。即用铲子将缸中物料翻拌散热。这样继续 4～5 d,并随时注意缸中温度变化,每隔 4～5 h 翻拌散热,不使温度超过 40℃,4～5 d 后温度开始下降,这时取食盐 4 kg,放入缸内,拌匀,即成醋坯。将醋坯倒入另一缸中压实,缸上撒一层谷糠或稻壳,再用泥封严,经 5～6 d 后,即可淋醋。

　　(3)淋醋　在陶瓷缸靠近底部的侧面,开一直径为 3 cm 的小孔,距缸底 4～6 cm 处放水架,架上铺席或细布,将成熟的醋坯倒入缸中,从上面徐徐加煮沸过的冷水 250 kg,醋液即从缸底小孔冒出,淋过的醋坯,再加水淋一次,作为下次淋醋之用。

　　(4)果醋的陈酿　给醋中留有少量残余酒精,将醋装入坛中,装满、密封、静置 1～2 个月,完成陈酿过程。

　　(5)装瓶、杀菌、保藏

【考核评价】

评价单

学习领域			果醋加工		
评价类别	项目	子项目	个人评价	组内互评	教师(师傅)评价
专业能力(80%)	资讯(5%)	搜集信息(2%)			
		引导问题回答(3%)			
	计划(5%)	计划可执行度(3%)			
		计划执行参与程度(2%)			
	实施(40%)	操作熟练度(40%)			
	结果(20%)	结果质量(20%)			
	作业(10%)	完成质量(10%)			
社会能力(20%)	团结协作(10%)	对小组的贡献(10%)			
	敬业精神(10%)	学习纪律性(10%)			

[师徒共研]

1.水果的处理不当

水果在贮藏过程中极易腐败变质,对果醋质量构成威胁;原料的糖、酸、单宁等成分都会影响发酵过程。保证果醋质量就必须从源头保证原料的质量。选择无病虫害的水果,储藏期间妥善保管,防止微生物侵染。

为了酿制优质的果醋,根据微生物繁殖及发酵的需要,对果汁成分进行调整,主要对果汁糖分、酸度、含氮物质调整。尽量考虑水果香气成分的保留。有些水果的单宁含量较高,在果醋的酿制过程中容易褐变,对果醋的风味产生直接的影响,使口感、色泽变差,而且还会抑制酒精发酵。所以水果在发酵前需进行处理。

2.果醋浑浊、沉淀现象

果醋在保存和食用过程中,常出现有悬浮膜、结块现象,降低品质。醋的浑浊是一个非常复杂的现象,可概括为非生物性浑浊和生物性浑浊大类型,每一种类型都有很复杂的原因和影响因素。

生物性浑浊中,微生物是最主要的原因。

①发酵过程中微生物侵染引起的浑浊。由于醋的酿制大部分采用开口式的发酵方式,空气中杂菌容易侵入。发酵菌种主要来自曲料,有霉菌(红曲霉、根霉、米曲霉)、酒精酵母、

醋酸杆菌等,同时也寄生着其他微生物,如汉逊氏酵母、皮膜酵母、乳酸菌和放线菌等,正是这些微生物产生了醋多种香味物质和氨基酸等,对产品是有益的。但皮膜酵母及汉逊氏酵母在高酸、高糖和有氧的条件下,产生酸类的同时,也繁殖了自身,大量的酵母菌体上浮形成具有黏性的白色浮膜,且多呈现乳白色至黄褐色。当各种其他杂菌也大量繁殖后,悬浮其中就造成了食醋的浑浊现象。

②成品食醋再次污染造成的浑浊。经过滤后清澈透明的醋或过滤后再加热灭菌的醋搁置一段时间后逐渐呈现均匀的浑浊,这是由嗜温、耐醋酸、耐高温、厌氧的梭菌引起的。梭菌的增殖不仅消耗醋中的各种成分,还会代谢不良物质,如产生异味的丁酸、丙酮等破坏醋的风味,而且大量菌体包括未自溶的死菌体使醋的光密度上升,透光率下降。

生物性浑浊的主要解决方法:保证加工车间、环境卫生,操作人员的规范作业,应用先进的杀菌设备,防止杂菌污染等。

非生物性浑浊主要是由于在生产、贮存过程中,原辅料未完全降解和利用,存在着淀粉、糊精、蛋白质、多酚、纤维素、半纤维素、脂肪、果胶、木质素等大分子物质及生产中带来的金属离子。这些物质在氧气和光线作用下发生化合和凝聚等变化,形成浑浊沉淀。另外,辅料中含有部分粗脂肪,这些物质将与成品中的金属离子络合结块,而且这些物质给耐酸菌提供了再利用的条件,因此产生了浑浊。果醋的非生物性浑浊是由于果汁中的一些物质引起的,因此防止果醋浑浊一般在发酵之前需合理处理果汁,去除或降解其中的果胶、蛋白质等引起浑浊的物质。具体方法有:

①用果胶酶、纤维素酶、蛋白酶等酶制剂处理果汁,降解其中的大分子物质。

②加入皂土使之与蛋白质作用产生絮状沉淀,并吸附金属离子。

③加入单宁、明胶。果汁中原有的单宁量较少,不能与蛋白质形成沉淀,因此加入适量单宁,其带负电荷与带正电荷的明胶(蛋白质)产生絮凝作用而沉淀。

④利用聚乙烯吡咯烷酮强大的络合能力使其与聚丙烯酸、鞣酸、果胶酸、褐藻酸生成络合性沉淀。

1 果醋生产的原料

果醋是以水果或残次果为主要原料,加入适量的麸皮,经固态发酵酿制的。

1.1 主料

主料是指能通过微生物发酵被转化而生成醋的物料,如苹果、山楂、葡萄、柿子、梨、杏、柑橘、猕猴桃、西瓜等。

1.2 辅料

酿果醋的辅料要求含有一定量的碳水化合物和丰富的蛋白质与矿物质,为酿果醋用微生物提供丰富的营养物质,增加成醋的糖分和氨基酸含量,形成食醋的色、香、味、体。常用的辅料有谷糠、麸皮、玉米皮或豆粕等。

1.3 添加剂

添加剂能不同程度地改进果醋的色泽和风味,改善果醋的体态。常用的添加剂有以下几种:

(1)食盐 在醋醅发酵成熟后,需加入食盐抑制醋酸菌,防止醋酸菌将醋酸分解。同时,食盐还起到调和果醋风味的作用。

(2)砂糖 砂糖能增加成醋的甜味。

(3)防腐剂 苯甲酸钠、山梨酸钾等,防止果醋霉变。

2 果醋生产工艺

果醋发酵的发酵方法有固态发酵法、液态发酵法和固—液发酵法。具体采用哪种方法依水果的种类及品种而定。一般含水量多,易榨汁的水果选用液态发酵法,如葡萄、苹果、梨等;含水量少、不易榨汁的果实为原料时,选用固态法如山楂、枣等;固—液发酵法的果实介于二者之间。

2.1 固态发酵法

固态发酵酿醋是以粮食为主要原料,某些水果(或皮渣、残果等)为辅料,处理后接入酵母菌、醋酸菌发酵制得。该法生产的产品风味好,但是存在劳动强度大、原料利用率低、发酵周期长等缺点。

2.1.1 发酵工艺流程

```
                          酵母液
                            ↓
水果 → 清洗 → 破碎 → 混合 → 接种 ← 醋醅 ← 拌和 ← 麸皮、水、醋用发酵剂
                            ↓
         糖化、酒化、醋化 → 淋醋 → 包装 → 灭菌 → 检验 → 成品果醋
```

2.1.2 操作要点

(1)酒精发酵 取果品洗净,破碎,接入3%～5%酵母液,进行酒精发酵,经6 d左右发酵结束。

(2)制醋醅 在酒精发酵的果品中,加入原料量50%～60%的麸皮、米糠等,再接入醋用发酵剂10%～20%,充分搅拌均匀,放入缸内,缸上用席盖好,使其自然发热。一般经24～36 h后,缸中温度就会升到40℃。即用铲子将缸中物料翻拌散热。这样持续4～5 d,并随时注意缸中温度变化,每隔4～5 h翻拌散热,不使温度超过40℃,保持4～5 d后温度开始下

降,这时加入食盐 2％～3％,放入缸内搅拌均匀,即成醋醅。

(3)淋醋　在陶瓷缸靠近底部的侧面,开一直径为 3 cm 的小孔,距离缸底 4～6 cm 处放置滤板,铺上滤布。从上面缓慢淋入约与醋醅量相等的冷却沸水,醋液即从缸底小孔流出,淋过的醋醅再加水淋一次,下次淋醋时用。

(4)陈酿及保藏　陈酿时将果醋装入桶或坛中,装满、密封、静置 1～2 个月即完成陈酿过程。通过陈酿,果醋变得澄清,风味更加纯正,香气更加浓郁。陈酿后的醋再进行精滤,在 60～70℃下杀菌 10 min,即可装瓶保藏。

2.2　液态发酵法

2.2.1　工艺流程

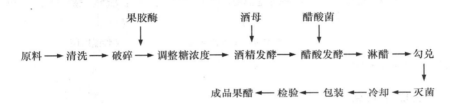

2.2.2　操作要点

(1)清洗　将水果用清水洗涤干净,去除腐烂水果,取出沥干。

(2)去皮榨汁　将水果去皮、去核后榨汁,一般果汁率在 65％～80％。

(3)澄清过滤　将果汁放入桶中加热至 95～98℃,冷却到 50℃,加入 0.01％的果胶酶,保持温度在 40～50℃,时间 1～2 h,再经过过滤使果汁澄清。

(4)酒精发酵　果汁温度在 30℃时接入酵母 10％,维持温度在 30～34℃,发酵 4～5 d。

(5)醋酸发酵　将果酒加水稀释至 5％～6％,接入醋酸菌 5％～6％,搅拌,控制温度在 28～30℃,进行静置发酵,30 d 后基本成熟。此法发酵效率比液态深层发酵低。一般现在有条件的工厂都采用液态深层发酵法。

2.3　固—液发酵法

谷壳 → 清洗 → 破碎　　　　　　　　　　　　　醋酸菌

水果 → 清洗 → 破碎 → 混合 → 酒精发酵 → 固液分离 → 醋酸发酵

→ 淋醋 → 勾兑 → 装瓶 → 灭菌 → 检验陈酿 → 成品果醋

有些醋产在酿醋时采用固态和液态混合发酵的方法,有前液后固和前固后液两种方法。该法与传统的固态发酵法相比较,发酵周期缩短,原料利用率提高,减少了劳动力的强度。

3　果醋生产新工艺

以膨化法酿制有机果醋为例介绍果醋新工艺生产技术。在常规果醋生产中,粮食原料磨碎后加水,用纯碱调节 pH,添加氯化钙后经 α-淀粉酶液化、糖化酶糖化,制取糖液和果实(果汁)混合进行液态酒精发酵。而在有机果醋生产中采用国际上比较先进的挤压膨化技术,即粮食原料进入膨化机通过螺杆旋转和挤压产生高压,从膨化机套筒内突然挤出,压力骤降时水汽突然膨胀并急速蒸发,产生类似爆炸的效果,形成膨胀大米,膨胀大米表面积增大 400%,大米中不溶性物质变成可溶性物质,淀粉糊化降解与果实(果汁)混合直接进行酒精发酵,能提高有机果酒澄清度、风味质量和出品率。

3.1 工艺流程

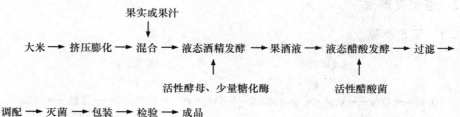

3.2 工艺操作要点

(1)大米膨化 大米经去石、去铁后,均匀进入膨化机,膨化机经 0.2 MPa、130℃ 挤压膨化后打成颗粒状。

(2)酒精发酵 按大米 100、果汁 400、水 200 的比例配料,添加大米量 1% 的活性干酵母,添加糖化酶 50U/g 原料,35～40℃ 酒精发酵 120 h。

(3)醋酸发酵 酒精发酵液加果渣和加水调节酒精度 4.0%,接入 0.02% 活性醋酸菌,30～32℃ 静置发酵 1 个月至酸度 3.5 g/100 mL 以上。

(4)过滤灭菌 醋酸发酵液先经离心分离机去掉果渣,滤液加 0.2% 硅藻土经板框压滤得澄清有机果醋原液,调配后经连续板式热交换器(出口温度 95℃)灭菌。

项目七
酱油生产

▶ 知识目标

1. 掌握酱油发酵中主要微生物及其在酱油酿造中的作用。
2. 掌握酱油的工艺流程及关键步骤。
3. 掌握酱油颜色与风味等的形成机理。

▶ 技能目标

1. 熟悉酱油生产设备性能并能进行实际操作。
2. 能根据产品质量要求进行生产过程控制。

▶ 德育目标

通过对各项工艺环节的实践操作,培养学生有效组织,合理分工,相互协作,团队合作的能力。

任务一

酱油种曲和成曲制作

【任务描述】

早在公元前十一世纪初的周朝,就出现了以大豆、小麦为原料生产的豆酱及豆酱油。随着科学技术的不断发展和生产实践经验的逐渐积累,人们发现采用大豆脱脂后的豆粕或豆饼也可生产出质量不错的酱油。选择什么样的原辅料就会使产品具有什么样的风味,合理选择是保证产品质量的前提。

【参考标准】

GB/T 18186—2000 酿造酱油

SB 10336—2000 配制酱油

【工艺流程】

1 种曲制备工艺流程

以沪酿 3.042 米曲霉为例,采用曲盘制种曲,种曲制备的工艺流程如下:

扩大培养的纯种

↓

麸皮、面粉、水 → 混合 → 蒸料 → 过筛 → 摊冷 → 接种 → 装匾或装盘 → 第一次翻曲及加水 →

第二次翻曲 → 揭去纱布或草帘 → 种曲

2 成曲制备工艺流程

采用厚层通风制曲工艺,就是将接种后的曲料置于曲池内,厚度一般为 25～30 cm,利用通风机供给空气,调节温湿度,促使米曲霉在较厚的曲料上生长繁殖和积累代谢产物,完成制曲过程。工艺流程如下:

种曲

↓

熟料 → 冷却 → 接种 → 入池培养 → 第一次翻曲 → 第二次翻曲 → 成曲

【任务实施】

1 原料准备

豆粕、麸皮、面粉、沪酿 3.042 米曲霉斜面菌种。

2　用具准备

试管、三角瓶、洗涤浸泡设备、蒸煮锅、曲盘(铝盘或木盘)、接种混合桶(或盆)、通风曲池(曲箱)、翻曲设备、温度计等。

3　种曲制造

3.1　纯种三角瓶扩大培养

(1)培养基制备　培养基配方为:麸皮 80 g、面粉 20 g、水 80 mL。将上述原料混合均匀,并将粗粒筛去。分装于容量为 250 mL 或 300 mL 无菌三角瓶,料层厚以 1 cm 左右为宜,塞好棉塞,0.1 MPa 蒸汽加压灭菌,灭菌后趁热摇散瓶内结块,冷却后备用。

(2)接种及培养　待培养基冷却后,在无菌条件下进行接种。摇匀后置于 30℃ 恒温箱中培养,待三角瓶内曲料已稍发白结块,摇瓶 1 次,将结块摇碎。继续置于 30℃ 恒温箱中培养,再过 4 h 左右,发白结块,再摇瓶 1 次。经过 48 h 培养后,把三角瓶轻轻地倒置过来(扣瓶),继续培养 24 h 左右,待全部长满黄绿色孢子,即可使用。整个培养过程约 3 d。若需放置较长时间,则应置于冰箱中备用。

3.2　种曲的制备

(1)种曲制备前的灭菌工作　种曲制备必须尽量防止杂菌污染,因此曲室及一切工具在使用前需经洗刷后灭菌。

①使用硫黄:每立方米用硫黄 25 g,放于小铁锅内加热,使硫黄燃烧产生蓝色火焰,生成二氧化硫(SO_2)气体。SO_2 与水化合产生 H_2SO_3,有灭菌作用,所以采用硫黄灭菌时,要保持曲室及木盒呈潮湿状态。

②使用甲醛:甲醛对细菌及酵母的杀灭力较强,但对霉菌的杀灭力较弱,甲醛或硫黄两者可混合使用或交替使用,效果更佳。

③使用草帘:用清水冲洗干净,蒸汽灭菌 1 h。

④操作人员的手以及不能灭菌的器件,可用 75% 的酒精擦洗灭菌。

(2)原料及其配比　麸皮 80 kg,面粉 20 kg,水 70 kg 左右。

其他参考原料配比:麸皮 85 kg,面粉 15 kg,水 90 kg,或麸皮 100 kg,水 95～100 kg。

酱渣:麸皮=(30～50):100(水补充到熟料水分 50%～54%)。

(3)原料处理　先将麸皮与辅料按比例拌匀,再加水充分拌和。由于一次加水蒸煮后熟料的黏度高、团块多、过筛困难,应采用两次润水方法。即在混合原料中先加 40%～50% 的水,蒸熟过筛后再补充 30%～45% 清洁的冷开水。为防止杂菌污染,可在冷开水中添加总原料 0.3% 的食用级冰醋酸或 0.5%～1.0% 的醋酸钠拌匀。蒸料时先开启蒸汽,排尽冷凝水,分层进料。注意原料必须撒于冒蒸汽处,撒料要求松散,切忌将原料压实而堵塞蒸汽,导致原料不均匀。进料完毕,全部冒气后加盖蒸煮。常压蒸煮冒气后维持 1 h,焖 30 min 或采用加压蒸煮,0.1 MPa 维持 30 min 出锅过筛,迅速冷却。熟料水分一般 50%～54% 为宜。

(4)接种培养　待曲料冷却到 40℃ 左右(夏天 32～35℃),接入三角瓶扩大培养纯种(三

酱油厚层通风
制曲工艺流程

角瓶纯种用量为总料的 0.5%～1.0%），翻拌均匀后装盒。

①接种完毕，将曲料装入盘中摊平，1～2 cm 厚，将盘以柱形堆叠在支架上，每堆高度为 8 个盘，最上层应倒盖空盘一个，以保温。装盘后品温应为 28～32℃，保持室温 28～32℃（冬季室温 32～34℃），干湿球温度计温差 1℃，经 6 h 左右，上层品温达 35～36℃可翻盘一次，使上下品温均匀。这一阶段为沪酿 3.042 的孢子发芽期。

②培养 16 h，当品温达到 34℃左右，曲料表面呈微白色，并开始结块，这个阶段为菌丝生长期。此时即可搓曲，用 75% 的酒精擦手后，将曲料搓碎、摊平，使曲料松散，然后每盘上盖灭菌湿草帘一个，以利于保湿降温，并倒盘一次后，将曲盘改为品字形堆放。

③搓曲后持续保温培养 6～7 h，品温又升至 36℃左右，曲料全部长满白色菌丝，结块良好，即可进行第二次搓曲，或根据情况进行划曲，用竹筷将曲划成 2 cm 的碎块，使靠近盘底的曲料翻起，利于通风降温，使菌丝孢子生长均匀。翻曲或划曲后仍盖好湿草帘并倒盘，仍以品字形堆放，此时室温为 25～28℃。干湿球温度计温差为 0～1℃，这一阶段菌丝发酵旺盛，大量生长蔓延，曲料结块，称为菌丝蔓延期。

④划曲后，保湿、保温，使品温保持在 34～36℃，这期间每隔 6～7 h 应倒盘一次，培养 50 h 左右，将草帘去掉，这时品温趋于缓和，继续后熟培养 24 h，当米曲霉孢子繁殖良好，曲料达到黄绿色，即可出曲。这一阶段孢子大量生长并成熟，称为孢子成熟期。

自装盒入室至种曲成熟，整个培养时间共计 72 h。在种曲制造过程中，应每 1～2 h 记录一次品温、室温及操作情况。

3.3 成曲制造

(1)种曲与适量经干蒸处理的麸皮（或粉碎的熟小麦）在拌和机中充分拌匀，接入已打碎并冷却至 40℃的熟料（豆粕∶麸皮＝7∶3），种曲用量为制曲投料量的 0.3%～0.5%。接种完毕后将物料送入曲池（曲箱）中。通风调温至 30～32℃，料层疏松、厚薄均匀。在曲料上、中、下层各插入一支温度计，建立生产记录表，记录曲料入池温度、水分及蒸料的情况。

(2)曲料入池后，调整好料温进入制曲过程，操作人员根据米曲霉在不同时期的生长情况进行如下操作。

①孢子发芽期　曲料入池后静止培养 4～6 h，料温维持 30～32℃，一般不需通风。

②菌丝生长期　静止培养 6～8 h 时，品温升至 36℃左右，需进行间歇通风或连续通风，维持品温在 32～34℃。培养 12～14 h 后，米曲霉菌丝生长使曲料结块，通风阻力增大，当品温超过 35℃难以控制，肉眼稍见曲料发白时，应进行第一次翻曲。翻曲前，先检查翻曲机运转是否正常，然后将品温降至 30～33℃，停风开始翻曲。翻曲要求：迅速彻底，不留死角。翻曲完毕，将曲池整理平整，开始通风制曲，并保持温度为 34～35℃。

③菌丝繁殖期　第一次翻曲后，米曲霉菌丝充分繁殖，约再隔 5 h，曲料面层产生裂缝迹象，肉眼可见曲料全部发白，进行第二次翻曲（或铲曲）。

④孢子着生期　第二次翻曲完成后，开始着生孢子，维持品温 30～34℃。培养 24～32 h，孢子逐渐成熟，曲料呈现淡黄色至嫩黄绿色，可出曲。在此孢子着生期间，米曲霉的蛋

白酶分泌最为旺盛。

【任务评价】

评价单

学习领域			酱油加工		
评价类别	项目	子项目	个人评价	组内互评	教师(师傅)评价
专业能力(80%)	资讯(5%)	搜集信息(2%)			
		引导问题回答(3%)			
	计划(5%)	计划可执行度(3%)			
		计划执行参与程度(2%)			
	实施(40%)	操作熟练度(40%)			
	结果(20%)	结果质量(20%)			
	作业(10%)	完成质量(10%)			
社会能力(20%)	团结协作(10%)	对小组的贡献(10%)			
	敬业精神(10%)	学习纪律性(10%)			

[师徒共研]

制曲过程中常见的杂菌

制曲过程中常见的杂菌有霉菌、酵母和细菌,其中细菌数量最多。一般质量好的曲中每1 g约含细菌数千万个,在次曲中高达二三百亿个。

(1)霉菌　除米曲霉外,霉菌中还有毛霉、根霉和青霉。

①毛霉　菌丝无色,如毛发状,成熟后呈灰色,蛋白酶活性低。大量繁殖后,妨碍米曲霉生长繁殖,降低酱油的风味和原料利用率。

②根霉　菌丝无色,蜘蛛网状,具有较高的糖化力,其危害性小于毛霉。

③青霉　菌丝绿色,在较低的温度下容易生长繁殖,可产生霉烂气味,影响酱油的风味。

(2)酵母菌　主要有5个属,有的对酱油发酵有益,有的有害。

①有益的酵母菌

鲁氏酵母:耐高渗,能在18%的食盐溶液中生长繁殖,有酒精发酵能力,能形成酯类,增加酱油的香味;能产生琥珀酸等有机酸,增加酱油的风味;能产生糠醛,增加酱油的酱香味。

球拟酵母:耐高渗,某些种类能产生甘油、赤鲜醇、D-阿拉伯糖醇和甘露醇,是酱油中常

见氧化型酵母之一,可把酱油中的阿魏酸转化为 4-乙基愈创木酚,增加酱油风味。

②有害的酵母菌

毕赤氏酵母:不能生成酒精,能产生酸,消耗酱油中的糖分等营养成分。

醭酵母:能在酱油的液面形成醭,分解酱油中的有用成分,降低酱油的质量,是酱油中较普遍存在的有害微生物。

圆酵母:能产生丁酸及其他有机酸,影响酱油的风味。

(3)细菌 有小球菌、粪链球菌和枯草杆菌。

①小球菌 是制曲过程中的主要污染细菌,属于好气性细菌,生酸力弱,在制曲初期繁殖,可产生少量酸,使曲料的 pH 下降。小球菌繁殖数量过多,妨碍米曲霉生长;因不耐食盐,当成曲掺进盐水后,很快死亡,残留的菌体会造成酱油浑浊沉淀。

②粪链球菌 属于嫌气性细菌,在制曲前期繁殖旺盛,当产生适量酸时,能抑制枯草杆菌的繁殖,当产酸过多时,会影响米曲霉的生长。

③枯草杆菌 属于芽孢细菌,在曲料中大量繁殖而消耗原料中的淀粉和蛋白质,并能生成有害物质氨,影响曲的质量,繁殖数量过大,还能使曲料发黏,有臭味,甚至导致制曲失败。

思政花园

生产经营转基因食品应当显著标示,标示方法由国务院食品安全监督管理部门会同国务院农业行政部门制定。

——《中华人民共和国食品安全法实施条例》第三十三条

---

1 酱油的分类

1.1 按标准划分

根据 GB/T 18186—2000《酿造酱油》及 SB 10336—2000《配制酱油》,酱油的种类的规定,我国酱油产品按生产工艺的不同,分为酿造酱油及配制酱油两大类。

(1)酿造酱油 标准规定:酿造酱油,系指以大豆和(或)脱脂大豆、小麦和(或)麸皮为原料,经微生物发酵制成的具有特殊色、香、味的液体调味料。

酿造酱油依据工艺条件可细分为 3 种:

①高盐发酵(传统工艺) 包括高盐稀态发酵酱油、高盐固态发酵酱油、高盐固稀发酵酱油。

高盐稀态发酵酱油:用大豆(或脱脂大豆)、小麦(或小麦粉)为原料,经蒸煮、曲霉菌制曲后与盐水混合成稀醪,再经发酵制成的酱油。

高盐稀态发酵酱油(含固稀发酵酱油)基本上是由我国传统工艺生产的,其特点是高盐、稀醪、低温、发酵期长,发酵期 4～6 个月,占市场总量 10%;低盐固态发酵酱油基本上是由速酿工艺生产的,发酵期不足 1 个月,占总量 90%,且级别最低的三级占 70%～80%。

固稀发酵酱油:用大豆(或脱脂大豆)、小麦(或麸皮)为原料,经蒸煮、曲霉菌制曲后,在发酵阶段先以高盐度、小水量固态制醅,然后在适当条件下再稀释成醪,再经发酵制成的酱油。

②低盐发酵(速酿工艺) 包括低盐固态发酵酱油(广泛采用的主体工艺)、低盐稀态发酵酱油、低盐固稀发酵酱油。

③无盐发酵(速酿工艺) 包括无盐固态发酵酱油。

酿造酱油按习惯称呼划分成:生抽酱油和老抽酱油。"生抽"和"老抽"是沿用广东地区的习惯称呼。生抽是以优质的黄豆和面粉为原料,经发酵成熟后提取而成,并按提取次数的多少分为一级、二级和三级;老抽是在生抽中加入焦糖,经特别工艺制成浓色酱油,适合肉类增色之用。

(2)配制酱油 标准规定:配制酱油系指以酿造酱油为主体,与酸水解植物蛋白调味液(HVP)、食品添加剂等配制而成的液体调味品。其突出特点是:以"酿造酱油"为主体,即在配制酱油中,酿造酱油的含量(以全氮计)不能少于 50%。酸水解植物蛋白调味液添加量(以全氮计)不能超过 50%。不添加 HVP 的酱油产品不属于"配制酱油"的范畴。

只要在生产中使用了酸水解植物蛋白调味液,即是配制酱油。配制酱油中不得添加味精废液、胱氨酸废液以及用非食品原料生产的氨基酸液。

配制酱油有可能含有三氯丙醇(有毒副作用),但只要符合国家标准的产品就可以安全食用。

1.2 按酱油产品的特性及用途划分

(1)本色酱油 浅色、淡色酱油,生抽类酱油。这类酱油的特点是:香气浓郁、鲜咸适口,色淡,色泽为发酵过程中自然生成的红褐色,不添加焦糖色。特别是高盐稀态发酵酱油,由于发酵温度低,周期长,色泽更淡,醇香突出,风味好。这类酱油主要用于烹调、炒、做汤、拌饭、凉拌、蘸食等,是烹调、佐餐兼用型的酱油。

(2)浓色酱油 深色红烧酱油、老抽类酱油。这类酱油添加了较多的焦糖色及食品胶,其突出特点是色深色浓,主要适用于烹调色深的菜肴,如红烧类菜肴、烧烤类菜肴等。

(3)花色酱油 添加了各种风味调料的酿造酱油或配制酱油,如海带酱油、海鲜酱油、香菇酱油、草菇老抽、鲜虾生抽等。适用于烹调及佐餐。

(4)保健酱油 具有保健作用的酱油,如以药用氯化钾、氯化铵代替盐的忌盐酱油,维生素 B_2 营养酱油等。

1.3 按酱油产品的体态划分

(1)液态酱油 呈液体状态的酱油。

(2)半固态酱油 酱油膏,以酿造酱油或配制酱油为原料浓缩而成。

(3)固态酱油 酱油粉、酱油晶,以酿造酱油或配制酱油为原料制成的干燥易溶制品。

2 酱油中的主要化学成分

酱油在生产时,是把粮食原料经蒸煮、曲霉菌制曲后与盐水混合成酱醅(原料在制曲过程中加入少量盐水发酵后,呈不流动稠厚状态的物质),利用微生物的酶,把酱醅中的有机物通过酶解与合成等生物化学变化生成酱油的成分。

2.1 氨基酸

我国生产的酱油中游离氨基酸主要有 17 种。这些氨基酸来自两个途径:一是蛋白酶水解原料中的蛋白质生成;二是葡萄糖直接生成谷氨酸。

(1)蛋白酶的水解作用 目前我国生产酱油的菌株是米曲霉,该菌株具有活性较强的蛋白质水解酶系,包括各种内肽酶与外肽酶。内肽酶能水解蛋白质内部肽键,将其分解为多肽。根据最适合的 pH,分为碱性蛋白酶、中性蛋白酶和酸性蛋白酶 3 种。

外肽酶是水解末端肽键的酶。按专一性不同,分为 6 类:①氨基肽酶,这类酶从肽链的游离氨基末端把一个氨基酸释放出来;②二肽水解酶,这类酶专一水解二肽;③二肽氨态酶,这类酶从多肽链氨基末端释放出一个二肽;④二肽羧态酶,这类酶从多肽链羧基末端释放出一个二肽;⑤丝氨酸羧肽酶,这类酶从多肽链羧基末端释放出一个丝氨酸;⑥金属羧肽酶,这类酶也是羧肽酶,但酶分子中有二价金属,其专一性稍有差别。蛋白水解酶产生的氨基酸,是内肽酶与外肽酶协同作用的结果,外肽酶可以直接产生游离的氨基酸。

(2)葡萄糖直接生成谷氨酸 原料中的淀粉酶作用产生葡萄糖,葡萄糖通过生物酶的作用,生成谷氨酸。

2.2 有机酸

酱油中含有多种有机酸,这些有机酸主要是由原料分解生成的醇、醛氧化生成,还有一些来自曲霉菌的代谢产物。以乳酸、琥珀酸、醋酸为主。适量的有机酸,对酱油香味有重要作用。

2.3 糖类

主要是淀粉经曲霉产生的淀粉酶水解生成的双糖和单糖。

2.4 酒精和高级醇

酒精发酵是酵母菌作用引起,除产生酒精外,还有戊醇、异戊醇、丁醇、异丁醇等高级醇。

2.5 酯类

酱油中含有多种酯,如醋酸乙酯、乳酸乙酯等。

2.6　色素

酱油有深棕色,主要来自两个途径:①美拉德反应,含有氨基的化合物与含有羰基的化合物之间经缩合、聚合生成类黑素的反应,使酱油颜色加深并赋予酱油一定的风味。②原料中的多酚类物质重新聚合,或多酚类物质在多酚氧化酶的作用下生成黑色素。

2.7　食盐

酱油中的盐主要来自发酵时添加的盐水。食盐能抑制杂菌繁殖,防止酱醅腐败。但食盐过多也会抑制酶的活性,导致蛋白质分解速度过慢。目前各酱油厂一般采用 12%～13% 左右的盐水,这样既能发挥食盐的防腐作用,又不影响酶的活性。

2.8　酱油中的防腐剂

①苯甲酸钠;②羟基苯甲酸酯;③乳酸链球菌素,是乳酸链球菌乳酸亚种的一些菌株产生的多肽。

3　酱油生产的主要原料

3.1　原料选择的依据

(1)蛋白质含量较高,碳水化合物适量,有利于制曲和发酵;

(2)无毒无异味,酿制出的酱油质量好;

(3)资源丰富,价格低廉;

(4)容易收集,便于运输和保管;

(5)因地制宜,就地取材,争取综合利用。

3.2　蛋白质原料

酱油生产的原料历来都是以大豆为主,随着科学技术的不断发展,人们发现大豆里的脂肪对酱油生产作用不大,为了合理利用粮油资源,节约油脂,目前大部分发酵厂都以豆饼或豆粕为主要原料。

3.2.1　大豆

大豆是生产酱油的主要原料。大豆包括黄豆、青豆和黑豆。

大豆的一般成分见表 7-1。

表 7-1　大豆的一般成分　　　　　%

水分	粗蛋白质	粗脂肪	碳水化合物	纤维素	灰分
7～12	35～40	12～20	21～31	4.3～5.2	4.4～5.4

3.2.2　豆粕

豆粕是大豆先经适当加热处理(一般低于 100℃),再经轧坯机压扁,然后加入有机溶剂,以轻汽油喷淋,提取油脂后的产物,一般呈片状颗粒。

豆粕中脂肪含量极少,蛋白质含量较高,水分少,易于粉碎,价格低廉,是做酱油较理想的原料。

豆粕的一般成分见表7-2。

表 7-2 豆粕的一般成分   %

水分	粗蛋白质	粗脂肪	碳水化合物	灰分
7～10	46～51	0.5～1.5	19～22	5 左右

3.2.3 豆饼

豆饼是大豆用压榨法提取油脂后的产物。由于压榨设备和工艺条件不同,豆饼有不同的形状和名称。

由于加热程度不同,可分为冷榨豆饼和热榨豆饼。

冷榨豆饼未经高温处理,出油率低,蛋白质基本没有变性,适用于加工豆制品;

热榨豆饼则是大豆经过高温处理(炒熟)后再压榨,含水分较少,含蛋白质较高,质地较松,易粉碎,比较适合于制作酱油。

根据压榨机的形状和压力的不同,又可分为圆车饼、方车饼和红车饼。

大豆、豆粕及各种豆饼的特点见表7-3。

表 7-3 大豆、豆粕及各种豆饼的特点

名称	大豆	豆粕	红车饼 (热榨)	圆车饼 (热榨)	冷榨豆饼
油脂含量/%	20 左右	1 左右	3～4	6～8	6～8
粗蛋白质 含量/%	36～40	47～51	47～48	42～46	42～46
水分含量/%	10～13	7～11	5～7	10 左右	11～12
碳水化合物 含量/%	20 左右	20～30	22～29	20～22	18～21
影响酱油生产的理化性能	含油脂量高,用于制造酱油不经济,适于生产豆腐、腐乳。	含油和水分少,含蛋白质比其他原料高,呈片状,一般不用粉碎。处理前未经高温,蛋白质未经变性,适于酱油生产。	含油和水分较少,含蛋白质及碳水化合物较高,呈瓦片状,易粉碎。是酱油生产常用原料,榨油前经130℃高温处理,少量蛋白质已受热变性,蒸料时要注意蛋白质过度变性。	难粉碎,粉碎后的粉末比红车饼少些,其化学成分和理化性能介于红车饼和冷榨饼之间。适于酱油生产。	含水分和油脂比红车饼高,碳水化合物比豆粕、红车饼低。可溶性蛋白质较多,适用于生产豆腐、酱油,生产酱油时的蒸煮条件比红车饼及热榨饼强烈。

3.2.4　其他蛋白质原料

蚕豆,也称胡豆、罗汉豆、佛豆或寒豆,为1~2年生草本植物,我国西南、华中和华东地区栽培最多,种子富含蛋白质和淀粉,江浙地区常用作酱油原料。

3.3　淀粉质原料

生产酱油用的淀粉质原料,传统是以面粉和小麦为主。现在多改用麸皮作主要淀粉原料,也有选用其他代用原料的,如地瓜(甘薯)干、玉米、碎米、大麦等。

(1)小麦　小麦中的碳水化合物,除含有70％的淀粉外,还含2％~3％的糊精和2％~4％的蔗糖、葡萄糖、果糖。

小麦含10％~14％的蛋白质,其中麦胶蛋白质和麦谷蛋白较丰富,麦胶蛋白质中的氨基酸以谷氨酸最多,它是产生酱油鲜味的主要因素之一。

(2)麸皮　麸皮质地疏松、体轻、表面积大,除一般成分外,还含有多种维生素和钙、铁等无机盐。

麸皮营养成分适宜,能促进米曲霉生长,有利于制曲和淋油,能提高酱油原料的利用率和出品率。

麸皮中的多缩戊糖含量高达20％~24％,与蛋白质的水解物氨基酸相结合,产生酱油色素。

麸皮本身含有 α-淀粉酶和 β-淀粉酶。见表7-4。

表 7-4　麸皮中维生素及钙、铁含量

维生素及钙、铁	含量
维生素 B$_1$(硫胺素)含量/(μg/g)	9.37
维生素 B$_2$(核黄素)含量/(μg/g)	2.80
维生素 PP 含量(尼克酸)/(μg/g)	3.30
钙含量(Ca)/％	0.116
灰分中钙含量(以 CaO 计)/％	2.40
铁含量(Fe)/％	0.01
灰分中铁含量/％	0.21
磷含量(P)/％	0.88
钾含量(K)/％	1.00

3.4　食盐和水

食盐是酱油生产的重要原料之一,使酱油具有适当的咸味,并且与氨基酸共同给以鲜味。食盐具有杀菌防腐作用,可以在一定程度上减少生产发酵过程中杂菌的污染,在成品中有防腐功能。

酱油生产需用大量的水,对水的要求虽不及酿酒工业那么严格,但也必须符合食用标准。一般凡可饮用的自来水、深井水,清洁的河水、江水等均可使用,但必须注意水中不可含有过多的铁,否则会影响酱油的香气和风味。

3.5 其他辅助原料

防腐剂：酱油生产中常用防腐剂有苯甲酸、苯甲酸钠、山梨酸、山梨酸钾等。

甜味剂：酱油生产常用的甜味剂有甜蜜素、甘草、山梨糖醇等。

助鲜剂：它能使食品呈现鲜味，增强食品的风味。酱油生产中常用的鲜味剂有谷氨酸钠（味精）、5′-鸟苷酸二钠、呈味核苷酸二钠等。

酶制剂：酱油、酱类生产中常用的酶制剂有蛋白酶（米曲霉）、α-淀粉酶等。

增色剂：酱油生产中常用的食品着色剂有焦糖色、酱油红 1 号、酱油红 2 号等。

增稠剂：食品增稠剂是一种能增加食品的黏稠性、赋予食品柔滑适口性，使其具有稳定的乳化状态和悬浊状态的物质。酱油生产中常用的增稠剂有黄原胶、变性淀粉等。

4 酱油生产原理

种曲即为酱油酿造制曲时的种子，它是在适当的条件下由酱油生产所需的菌种经纯种培养而得的含有大量孢子的曲种，要求菌丝健壮、产酶能力强、孢子数多、发芽快、发芽率高、纯度高。种曲的制备也是酱油生产中一个重要环节，种曲的优劣直接影响酱油的质量、发酵速度、原料利用程度以及产品质量。

制曲是酱油加工中的关键环节，制曲工艺直接影响酱油质量。制曲中培养的米曲霉分泌多种酶，其中最重要的蛋白酶使原料中的蛋白质分解成氨基酸，淀粉酶把淀粉分解成各种糖类，因此，制曲过程就是生产各种酶的过程。制曲工艺合理，曲霉生长良好，能分泌大量的酶，且酶活力高，原料中蛋白质、淀粉等物质分解完全，原料利用率高，酿出的酱油品质优良。

长期以来，制曲采用帘子、竹匾、木盘等简单设备，操作繁重，成曲质量不稳定，劳动率低。近几年来，随着科学技术的发展，经过酿造科研人员的共同努力，成功采用了厚层通风制曲工艺，再加上菌种的选育，使制曲时间由原来的 2～3 d，缩短为 24～28 h。

4.1 酿造酱油的主要微生物

酱油酿造主要由两个过程组成，第一个阶段是制曲，主要微生物是霉菌；第二个阶段是发酵，主要微生物是酵母菌和乳酸菌。

4.1.1 霉菌

（1）用于酱油酿造的霉菌应满足的基本条件　①不生产真菌毒素；②有较高的产蛋白酶和淀粉酶的能力；③生长快、培养条件粗放、抗杂菌能力强；④不产生异味。

（2）种类

①米曲霉　是生产酱油的主发酵菌（图 7-1）。米曲霉菌落生长很快，初为白色，渐变黄色。分生孢子成熟后，呈黄绿色。分生孢子头为放射形、顶囊球形或瓶形。小梗一般为单层，偶有双层。分生孢子为球形，粗糙或近于光滑。

图 7-1　米曲霉

米曲霉能利用单糖、双糖、有机酸、醇类、淀粉等多种碳源。在生长过程中,需要一些氮源,好氧。最适生长温度在 35℃ 左右,pH 为 6.0 左右。

米曲霉有着复杂的酶系统,主要有:蛋白酶,分解原料中的蛋白质;谷氨酰胺酶,使大豆蛋白质水解出来的谷氨酰胺直接分解生成谷氨酸,增强酱油的鲜味;淀粉酶,分解原料中的淀粉生成糊精和葡萄糖;此外它还能分泌果胶酶、半纤维素酶和酯酶等。上述酶中最重要的是蛋白酶,其次是淀粉酶和谷氨酸酰胺酶。它们决定着原料的利用率、酱醪发酵成熟的时间以及产品的味道和色泽。

蛋白酶分为 3 类:酸性蛋白酶(最适 pH 3.0),中性蛋白酶(最适 pH 7.0),碱性蛋白酶(最适 pH 9.0～10.0)

基本生长条件:最适生长温度 32～35℃,含水 48%～50%,pH 6.5～6.8,好氧;碳源,单糖、双糖、有机酸、醇类、淀粉;氮源,铵盐、硝酸盐、尿素、蛋白质、酰胺等都可以利用。

②酱油曲霉　酱油曲霉分生孢子表面有突起,多聚半乳糖羧酸酶活性较高。

③黑曲霉　含有较高的酸性蛋白酶(图 7-2)。

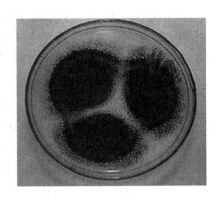

图 7-2　黑曲霉

4.1.2 酵母

（1）鲁氏酵母 发酵型酵母，发酵葡萄糖和麦芽糖生成酱油的风味物质，随糖浓度降低和 pH 降低开始自溶。占酵母总数的 45％左右，由空气中自然接种。鲁氏酵母是常见的耐高渗透压酵母，能在 18％食盐的基质中繁殖，出现在主发酵期，使葡萄糖等生成乙醇、甘油等，进一步生成酯、糖醇等，增加酱油的风味。

（2）球拟酵母 随着发酵温度的升高，在后发酵期，鲁氏酵母开始自溶，促进了球拟酵母的生长。球拟酵母是酯香型酵母，参与了酱醪的成熟，生成烷基苯酚类香味物质（4-乙基苯酚）等，改善酱油风味。

4.1.3 乳酸菌

适当的乳酸是酱油的风味物质之一。在酱醪发酵过程中，前期嗜盐片球菌多，后期四联球菌多些。乳酸菌的作用是利用糖产生乳酸；和乙醇作用生成乳酸乙酯，香气很浓；由于产生乳酸，降低了发酵醪的 pH，使醪的 pH 在 5 左右，这样就促进了鲁氏酵母的繁殖，同时抑制杂菌的生长；和酵母菌共同作用产生糠醛，赋予酱油特别的风味，乳酸菌数和酵母菌数之比为 10:1 时，效果最好。

传统酱油酿造工艺是"多菌种低温发酵"。"多菌种"是发酵的根本，"低温"是发酵的条件。

4.1.4 有害微生物

毛霉、青霉、根霉、产膜酵母、枯草芽孢杆菌、微球菌等，这些微生物的生长可以降低成曲的酶活，影响原料的利用率，产生异味，使酱油混浊。

细菌污染：酱油中卫生指标规定，细菌数 $\leq 5 \times 10^4$ CFU/mL。

抑制有害微生物的方法：①菌种经常进行活化；②保证种曲质量；③要求种曲菌株丝健壮旺盛，发芽率高，繁殖力强，以便产生生长优势来抑制杂菌的侵入；④蒸料水分适当，疏松，灭菌彻底，冷却迅速，减少杂菌污染机会；⑤加强制曲过程中的管理工作；⑥保证曲室及工具设备的清洁卫生；⑦种曲及通风曲生产过程中添加冰醋酸可抑制杂菌的生长。

4.2 主要化学变化及作用

制曲过程中的化学变化是极其复杂的生物化学变化。米曲霉在曲料上生长繁殖，分泌各种酶类，其中重要的有蛋白酶和淀粉酶。曲霉在生长繁殖时，需要糖分和氨基酸作为养料，并通过代谢作用将糖分分解成 CO_2 和 H_2O，同时放出大量的热。

4.2.1 蛋白质的部分水解

制曲中，有部分蛋白质被分解生成多肽和氨基酸。谷氨酸和天冬氨酸使酱油呈鲜味；甘氨酸、丙氨酸、色氨酸使酱油呈甜味；酪氨酸使酱油呈苦味。

如果制曲中污染了腐败菌，将进一步使氨基酸氧化而生成游离氨，影响成曲质量。同时，这些腐败菌分泌的杂酶在以后的发酵中将继续产生有害物质。

4.2.2 淀粉的部分水解

淀粉水解会放出大部分能量并以热的形式被散发，故要加强制曲管理，及时通风与翻曲,以便散发 CO_2 和热量,供给充分的氧以保证曲霉菌的旺盛繁殖。

原料中的淀粉质经米曲霉分泌的淀粉酶的糖化作用,水解成糊精和葡萄糖。为微生物提供碳源,是发酵的基础物质,与氨基酸化合成有色物质,赋予酱油甜味。

4.2.3　酸类发酵作用

酱油中含有多种有机酸,其中以乳酸、琥珀酸、醋酸居多。

适量的有机酸存在于酱油中可增加酱油风味。酱油中的有机酸主要来源于乳酸菌、醋酸菌、霉菌、酵母菌等的共同作用,其中最重要的有乳酸、醋酸、琥珀酸、葡萄糖醛酸等。乳酸具鲜香味;琥珀酸适量较爽口;丁酸具特殊香气。这些酸与酒精结合会增加酱油的香气,使之具有独特风味,但若酸度过高,则会影响蛋白酶和淀粉酶的分解作用,使产品质量下降。

4.2.4　酒精发酵

酒精发酵主要是依靠酵母菌的作用。在制曲或发酵的过程中,酵母菌繁殖的状况视发酵的温度而定。10℃时,酵母菌仅繁殖不发酵,30℃左右最适于繁殖和发酵。如采用高温发酵法,酵母菌无法生存,酒精发酵作用不会产生,酱油香气不足。在中温和低温条件下,酵母菌会将糖分分解成酒精和二氧化碳,生成的酒精一部分被氧化成有机酸,一部分与氨基酸及有机酸等化合成酯,还有微量残存于酱醅中,这些与酱油香气的形成有很大的关系。

4.2.5　酱油风味

酱油色素的形成,目前认为有两条途径:酶褐变和非酶褐变。酶褐变是指酱醅中酪氨酸在有氧条件下,在多酚氧化酶的作用下氧化成黑色素;非酶褐变主要是美拉德反应,即氨基-羰基反应。

酱油的香气,成分相当复杂,是多种香气成分的综合,主要包括:酯、醇、羰基化合物、缩醛类及酚类。它的来源:原料成分生成,曲霉代谢产物构成,耐盐性乳酸菌代谢产物生成,耐盐性酵母菌代谢产物,以及各种化学反应生成。

酱油的鲜味,主要由氨基酸(特别是谷氨酸)构成,其他氨基酸与琥珀酸也赋予酱油一定的味道。

酱油的体态,即酱油的浓稠度,由各种可溶性物质构成。无机物中以食盐为主要成分;有机物中以糊精、糖分、蛋白质、氨基酸及有机酸等为主要成分。发酵越充分,浓稠度越好。

曲料中的纤维素、果胶质等经米曲霉分泌的纤维素酶和果胶酶的分解作用,将植物细胞壁破坏,有助细胞内溶物释放,促进米曲霉的生长繁殖。

5　制曲

制曲的目的在于通过米曲霉在原料上的生长繁殖,产生酱油酿造需要的各种酶类。

5.1　原料的处理

原料处理是酱油生产过程中的第一个重要阶段,处理是否恰当,将直接影响到成曲的质量、酱醅的成熟、酱油的质量及原料的利用率等。

原料处理包括两个方面:一是通过机械作用将原料粉碎成小颗粒或粉末状;二是经过充分润水和蒸煮,使原料中的蛋白质适度变性,淀粉充分糊化,以利于米曲霉的生长繁殖和酶类的分解作用。

5.1.1　豆(或豆饼)和麸皮原料的处理

(1)粉碎处理　豆饼坚硬而块大,必须予以粉碎。粉碎是为豆饼浸润、蒸料创造条件的重要工序,使原料充分地润水、蒸熟,达到蛋白质一次变性,从而增加米曲霉生长繁殖和分泌的酶作用的总面积,提高酶活力。豆饼的粉碎程度以细而均匀为宜,要求颗粒大小为 2～3 mm,粉末量不超过 20%。

如果豆饼颗粒过大,颗粒内部不易吸足水分,蒸料不能熟透,同时影响制曲时菌丝繁殖,减少了米曲霉繁殖的总面积和酶的分泌量;如果颗粒过细,麸皮比例又少,则润水时容易结块,蒸后容易产生夹心,导致制曲通风不畅,发酵时酱醪发黏,淋油困难,影响酱油质量和原料利用率;如果粗细颗粒相差悬殊,会使吸水及蒸煮程度不一,影响蛋白质的变性程度和原料利用率。

豆粕的颗粒已成片状,一般不需粉碎,必要时可筛除粗粒和团块,粉碎后使用。麸皮既提供了米曲霉生长所需的淀粉质和蛋白质等营养成分,还是酱油香气和色素的重要因素。麸皮体轻,质地疏松,无须进行再处理,但要求新鲜、无霉、无污染为宜。

粉碎设备:豆饼粉碎,一般采用粉碎机。粉碎机有锤式、齿轮式等,以锤式(图 7-3)较为普遍,粉碎机的筛孔为 9 mm。

(2)加水及润水　豆粕或经粉碎的豆饼与大豆不同,因其颗粒已被破坏,如用大量的水浸泡,会使其中的营养成分浸出而损失,因此必须有加水与润水的工序。

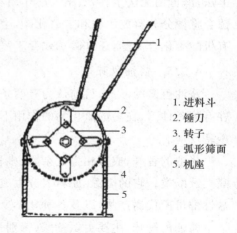

1. 进料斗
2. 锤刀
3. 转子
4. 弧形筛面
5. 机座

图 7-3　锤式粉碎机

即加入所需要的水量,并设法使其均匀而完全为豆饼吸收,加水后需要维持一定的吸收时间,称此为润水或叫润胀。

①润水的目的　使原料中的蛋白质含有适量的水分,以便在蒸料时受热均匀,迅速达到蛋白质的一次变性;使原料中的淀粉吸水膨胀,易于糊化,以便溶解出米曲霉生长所需要的营养物质;供给米曲霉生长繁殖所需要的水分。

②加水量的确定　生产实践证明,以豆粕数量计算,加水量在 80%～100% 较合适。但加水量的多少主要以曲料水分为准,一般冬天掌握在 47%～48%,春天、秋天要求 48%～49%,夏天以 49%～51% 为宜。

③加水与润水的方法

a.最简单(土法)的润水设备　在蒸锅附近用水泥砌一个平地,四周砌一砖高墙围,以防拌水时水分流失,水泥平地稍向一方倾斜,以便冲洗排水。

在饼粕中加入 50～80℃热水。用钉耙与煤铲靠人工翻拌,豆饼拌匀以后堆成丘形,上面覆盖辅料(麸皮或麦粉),堆积 30 min,让豆饼充分吸水润胀。最后再一次翻拌,使主、辅料混合均匀。

该方法劳动强度较大,除了部分小厂尚使用外,大、中城市中已淘汰。

b.机械方法 目前常用的方法主要有两种:

第一种方法是利用螺旋输送机(俗称绞龙)加水与浸润的方法。将豆粕和麸皮等原料不断送入绞龙,加入 50～80℃的热水,一边加水,一边拌和,使其均匀地吸收水分(也有先将水加在豆粕内,再加入麸皮拌匀的),通过螺旋输送进入蒸锅达到润水目的。

第二种方法是直接利用旋转式加压蒸锅,即将豆粕及麸皮装入锅内后,一边旋转蒸锅,一边喷水入锅内,使曲料润水。

(3)蒸料 蒸煮是原料处理中的重要工序。蒸煮是否适度,对酱油质量和原料利用率影响极为明显。

①蒸煮的目的 一是蒸煮使原料中的蛋白质完成适度的变性,便于米曲霉生长发育,有利于蛋白酶的作用。二是蒸煮使原料中的淀粉吸水膨胀而糊化,并产生少量糖类,有利于米曲霉生长繁殖,而且易于被淀粉酶所分解。三是消除生大豆中阻碍酶的物质,使酶成为容易作用的状态。未经变性的蛋白质,虽溶于 10% 以上的食盐水中,但不能为酶所分解。四是蒸煮能消灭附着在原料上的微生物,减少制曲时的污染。

②蒸煮的要求 达到一熟,二软,三疏松,四不黏手,五无夹心,六有熟料固有的色泽和香气。

a.蒸煮不足 产生变性不彻底蛋白(N 性蛋白),肽链未彻底暴露,虽溶于酱油,但难以被蛋白酶水解成氨基酸,不起调味作用。

原因:蒸煮时加水不足;气压低;时间短。

b.蒸煮过度 产生蛋白质过度变性(蛋白质二次变性),导致多肽链松散紊乱,缠结一团,包在螺旋体内部的疏水基(烃基)暴露出来,从而降低蛋白质的吸水能力。该蛋白不易溶于酱油与盐水中,也不易被蛋白酶水解,降低了酱油酿造过程中的蛋白质利用率和酱油风味。

③蒸煮的结果 生成变性蛋白质、少量氨基酸;淀粉糊化后变成的淀粉糊和糖分。

这些成分是米曲霉生长繁殖适合的养料且易被酶分解。此外,蒸料也可杀死附在原料上的有害微生物,给米曲霉正常生长(制曲)创造有利条件。

④蒸煮设备 目前大中型企业常采用旋转式蒸煮锅蒸料和 FM 式连续蒸料方法。目前国内多数工厂采用 N.K 式旋转蒸煮锅,原料经真空管道吸入蒸锅,或用提升机将原料送入蒸锅,直接喷入热水。蒸料时可不断地作 360°旋转,操作简便,省力,安全卫生。

⑤熟料的质量标准

a.感官特性 外观:黄褐色,色泽不过深;香气:具有豆香味,无烟味及其他不良气味;手

感:松散、柔软、有弹性、无硬心、无浮水、不黏。

b. 理化标准　水分(入曲池取样)以 45%～50% 为宜;蛋白消化率在 80% 以上,无未变性蛋白沉淀。

5.1.2　其他原料的处理

由于地区和条件的不同,也有许多蛋白质原料和淀粉质原料被用来酿制酱油,因为原料性质不同,其处理方法也各不相同。

(1)用小麦、大麦或高粱做原料时,一般要先经过炒焙机焙炒,使淀粉糊化,增加色泽与香气,同时杀灭附着在原料上的微生物。焙炒后含水量显著减少,便于粉碎,能增加辅料的吸水能力。要求焙炒后的小麦或大麦呈金黄色,其中焦煳粒不超过 5%～20%,每汤匙熟麦投水下沉的生粒不超过 4～5 粒,大麦爆花率为 90% 以上,小麦咧嘴率为 90% 以上。为了节约能源,减轻焙炒劳动强度和改善劳动条件,或是工艺需要,可直接将原料轧碎,与豆饼、豆粕原料混合拌匀(或分先后润水)后再进行蒸煮。

(2)以其他油料作物榨油后的饼粕类作为代用原料时,其处理方法基本上与豆饼相同。

(3)用米糠做原料时,使用方法与麸皮相同,若用榨油后的米糠饼,要先经过粉碎。

(4)以面粉或麦粉为原料时,除老法生产直接将生粉拌入制曲外,现在多采用酶法液化糖化,将淀粉水解成糖液后参与发酵,不需经过蒸料、制曲工艺操作。

5.2　制曲过程

种曲是制酱油曲的种子,在适当的条件下由试管斜面菌种经逐级扩大培养而成,为制大曲提供优良的种子。通风制曲是种曲在酱油曲料上的扩大培养过程。

种曲制造和制曲概念的区别:种曲是指酱油酿造时制曲所用的种子。制曲是指制造生产用菌种。

曲室及一切工具在使用前需经洗刷后消毒灭菌。

酱油制曲过程

5.2.1　种曲制备

(1)制种曲的目的　是为了培养优良的种子,原料必须适应曲霉菌旺盛繁殖的需要。曲霉菌繁殖时需要大量糖分,而豆粕含淀粉较少,因此原料配比上豆粕占少量,麸皮占多量,必要时加入饴糖,以满足曲霉菌的需要。

(2)种曲质量检验

①外观　孢子旺盛,米曲霉呈新鲜黄绿色,有种曲特殊香气、无夹心,无根霉或青霉等其他异色。

②孢子数　用血球计数板测定米曲霉种曲,孢子数应在 60 亿个/g(干基计)以上。

③细菌数　米曲霉种曲内细菌数不超过 10^7 CFU/g。

④发芽率　用悬滴培养法测定发芽率,要求达到 90% 以上。

5.2.2　厚层通风制曲

制曲是酱油发酵的主要工序,制曲过程的实质是创造曲霉生长最适宜的条件。保证优良曲霉菌等有益微生物得以充分发育繁殖(同时尽可能减少有害微生物的繁殖),分泌酱油发酵所需要的各种酶类。这些酶不仅使原料成分发生变化,而且也是以后发酵期间发生变化的前提。

厚层通风制曲池
结构及工作原理

(1)工艺流程

种曲

选豆 → 泡豆 → 熟料 → 冷却 → 接种 → 入池培养 → 第一次翻曲 → 第二次翻曲 → (铲曲) → 成曲

(2)主要操作要点

①选豆　要求黄豆新鲜,颗粒均匀饱满,无杂质,无霉变。

豆饼是大豆经脱去脂肪后压制成的饼状物,其蛋白质含量平均43%。另外大豆在经机械加工脱脂过程中其外皮纤维及大豆颗粒结构被破坏了,所以豆饼更适合于酿制大酱。

②泡豆、蒸豆　生产上一般在旋转蒸煮锅内进行。为提高效率,泡豆和蒸豆在同一锅炉罐内进行,装量不超过罐的2/3,进水,水面高出豆面20 cm左右,吸水后,随时补加水。

浸泡时间:冬春8～12 h,夏秋6～10 h。

浸泡程度:掰开黄豆,豆子表面膨胀没有干心,剖开面光滑,豆子外皮轻轻一捏可脱落,表明豆子浸泡合适,排干水,蒸豆。

蒸豆条件:0.1 MPa,2次,约50 min结束。在蒸豆过程中,锅要进行正反转,保证锅内黄豆熟得均匀。

③冷却、接种及入池　蒸料后迅速冷却到40℃,并打碎结块。防堆积时间长,蛋白质过度变性。

接种量:0.3%左右;接种温度:夏天38℃,冬天42℃左右;入池料层:30 cm。

④培养

a.曲料入池　应保持料层松、匀、平,利于通风,使湿度和温度一致。

b.温度管理　及时掌握翻曲的时间。静止培养6～8 h,升温到35～37℃,应及时通风降温,保持35℃。入池12 h后,料层上下表层温差加大,表层温度继续升高,第一次翻曲,使曲料疏松,保持35℃。继续培养4～6 h后,菌丝繁殖旺盛,结块,第二次翻曲,并连续通风,保持30～32℃。培养24～28 h即可出曲。

c.翻曲的目的　疏松曲料便于降温;供给米曲霉旺盛繁殖所需的氧气。

⑤制曲时间长短的确定　制曲时间长短应根据所应用的菌种、制曲工艺以及发酵工艺而定。我国纯米曲霉低盐固态发酵24～30 h。日本混合曲霉(米曲霉79%+酱油曲霉21%),采用低温长时间发酵,其制曲时间一般为40～46 h。

据报道低温长时间制曲对于谷氨酰胺酶、肽酶的形成都有好处,而这些酶活力的高低又对酱油质量有直接影响。

⑥制曲过程中米曲霉的生长过程 可以分为4个阶段——孢子发芽期、菌丝生长期、菌丝繁殖期、孢子着生期,制曲的过程就是要掌握管理好这四个阶段影响米曲霉生长活动的因素,如营养、水分、温度、空气、pH及时间等的变化。

对米曲霉生长繁殖和累积代谢产物影响最大的3个因素是温度、空气和湿度,制曲的优劣决定于制曲过程中四个阶段的温度、空气和湿度是否调节得当,是否能使全部曲料经常保持在均等的适宜温度、湿度和空气供给条件中。

a.孢子发芽期 曲料接种后,米曲霉孢子吸水后开始发芽。接种后最初4～5 h,曲霉迅速生长繁殖,形成生长优势,对杂菌可起到抑制作用。这一时期的主要因素是水分和温度。水分适当,孢子即吸水膨胀,细胞内物质被水溶解后利用,为后期的活动提供了条件。

一般来说,在温度低于25℃、水分大的情况下,小球菌可能大量繁殖;温度高于38℃,也不适宜孢子发芽,却适合枯草杆菌生长繁殖;霉菌最适发芽温度为30℃左右,生产上一般控制在30～32℃。

b.菌丝生长期 孢子发芽后,菌丝生长,品温逐渐上升,需进行间歇或连续通风。一方面可调节品温;另一方面换上新鲜空气,供给足够的氧气,以利生长繁殖。

菌丝生长期在接种后8～12 h,一般维持品温35℃左右。当肉眼稍见曲料发白,即菌丝体形成时,进行一次翻曲,这一阶段称菌丝生长期。

翻曲的时间与次数是通风制曲的主要环节之一。在制曲过程中,接种后11～12 h,品温上升很快,这时曲料由于米曲霉生长菌丝而结块,通风阻力随着生长时间而逐渐增加,品温出现下层低,上层高的现象,差距也逐渐增大,虽然连续通风,品温仍有上升趋势,这时应立即进行第一次翻曲,使曲料疏松,减少通风阻力,保持正常品温。

c.菌丝繁殖期 第一次翻曲后,菌丝发育更加旺盛,需氧量相应增加,品温上升也极为迅速。这时,必须加强管理,控制曲室温度,继续连续通风,供给足够氧气,严格控制品温,菌丝繁殖期为接种后12～18 h,品温控制在33～35℃,严禁超过40℃。高温时间过长抑制米曲霉的生长并引进细菌的大量繁殖,制曲失败。另外菌丝抵抗干燥的能力较弱。

当曲料面层产生裂缝现象,品温相应上升,应进行第二次翻曲。这个阶段米曲霉菌丝充分繁殖,肉眼见到曲料全部发白,称为菌丝繁殖期。

d.孢子着生期 第二次翻曲后,品温逐渐下降,但仍需连续通风以维持品温。曲霉菌丝大量繁殖后,开始着生孢子,孢子逐渐成熟,使曲料呈现淡黄色直至嫩黄绿色。

在孢子着生期,米曲霉分泌蛋白酶、淀粉酶、谷氨酰胺酶等酶系,曲料颜色发生变化,逐渐变成灰绿色。

孢子着生期一般在接种后20 h开始,品温维持在30～40℃,这时中性蛋白酶活力较高,但所制成曲的谷氨酰胺酶的活力很低。优质曲的pH在6.8～7.2。

6　影响曲质量的主要因素

（1）制曲原料　原料的种类、质量及配比对制曲有直接的影响，选择时既要以米曲霉能正常生长繁殖为前提，又要考虑到酱油本身的需要。理想的制曲原料应具备制曲容易、成曲酶活力强、价格低廉、来源广、不影响酱油质量等条件。

（2）原料细度　原料粉碎越细，表面积越大，曲霉繁殖接触的面积越大，分解效果越好，原料利用率越高。但如果粉碎得过细，且辅料比例偏低，则润水时容易结块，致使制曲时通风不畅而影响成曲质量。

（3）水分和湿度　曲料若含水量少，米曲霉菌丝生长较慢。在制得好曲的前提下，曲料水分适当大些，成曲酶活力高。因此，在制曲过程中，熟料的含水量是非常重要的因素。

米曲霉生长最适宜的湿度是90％，厚层通风制曲中，热量的散发使得曲料的水分易于挥发，如果送入的空气比较干燥，水分被流动的空气带走，曲料的水分容易偏低。因此，常采用室内循环风调节温度、湿度。有条件的企业，可采用水喷雾的空调系统来调节曲室内的温度、湿度。如果曲室内水分过大，可通过补充循环外空气，达到排出多余水分的目的。

（4）温度　制曲过程中，各阶段品温的控制，对成曲质量有很大影响。低温制曲能增强成曲酶的活力，同时能抑制杂菌繁殖，因此制曲品温应控制在 $30\sim35℃$。

（5）通风　米曲霉是好气性微生物，生长时需大量的氧气，繁殖旺盛时又产生大量的热量和二氧化碳，因此制曲过程中通风是必要的。但通风量过大，又会导致细菌的繁殖，特别是温度低而通风量大时，小球菌会大量繁殖；通风小则易使链球菌加速繁殖，甚至在通风不良处造成兼气性梭菌的繁殖，产生酸臭和氨臭。所以，适当的通风与控制风量是制好曲的主要因素之一。

（6）时间　制曲周期对米曲霉酶系的形成有明显的影响。根据工艺的需要，部分酱油采用低温制曲，为得到风味独特的产品，制曲时间一般为 $42\sim48$ h。一般低盐固态发酵工艺，采用厚层通风制曲，制曲时间控制在 $24\sim28$ h。

7　种曲和成曲质量要求

7.1　种曲质量指标

7.1.1　感官特性

（1）外观　菌丝整齐健壮，孢子丛生，呈新鲜黄绿色并有光泽，无夹心无杂菌，无异色。

（2）香气　具有种曲固有的曲香，无霉味、酸味、氨味等不良气味。

（3）手感　用手指触及种曲，松软而光滑，孢子飞扬。

7.1.2　理化指标

（1）孢子数　用血细胞计数板法测定种曲孢子数应在 6×100 CFU/g（以干基计）以上。

(2)孢子发芽率　用悬滴培养法测定发芽率,要求达到 90% 以上。

(3)细菌数　米曲霉种曲细菌数不超过 10^7 CFU/g。

(4)蛋白酶活力　新制曲在 5 000 IU 以上,保存制曲在 4 000 IU 以上。

(5)水分　新制曲水分 35%～40%,保存制曲水分 10% 以下。

7.2　成曲质量指标

7.2.1　感官指标

(1)外观　淡黄色,菌丝密集,质地均匀,随时间延长颜色加深,不得有黑色、棕色灰色、夹心。

(2)香气　具有曲香气,无霉臭及其他异味。

(3)手感　曲料蓬松柔软,潮润绵滑,不粗糙。

7.2.2　理化指标

(1)水分　一天曲 32%～35%,二天曲为 26%～30%。一、四季度含水量多为 28%～32%;二、三季度含水量多为 26%～30%。

(2)蛋白酶活力　1 000～1 500 IU(福林法)。

(3)细菌数　不超过 50 亿 CFU/g(干基)。

8　种曲和成曲制备注意事项

8.1　种曲制造过程中注意事项

种曲室要经常保持清洁卫生,必要时需彻底消毒灭菌;所有设备和用具使用后要清洗干净,并妥善保管;原料要新鲜,数量要准确,熟料力求疏松;严格按工艺操作要求生产,控制好温湿度;加压蒸料时要注意安全;加强生产联系,保证使用新鲜种曲;加强对种曲质量的检查并做好记录;成品种曲应保存于低温干燥处。

8.2　通风制曲注意事项

(1)要求原料蒸得熟,不夹生,使蛋白质达到适度变性以及淀粉质全部糊化的程度,可被米曲霉吸收,促其生长繁殖,适于酶类分解。

(2)曲料水分大,在制得好曲的前提下,成曲酶活力高。熟料水分要求在 45%～51%(根据季节以及具体条件而定)。但若制曲初期水分过大则易污染细菌。

(3)通风制曲料层厚达 30 cm 左右,米曲霉生长时,需要足够的空气,繁殖旺盛期间又产生很多的热量。因此,必须给以充足的风量和风压,使风能透过料层维持米曲霉生长繁殖所需的最适条件。

(4)装池接种料温低,要求品温 32℃ 左右,便于米曲霉孢子迅速发芽生长,从而抑制其他杂菌的繁殖。

(5)低温制曲能增强酶的活力,同时能控制杂菌繁殖。因此,制曲品温要求控制在 30～

35℃,最适品温33℃。为了保证在较低的温度下制曲,通过空调箱调节风的温度和湿度,利用低于品温1℃左右的风温控制品温。

(6)原料混合及润水均匀,可保证蒸熟程度均匀和营养成分的基本一致。

(7)接种必须均匀,否则米曲霉生长有先有后,品温不一致,也不便于管理,容易引起杂菌污染。

(8)装池疏松均匀,如果装料有紧有松,会使品温不一致,易于烧曲。

(9)菌丝生长繁殖期时会产生大量热量,品温上升,此时应及时翻曲,达到散发热量和二氧化碳、交换新鲜空气的目的。翻曲前,应先鼓入适量的冷风,使品温下降至28℃左右,然后停风或鼓入少量的风,进行翻曲。

(10)在制曲过程中,由于菌丝大量繁殖,水分挥发,曲料收缩产生裂纹,造成跑风和品温不一致,因此有的采用3次翻曲操作,有的增加铲曲操作。第1次铲曲在翻曲(用铲曲操作时仅翻曲一次)后2~3 h,铲曲要求厚薄一致,每铲间距约5 cm,并要求铲到底部,否则成曲下层会产生夹心或干皮层。第2次铲曲在第1次铲曲后的2~3 h,在大量出现裂缘时进行,并要求以45°均匀排列铲曲。

(11)为了保证成曲的质量,除需经常保持曲室的清洁卫生外,对一些设备和工具要随时清洗,定期消毒灭菌,以防止增加污染机会。

(12)培养24 h左右,曲呈淡黄绿色,酶活力已达最高峰,此时应及时出曲,否则酶活力会下降。

[知识拓展]

1　种曲和成曲制备的新技术

1.1　多菌种制曲

(1)双霉菌制曲　目前,国内外在制曲过程中常用的菌种是沪酿3.042米曲霉和AS3.350黑曲霉。经研究:以豆粕100份、麸皮10份的配方,通风制曲时,采用双霉菌制曲法,即以沪酿3.042(80%),AS3.350(20%)混合制曲24~30 h,或以AS3.350及沪酿3.042分别单独制曲30 h,再以沪酿3.042米曲霉(80%)和AS3.350黑曲霉(20%)成曲混合发酵,结果添加黑曲霉能使酱油中谷氨酸含量提高30%以上,平均原料全氮利用率达到86.42%,酿制的酱油色淡味鲜,本法以得到推广应用。

(2)多菌种制曲　研究人员在单菌种和双菌种制曲的基础上,利用更多的菌种制曲。

1.2　减曲生产技术

根据分析,酱油曲的中性蛋白酶达到1 000 IU/g已能满足蛋白质的酶解,而上海酿造科研所以沪酿3.042为出发菌株,采用快中子、钴60γ射线、紫外线、甲基磺酸乙酯、氯化锂等诱变育种,选育出UE336及UE328新菌株,蛋白酶的活力提高了3倍。中性蛋白酶比沪酿

提高 40％以上，因此，应用 UE336 应当可以减曲生产酱油。

试验表明：中试以豆粕的 30％减曲，全氮利用率仍可达到 83％，生产性试验结果与中试结果类同，全氮利用率达 80.33％，以沪酿 UE336-2 结合 AS3.350 减曲 75％酿制淡色酱油，经 10 批试验证明，全氮利用率平均达 79.36％，氨基酸生成率达 54.17％。

1.3 米曲霉制液体曲

液体曲是指通过深层培养技术，获得所需要的酶应用于酱油酿造，从而改变多少年来沿用固体培养制曲技术。1972 年宜昌市三峡粉厂发表了深层发酵法生产蛋白酶，水解粉丝废水制造酱油新工艺。1974 年以来，上海酿造科研所进行了一系列研究，获得了沪酿 UE328、沪酿 UE317 等新菌株，并大大提高了蛋白酶活力。应用沪酿 UE328 发酵罐生产的液体曲中性蛋白酶效价最高达 3.255 IU/mL，最低 1 566 IU/mL，平均为 2 077 IU/Ml；AS3.4310 (537)在发酵罐中生产酸性蛋白酶，酶活达 45 701 U/mL。按每 1 g 总原料用中性蛋白酶 1 000 IU，酸性蛋白酶 500 IU，相当于每 100 kg 总原料用两种液体曲 62.5 kg，发酵所得的酱油色淡(生酱油色率仅 0.6，普通酱油色率 2～3)，全氮利用率平均 85.49％，氨基酸态氮生成率平均 45.85％，杂菌数仅 1 900～5 900 CFU/mL。应用液体曲，再增加酸性蛋白酶和加酵母进行短期后发酵，可酿造优质一级酱油，而且原料的全利用率达 80％。还可用液体制作固体酶制剂。

经过多次试验，液体种曲的生产时间明显缩短，人员减少了 80％；成曲中细菌总数由 10^9 CFU/g 下降到 10^5 CFU/g，改变了固体种曲生产环境脏乱、闷热、潮湿的境况，降低了工人的劳动强度；重要的是降低了生产成本，提高了经济效益，提高了酱油的产量和质量。

2 种曲和成曲制备新设备

竹匾、木盘、铝盘制曲均是传统的浅盘薄层培养法，一些小型酿造厂仍然使用。随着科技进步，国内外许多厂家已改用通风曲箱制种曲工艺，日本已采用集蒸料和制曲为一体的不锈钢封闭式通风制曲机制种曲。目前我国制曲的方式主要采用曲池厚层通风制曲，此外尚有链箱式机械通风制曲机、旋转圆盘式自动制曲机进行厚层通风制曲。现将主要设备介绍如下。

2.1 通风曲池(曲箱)

此种曲池(曲箱)最普通，应用很广泛，建造简易，可用木材、钢管、水泥板、钢筋混凝土或砖石类等材料制成。其主要特点是制造成本低，设备较为简单，易于操作。但缺点是卫生条件的控制较为困难，温、湿度控制比不上方形和圆盘制曲机，产量也有一定的局限性。曲池一般为长方形，长 7～10 m，宽 1.5～2.5 m，高 0.6～1 m，底部有倾斜的通风道，通风道长 6～10 m。曲池通风机一般为中压型，风量是原料质量(以 kg 计)的 4～5 倍(m³/h)。

曲池上的翻曲机应具有速度快、节约人力、翻曲均匀等优点。现用翻曲机有两种类型，一种是在曲床上向前行走并上下翻动的齿形翻曲机，另一种是可在曲池中上下升降、自动往返的螺旋形翻曲机。北方酱油厂中多使用齿形翻曲机，而南方的生产厂家则多使用螺旋形翻曲机。

通过长期的生产实践及试验研究,后来又陆续创造了各种不同类型的曲箱,如链箱式曲箱,移动式曲箱等。

2.2 方形制曲机

方形制曲机也称为四角制曲机,早前在韩国大量使用,现部分韩国企业还继续使用,其制曲原理不变,但较传统通风曲房更加机械化和自动化。其产量有 6 t、9 t、12 t,其结构与通风曲房较为相似,其整体外形为长方形,分上下两层,下层为风室,上层为曲室。风室通过均布的进风口向曲室曲池送风,保持物料在规定的温度范围内。另外上层曲室有均匀分布的回风口,回风口汇集处另设有一排风口,作清洗曲室后排风干燥曲室用。

以 12 t 四角制曲机为例,整个曲床由 304 不锈钢制作,曲床表面铺有不锈钢筛板。曲床上部配有两个互相独立的自动行车装置,一个用作投料、翻曲,另一个为螺旋出料自动行车装置,基本达到由投料到成曲出料整个制曲过程自动化的目的。进料采用风管输送到曲室内,再随投料、翻曲行车装置前后移动,由安装在行车装置上的进料料斗均匀分布到曲床上。翻曲器安装在投料、翻曲自动行车装置上,由减速电机驱动其回转,并可随小车前后移动。两个自动化装置都由 PLC 控制,自动化程度较高。

四角制曲机配有空调装置,整个空调装置可进行温湿度的调节,有效保证米曲霉的生长发育,四角制曲机使制曲产量和制曲工序的自动化程度得到极大的提高。但也存在无可避免的缺点,例如布料翻曲和出曲行车装置由于需要在温湿度较高的环境下工作,自动控制装置的线路容易出现故障,另由于整个制曲机是长方形,故鼓风机风量的均匀性也直接影响到成曲质量。

2.3 圆盘制曲机

圆盘制曲机是近年兴起的又一自动化制曲设备,最早由日本引进,现已逐渐被各大型酱油生产厂家所接受,是制曲工段目前最先进的设备。圆盘制曲机由外传动旋转圆盘、翻曲机、进料出料机、空调系统、控制系统及隔热壳体等主要部分组成。曲室采用密封式,供氧、温度、湿度采用空调系统自动调节。目前市场上有 6 t、10 t、15 t、25 t 等多种规格的设备,圆盘的直径也有 2～14 m 不等。圆盘制曲机具备了通风曲房和方形制曲机的优点,入料、出料、培养过程中的翻料均实现了机械化操作,在整个操作过程中,人与物料不直接接触,避免了人为的污染。温度、湿度、风量的调控实现了自动化,更有利于微生物的培育。微生物在整个培育过程中,始终处于一个密闭的环境里,只需通过观察窗进行控制,水、电、汽等能源消耗比普通微生物培养平床降低。圆盘制曲机避免了方型制曲机行车控制系统暴露在曲室中容易出故障的特点,同时由于是圆盘密闭形状,故鼓风机的风量在整个曲室中较为均匀,再加上恒温加湿空调系统的控制就更突显出其在大批量生产中的优势。

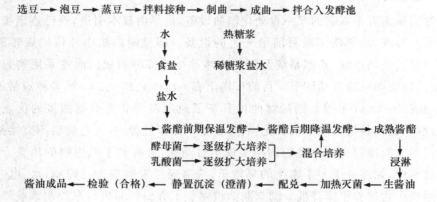

任务二 低盐固态酱油发酵

【任务描述】

酱油发酵过程中制曲的目的,是培养米曲霉在原料上生长繁殖,以便在发酵时,利用它所分泌的多种酶,其中最重要的有蛋白酶和淀粉酶。蛋白酶水解蛋白质为氨基酸,淀粉酶将淀粉水解成糖。同时在制曲及发酵过程中,从空气中落入的酵母和细菌也进行繁殖并分泌多种酶,例如由酵母发酵成酒精,由乳酸菌发酵成乳酸。所以发酵是利用这些酶在一定的条件下作用,分解合成酱油的色香味成分。这里具体介绍低盐固态酱油发酵过程。

【参考标准】

SB/T 10311—1999 低盐固态发酵酱油酿造工艺规程

GB/T 18186—2000 酿造酱油

SB 10336—2000 配制酱油

【工艺流程】

酱油生产总流程:

选豆 ⟶ 泡豆 ⟶ 蒸豆 ⟶ 拌料接种 ⟶ 制曲 ⟶ 成曲 ⟶ 拌合入发酵池

水　　　热糖浆
↓　　　　↓
食盐　　稀糖浆盐水
↓
盐水

⟶ 酱醅前期保温发酵 ⟶ 酱醅后期降温发酵 ⟶ 成熟酱醅

酵母菌 ⟶ 逐级扩大培养 ⟶ 混合培养　　　　　↓
乳酸菌 ⟶ 逐级扩大培养 ⟶　　　　　　　　　浸淋

酱油成品 ⟵ 检验(合格) ⟵ 静置沉淀(澄清) ⟵ 配兑 ⟵ 加热灭菌 ⟵ 生酱油

【任务实施】

1　原料准备

成曲、食盐等。

2　器材准备

发酵池(发酵罐、发酵箱)、盐水罐、温度计、浸淋装置、杀菌装置等。

3　操作要点

3.1　制醅发酵

(1)盐水配制　食盐加水溶解,盐水浓度为 11～13°Bé,澄清后使用。

(2)制醅　先将准备好的盐水加热到 55℃左右,将成曲粉碎后与盐水拌和均匀进入发酵池,最后盖上食品用聚乙烯薄膜,四周以食盐封边,发酵池上加盖木板,以防止酱醅表层形成氧化层,影响酱醅质量。

盐水用量一般控制在制曲原料总量的 65% 左右,酱醅水分在 50%～53%(移池浸出法)。拌曲盐水的温度根据入池后酱醅品温的要求来决定,一般控制在夏季 45～50℃,冬季 50～55℃。入池后,酱醅品温在 40～45℃。

(3)前期保温发酵　一般条件下,蛋白酶的最适温度是 40～45℃。因此入池后,应采取保温措施使酱醅品温控制在 44～50℃,发酵前期时间为 15 d 左右,每天定时测定温度。

(4)后期低温发酵　前期发酵结束后,品温控制在 30～33℃,进行后熟操作,以改善风味。整个发酵周期为 20 d 左右。

3.2　后处理

(1)浸淋　酱醅成熟后,加入 80～90℃的二淋油浸泡 6 h 以上,过滤得头淋油(即生酱油),头淋油可从容器假底下放出,溶加食盐,加食盐量应视成品规格定。再加入 80～90℃的三淋油浸泡 2 h 以上,滤出二淋油,同法再加入热水浸泡 2 h 左右,滤出三淋油。

(2)加热和配制　加热温度依酱油品种、加热时间等因素而定。间歇式加热温度为 65～70℃,时间为 30 min。每批生产中的头淋油、二淋油或原油,按统一的质量标准进行配兑,使酱油产品达到感官特性、理化指标要求。还可按品种要求加入适量甜味剂、鲜味剂和防腐剂等食品添加剂。

(3)酱油的贮存及包装　贮存设备要求保持清洁,上面加盖,但必须注意通气,以防散发的水汽冷凝后滴入酱油面层,形成霉变。取配制好并经存放 1 周以上的酱油进行分装或过滤后分装。

【任务评价】

评价单

学习领域			酱油制备		
评价类别	项目	子项目	个人评价	组内互评	教师(师傅)评价
专业能力 (80%)	资讯(5%)	搜集信息(2%)			
		引导问题回答(3%)			
	计划(5%)	计划可执行度(3%)			
		计划执行参与程度(2%)			
	实施(40%)	操作熟练度(40%)			
	结果(20%)	结果质量(20%)			
	作业(10%)	完成质量(10%)			
社会能力 (20%)	团结协作 (10%)	对小组的贡献(10%)			
	敬业精神 (10%)	学习纪律性(10%)			

[师徒共研]

1.蒸料时原料变性不够或过度变性

这是常易出现的同题。因此蒸料时依设备情况选取合适的温度及蒸煮时间,蒸好的料应达到熟料质量标准。蒸料后快速冷却,防止物料结块,防止物料在不洁环境中污染杂菌。

2.制曲时杂菌污染

制曲时杂菌含量高,会直接影响成曲质量,影响产品出品率,尤其污染了腐败的细菌,会使蛋白质过度(异常)发酵,产生对人体有害的物质。要重视制曲过程中温度和湿度的控制,强化制曲的无菌环境,防止杂菌污染。

3.发酵过程中酱醅发出酸味、臭味、异味

原因及控制:发酵水分过高,适宜水分含量在50%~60%;盐分含量过低,适宜盐分含量前期为10%左右,中后期在15%以上;产酸细菌污染,应注意环境的清洁;长时间高温,pH下降导致酸败。

4.发酵中酱醅色泽偏黑,苦涩味重

这种现象主要是发酵温度过高造成的,一般低盐固态发酵法温度应该控制在40~50℃,不得超过55℃。

5.酱油生霉(长白)

引起酱油生霉(长白)的主要原因有:加工和贮藏过程卫生条件恶劣;操作不当,发酵不成熟,灭菌不彻底,盐浓度太低,防腐剂添加不均匀,包装容器不清洁;包装后造成二次污染。

要防止酱油发霉,应该注意以下几点:①生产车间所用设备、器具等要进行清洗消毒,操作人员应严格卫生管理;②包装容器严格按规定洗净;③成品酱油按加热要求进行灭菌;④参考国家标准合理使用防腐剂。

[知识链接]

1 发酵的理论基础

1.1 发酵的目的

(1)利用米曲霉所分泌的各种酶,将蛋白质分解为氨基酸,淀粉分解成糖。

(2)在发酵过程中,从空气中落入的酵母和细菌也进行繁殖、发酵,如由酵母发酵生成酒精,乳酸菌发酵生成乳酸。

故发酵是利用这些酶在一定条件下作用,分解合成酱油的色、香、味、体。因此可以说酱油是曲霉、酵母及细菌等微生物综合作用生成的产品。

1.2 发酵对程中的生物化学变化

(1)原料植物组织的分解 果胶酶、纤维素酶、半纤维素酶、淀粉酶、蛋白酶的作用下,植物组织的分解。

(2)蛋白质的分解作用 ①蛋白质→氨基酸;②发酵期间要防止 pH 过低。因为米曲霉所分泌的三类蛋白酶中,以中性和碱性为主。

(3)淀粉的糖化作用 ①产生甜味;②形成色泽(美拉德反应,即羰氨反应);③进行酒精发酵。

(4)脂肪水解作用 ①脂肪水解成甘油和脂肪酸;②软脂酸、亚油酸与乙醇结合生成的软脂酸乙酯和亚油酸乙酯是酱油的部分香气成分。

(5)酒精发酵作用(酵母) ①从空气中落入的酵母;②人为添加,提高酱油的风味和品质。

(6)酸类的发酵作用 一部分来自空气的细菌生长繁殖,将部分糖类变成乳酸、醋酸和琥珀酸等有机酸。适量的有机酸可增加酱油的风味。

1.3 发酵过程中的微生物变化

发酵过程中,与原料的利用率、发酵成熟的快慢、成品颜色的浓淡以及味道的鲜美,具有

发酵食品加工

直接关系的微生物是曲霉;与酱油风味有直接关系的微生物是酵母和乳酸菌。

(1)曲霉　曲霉的主要作用是提供分解蛋白质和淀粉的酶类,曲霉入池后,由于温度、pH、环境的影响,很快失去作用,而发生自溶,生成核酸自溶物、氨基酸和糖分。

(2)酵母　与酱油香气有关的酵母:①鲁氏酵丹(占酵母总数的45%左右):在主发酵期,合成酒精。②球拟酵母:后期发酵,形成香气成分四乙基愈创木酚。

(3)细菌　对酱油风味有主要作用的细菌是乳酸菌。发酵前期主要是嗜盐球菌;发酵后期是四联球菌。

1.4　酱油的色、香、味

(1)色素生成　酶褐变和非酶褐变是酱油颜色生成的基本途径。

①非酶褐变反应　非酶褐变反应主要是美拉德反应(羰氨反应):氨基酸与糖形成类黑素。

麸皮中含较多的多缩戊糖,可提高酱油色泽。

②酶褐变反应

$$多酚化合物(酪氨酸) + O_2 \xrightarrow{多酚氧化酶} 黑色素(主要在发酵后期形成)。$$

(2)酱油的香气　酱油的香气主要是通过发酵后期形成的,主要成分是醇、醛、酚、酯、有机酸、缩醛和呋喃酮等。

(3)酱油的呈味

①鲜味　一般酱油中只含有谷氨酸钠和天门冬氨酸钠等。在后续的配制工序中,可添加肌苷酸钠或鸟苷酸钠两种核苷酸。但在灭菌以后添加才有助鲜效果。

几种鲜味剂的相对鲜度:

谷氨酸钠:天门冬氨酸钠:肌苷酸钠:鸟苷酸钠=100:30:4 000:16 000

②甜味　来自葡萄糖、麦芽糖;呈甜味的氨基酸如甘氨酸、丙氨酸、色氨酸等;甘油。

③咸味　主要来源于氯化钠。

④酸味　主要由乳酸(占1.5~1.6%,占总酸的80%)、醋酸、琥珀酸、柠檬酸等有机酸所形成。

2　低盐固态酱油质量要求

符合 GB 18186—2000 低盐固态。

2.1　感官特性

低盐固态发酵酱油感官特性见表7-5。

表 7-5　低盐固态发酵酱油感官特性

项目	要求			
	特级	一级	二级	三级
色泽	鲜艳的深红褐色,褐色或棕褐色,有光泽	褐色或棕褐色,有光泽	红褐色或棕褐色	棕褐色
香气	酱香浓郁,无不良气味	酱香较浓,无不良气味	有酱香,无不良气味	微有酱香,无不良气味
味	味鲜美,醇厚,咸味适口	味鲜美,咸味适口	味较鲜,咸味适口	鲜咸适口
体态	澄清			

2.2　理化指标

低盐固态发酵酱油理化指标见表 7-6。

表 7-6　低盐固态发酵酱油理化指标

项目	指标			
	特级	一级	二级	三级
可溶性无盐固形物/(g/100 mL)	≥20.00	≥18.00	≥15.00	≥10.00
总氮(以氮计)/(g/100 mL)	≥1.60	≥1.40	≥1.20	≥0.80
氨基酸态氮(以氮计)/(g/100 mL)	≥0.80	≥0.70	≥0.60	≥0.40
铵盐	其含量不超过氨基酸态氮含量的 30%			

2.3　卫生指标

符合 GB 2717—2003《酱油卫生标准》,见表 7-7。

表 7-7　低盐固态发酵酱油卫生指标

项目	指标
菌落总数/(CFU/mL)	≤30 000
大肠菌群/(MPN/100 mL)	≤30
致病菌(沙门氏菌、志贺氏菌、金黄色葡萄球菌)	不得检出
总砷(以 As 计)/(mg/L)	≤0.5
铅(Pb)/(mg/L)	≤1
≤黄曲霉毒素 B_1/(μg/L)	5

3　酱油发酵注意事项

发酵在酱油酿造中极为重要。加水量、盐分浓度、拌水均匀程度以及发酵温度等直接影响到酱油质量及全氮利用率,因而在发酵过程中,严格掌握其工艺条件,对提高原料全氮利

用率和改善产品风味至关重要。

发酵过程中应注意以下几点：

（1）及时拌曲入池，防止堆积产热过度。大曲培养成熟，其生理作用并未停止，呼吸作用仍很旺盛，因而不能忽视拌曲前的管理。大曲成熟后，最好是将成品曲温降低，迅速拌盐水入池，从出曲至拌盐水结束，时间越短越好，以免堆积升温过度，使酶活下降，造成损失，特别是在炎热季节更应注意。

（2）拌曲操作要合理，拌入盐水的质与量要适宜。

①拌曲盐水温度　拌曲盐水的温度依曲子入池后温度而定，它关系到发酵的起始温度，对发酵影响相当大。要根据设备条件、成曲温度、工艺、地区和季节等具体条件而定。

低盐固态发酵酱油，夏季盐水温度宜掌握在 45～50℃，冬季在 50～55℃。入池后，酱醅品温应控制在 40～45℃；高盐稀态发酵，盐水温度一般控制在 5～7℃。若成曲质量较差时，拌曲水温应适当提高，以免引起酸败。

②拌曲盐水的浓度　盐水浓度必须严格掌握，浓度过高影响发酵速度，过低易引起酱醅或酱醪酸败，影响酱油质量。低盐固态酱油盐水浓度一般为 13%～14%，使酱醅含盐分达到 6%～8%；高盐稀态酱油盐水浓度为 18%～20%。

③拌曲盐水量　必须恰当，在一定条件下，发酵拌水量的多少，与分解率和原料的利用关系很大。拌水量少，对酱油色泽的提高很有效，但对水解率与原料利用率不利。因此，根据产品工艺特点和要求在发酵过程中合理采用"大水型"，同时考虑有利于下道工序（酱油的提取）的正常进行。

④拌曲盐水的品质　成曲与盐水混合成醅，盐水质量必将直接对酱醅产生影响。因此，要求盐水应当清澈无浊、不含杂物、无异味、pH 为 7 左右。

⑤拌曲方法和质量　采用拌盐水机搅拌盐水，集粉碎、加盐水、搅和为一体。要求盐水和成曲搅拌均匀，使每一颗粒都能和盐水充分接触，不得有过湿、过干现象，并使成曲大、小块状全部成为粉状颗粒。

（3）严格控制发酵温度。在发酵过程中，不同发酵时期的目的不同，发酵温度的控制也因此而异。设专人管理，做好记录，严格掌握。低盐固态发酵因发酵设备的容量大，不易采取调温措施，所以起始温度不应过高或过低。酱醅升温要缓和，不得在短时间内升温过快、过高，夏季防止超温，冬季保证品温。

4　低盐固态酱油发酵工艺

国内现行酱油工艺中，低盐固态发酵工艺酱油产量占全国酱油总量的 80%。这是我国独创的、特有的酱油工艺，在融合了当时固态无盐发酵、传统发酵、稀醪发酵等多种工艺优点的基础上衍生而来。1964 年在上海推广应用至今。此后，又对该工艺进行了不断的取舍和调整。如今，依据其发酵与取油方式的不同，逐步分化为三种成熟的工艺：一是低盐固态发酵移池浸出法，二是低盐固态发酵原池浸出法，三是先固后稀淋浇发酵原池浸出法。

4.1　操作要点

4.1.1　盐水调制

食盐溶解后,以波美计测定其浓度,并根据当时的温度调整到规定的浓度。一般淀粉原料全部参与制曲时,其盐水浓度要求在 12～13°Bé。经验数据是在 100 kg 水中加 1.5 kg 盐得到的盐水浓度为 1°Bé。若将淀粉原料制成糖浆直接参与发酵时,则需配制稀糖浆盐水。稀糖浆盐水中含有糖分及糖渣,需要通过化验方法测定其含盐量,本工艺要求食盐浓度为14%～15%。

拌曲盐水的温度应根据入池后对发酵温度的要求、成曲温度、季节、设备条件等而定。一般来说,夏季盐水温度 45～50℃,冬季在 50～55℃。入池后,酱醅品温应控制在 40～45℃。盐水温度过高会使成品曲酶活性钝化以致失活。

拌曲量的控制依酱醅含水量而定,盐水或稀糖浆盐水用量为制曲原料的 150%。一般酱醅水分在 53%～57%。

配制盐水的数量也可根据下式计算:

$$酱坯要求的水分 = \frac{曲重×曲的水分 + 盐水量×(1-NaCl含量)}{曲重 + 盐水量} × 100\%$$

根据上式导出:

$$盐水量 = \frac{曲重×(酱醅要求的水分 - 曲的水分)}{1 - NaCl含量 - 酱醅要求的水分含量}$$

如:100 kg 成曲,含水 30%,添加的盐水浓度 13%,盐水中的水分(1-13%),配制好的酱醅水分含量 50%,计算盐水量。

$$盐水量 = \frac{100×(50\%-30\%)}{1-13\%-50\%} = 54\ (kg)$$

4.1.2　制醅

成曲用制醅机粉碎成 2 mm 左右的均匀颗粒,并与盐水按比例拌和。酱醅起始发酵温度为 42～44℃(蛋白酶最适作用温度)。铺在池底 10 cm 厚的酱醅应略干、疏松、不黏,当铺到 10 cm 以上后,逐渐增加盐水用量,最后把剩余盐水浇于酱醅表面,待盐水全部吸入料后盖上食用级聚乙烯薄膜,四周用盐将薄膜压紧,并在指定点插上温度计,池面加盖。若采用淋浇工艺,不封池。

4.2　保温发酵及管理

4.2.1　温度管理

在发酵过程中,不同发酵时期的目的不同,发酵温度的控制也有所区别。发酵前期目的是使原料中蛋白质在蛋白水解酶的作用下水解成氨基酸,因此发酵前期的发酵温度应当控制在蛋白水解酶作用的温度。蛋白酶最适温度是 40～45℃,若超过 45℃,蛋白酶失活程度

就会增加。但是在低盐固态发酵过程中，由于发酵基质浓度较大，蛋白酶在较浓基质情况下，对温度的耐受性会有所提高，但发酵温度最好也不要超过 50℃。因此，发酵温度前期以44～50℃为宜，在此温度下维持 10 余天，水解即可完成。后期主要是通过耐盐乳酸菌和酵母菌的发酵作用形成酱油的风味。后期酱醪品温可控制在 30～33℃，经过 10 余天的后期发酵，酱油风味可有所改善。

4.2.2　倒池

为使酱醪各部分的温度、盐分、水分以及酶的浓度均匀；排除酱醪内部因生物化学反应而产生的有害气体、有害挥发性杂质；增加酱醪的含氧量，防止厌氧菌生长，促进有益微生物的繁殖和色素生成等，在酱醪发酵过程中需进行倒池处理。

一般发酵周期 20 d 左右时只需在第 9～10 d 倒池一次。如发酵周期在 25～30 d 可倒池二次。

有些工厂采用淋浇工艺，所谓淋浇，就是将积累在发酵池底下的酱汁用水泵抽取浇于酱醪表面，又均匀地分布于整个酱醪之中，以增加酶的接触面积，并使整个发酵池内酱醪的温度均匀。入池品温要求在 40～45℃，入池后需浇淋一次，前期分解阶段可再浇淋 2～3 次，前期保温发酵时间 15 d 左右。前期发酵完毕，水解已基本完成，此时利用淋浇方法，将制备好的酵母菌和乳酸菌均匀地淋浇在酱醪内，并补充食盐，使总的酱醪含盐量在 15% 以上，品温要求降至 30～35℃，并保持温度进行酒精发酵和后熟作用。第二天及第三天分别浇淋一次，使菌体分布均匀，品温一致，其后按工艺要求进行淋浇管理，直至发酵结束，后发酵时间为15 d 左右。

4.3　低盐固态酱油生产的后处理

固态发酵的酱醪成熟以后，大多利用浸出法将其可溶性物质最大限度地溶出，实现酱油生产的高产优质。浸出包括浸泡和滤油两个阶段，浸泡是将酱油成分自酱醪颗粒向浸提液转移溶出的过程，滤油是将酱油成分的浸出液与固体酱渣分离的过程。

4.3.1　酱油的浸出

（1）浸出方式　按照浸出时是否需要先把酱醪移到发酵池外，分为原池浸出和移池浸出两种方式。原池浸出是直接在原来的发酵池中浸泡和淋油；移池浸出则是将成熟酱醪取出，移入专门设置的浸淋池浸泡淋油。两者各有优缺点，原池浸出法对原料适应性强，不管采用何种原料和配比，都能比较顺利地淋油；移池浸出法要求豆饼与麸皮做原料，而且配比要求为 7∶3 或 6∶4，否则会造成淋油不畅。原池浸出法省了移醪操作，节省人力，但浸出时占用了发酵池。另外，原池浸出法浸淋时较高的温度影响到邻近发酵池的料温，而移池浸出法恰好能避免这些缺点。

酱油浸淋设备的
结构、工作过程

（2）浸出工艺流程

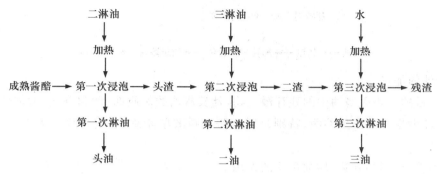

（3）浸出工艺操作

①浸泡　酱成熟后，即可加入二油浸泡。二油先加热至 70～80℃，加入二油时，在酱醅的表面需垫一块竹帘，以防酱层被冲散影响滤油。热二油加入完毕后，加盖做好保温工作，以减少热量损失。经过 2 h，酱醅慢慢地上浮，然后逐步散开，此属于正常现象，这样酱醅能保持自然空隙，颗粒间也松散，有利于淋油的进行。浸泡时间一般在 20 h 左右。浸泡期间，品温不宜低于 55℃，一般在 60℃以上。温度适当提高与浸泡时间的延长，对酱油色泽的加深有着显著作用。若为移池浸泡，酱醅装入淋池时要轻取轻放，保持酱醅疏松，必要时可以加入部分谷糠拌匀，以利浸滤。

②滤油　浸泡时间达到后，生头油可由池底部放出，流入酱油池中。流出的头油将预先置备的食盐溶解。待头油放完后（不宜放得太干，以酱面不露出液面为准），关闭阀门，再加入 70～80℃的三油，浸泡 8～12 h，滤出二油（作下批浸泡头油之用）。再加入热水（为防止出渣时太热，也可加入自来水），浸泡 2 h 左右，滤出三油，作为下批套二油之用。如回套需要，可继续加入热水浸泡滤取四油。三油及四油盐度甚低，需及时加热灭菌，保持在 70℃以上，以免酸败变质。

在滤油过程中，头油是产品，二油套头油，三油套二油，热水浸三油，如此循环使用，若头油数量不足，则应在滤二油时补充。

一般头油滤出速度最快，二油、三油逐步缓慢。特别是连续滤油法，如头油滤得过干，对二油、三油的过滤速度有着较明显的影响。因为当头油滤干时，酱渣颗粒之间紧缩结实又没有适当时间的浸泡，会给再次滤油造成困难。

③出渣　滤油结束，发酵容器（或淋池）内剩余的酱渣，用人工或机械出渣，输送至酱渣场上贮放，作饲料。机械出渣一般用平胶带输送机，也有仿照挖泥机进行机械出渣的，但只适用于较大的容器。出渣完毕，清理发酵容器（或淋池），检查假底上的竹帘有否损坏，四壁是否有漏缝，以防止酱醅漏入容器底部堵塞滤油管道而影响滤油。

酱渣的理化标准：水分 80％左右，粗蛋白含量≤5％，食盐含量≤1％，水溶性无盐固物含量＜1％。

4.3.2　酱油的加热及配制

从酱醅中淋出的酱油称生酱油，经过加热及配制等工序成为各个等级的酱油成品。

(1)工艺流程

甜味剂、助鲜剂、防腐剂

生酱油 ⟶ 加热 ⟶ 配制 ⟶ 澄清 ⟶ 质量鉴定 ⟶ 各级成品

(2)酱油的加热

①加热目的　杀灭酱油中的残存微生物,延长酱油的保质期;调和香气;增加色泽;除去悬浮物;破坏微生物所产生的酶,特别是脱羧酶和磷酸单酯酶,避免继续分级氨基酸而降解酱油的质量。

可起到澄清、调和香味、增加色泽的作用。

②加热温度　90℃,15~20 min,灭菌率为85%。超高温瞬时灭菌135℃,0.78 MPa,3~5 s达到全灭菌。

③加热方法　一般采用蒸汽加热法,主要方式有:直接通入蒸汽加热、夹层锅加热、盘管加热、和热交换器加热等。

(3)成品酱油的配制　成品酱油的配制即将每批生产中的头油和二淋油或质量不等的原油,按统一的质量标准进行调配,使成品达到感官特性、理化指标要求。分级标准见表7-8。由于各地风俗习惯、品味不同,还可以在原来酱油的基础上,分别调配助鲜剂、甜味剂以及某些香辛料等以增加酱油的花色品种。常用的助鲜剂有谷氨酸钠(味精),强助鲜剂有肌苷酸、鸟苷酸,甜味剂有砂糖、饴糖和甘草,香辛料有花椒、丁香、豆蔻、桂皮、大茴香、小茴香等。

表 7-8　成品酱油分级标准

项目	低盐固态发酵酱油				高盐稀态发酵酱油(含固稀)			
	特级	一级	二级	三级	特级	一级	二级	三级
可溶性无盐固形物/(g/100 mL)	≥20.00	≥18.00	≥15.00	≥10.00	≥15.00	≥13.00	≥10.00	≥8.00
总氮(以氮计)/(g/100 mL)	≥1.60	≥1.40	≥1.20	≥0.80	≥1.50	≥1.30	≥1.00	≥0.70
氨基酸态氮(以氮计)/(g/100 mL)	≥0.80	≥0.70	≥0.60	≥0.40	≥0.80	≥0.70	≥0.55	≥0.40

例:有一批酱油15 t,需添加多少吨甲批酱油,才能配制成全氮1.20 g/100 mL,氨基酸态氮0.60 g/100 mL的成品酱油?

	甲	乙	甲+乙
全氮/(g/100 mL)	1.35	1.10	1.2
氨基酸态氮/(g/100 mL)	0.68	0.56	0.6
氨基酸生成率/%	50.37	50.91	
数量/t	x	15	$x+15$

酱油氨基酸生成率都低于50%时,按氨基酸态氮计算配制;酱油氨基酸生成率都高于50%时,按全氮计算配制。即以最低指标为配制标准。

二批酱油的氨基酸生成率均超过50%,故用全氮来计算配制。

$$1.35x+1.1\times15=1.2\times(15+x)$$

$$x=10(t)$$

4.4　成品酱油的贮存

配制合格的酱油在未包装之前,要有一定的贮存期,对于改善酱油风味和体态有一定作用。一般把酱油存放于室内地下贮池,或露天密闭的大罐中(有夹层不受外界影响,夹层内能降温),这种静置可使微细的悬浮物质缓慢下降,酱油可以被进一步澄清,包装以后不再出现沉淀物。静置的同时还能调和风味,酱油中的挥发性成分在低温静置期间,能进行自然调剂,各种香气成分在自然条件下保留其适量,对酱油起到调熟作用,使滋味适口、香气柔和。

4.5　成品包装和保管

酱油包装也是生产中的一个重要组成部分。成品包装要求清洁、卫生,计量准确,标签整齐,并标明包装日期。现在酱油的包装以瓶装、袋装、塑料桶装和散装(罐车)为主。目前市场上几种形式共存。很多酱油企业在酱油的包装过程中,已由半手工机械化的操作走向连续机械化操作,大大改善了劳动条件和卫生面貌。

包装好的成品在库房内,应分级分批分别存放,排列要有次序,便于保管和提取。要本着"推陈出新"的原则进行发货,防止错乱。成品库要保持干燥清洁,包装好的成品不应露天堆放,避免日光直接照射或雨淋。

5　铁强化(营养)酱油生产工艺

铁强化酱油就是指以酱油为载体,添入人体极易吸收的铁营养强化剂,即乙二胺四乙酸铁钠等,旨在改善人们的铁营养状况和控制缺铁性贫血,是最常见的营养强化酱油。

5.1　工艺流程

半成品酱油 ——→ 搅拌溶解 ——→ 过滤 ——→ 灭菌 ——→ 测定 ——→ 成品 ——→ 包装
　　　　　　　　　　↑
　　　　　　乙二胺四乙酸铁钠

5.2　操作要点

(1)酱油的计量　将经过沉淀过滤后得到的酱油,经流量计准确计量后加入带有搅拌装置的储存罐内备用。

(2)铁强化剂添加量的确定和称取　《食品添加剂使用标准》(GB 2760—2019)中规定,在酱油中乙二胺四乙酸铁钠添加量为175～210 mg/100 mL。儿童每天食用酱油较成人少,可以考虑该类人群食用高剂量强化剂强化的酱油,乙二胺四乙酸铁钠的添加量为200 mg/100 mL为宜,其他人群适宜中剂量强化剂强化的酱油,以乙二胺四乙酸铁钠添加量

为 190 mg/100 mL 为宜,所添加量对酱油的感官、理化、保质期不造成影响。

称量应在干净整洁且密闭的环境中进行,乙二胺四乙酸铁钠用不锈钢铲盛取,加入至食品级带盖塑料容器中。称量后剩余的乙二胺四乙酸铁钠密封后,置阴凉干燥处备用。

(3)铁强化剂的添加　开启储存罐搅拌装置,加入称量好的乙二胺四乙酸铁钠,边加边搅拌,不能成堆撒。盖好储存罐盖,继续搅拌 30 min 左右,使乙二胺四乙酸铁钠完全溶解。

(4)灭菌、检验和灌装　将搅拌均匀,乙二胺四乙酸铁钠完全溶解的强化酱油进行过滤,滤液打入高温瞬时灭菌器中进行灭菌,灭菌后的产品放入成品罐中,从成品罐中取样检测乙二胺四乙酸铁钠含量和其他酱油指标,检测合格即可灌装。

任务三　高盐稀态酱油生产

【任务描述】

高盐能够有效抑制杂菌,稀醪有利于蛋白质分解,低温有利于酵母等有益微生物生长、代谢,从而生成香味浓郁的产品。

据测定,高盐稀态发酵工艺生产的酱油,其香气物质达 300 多种,氨基酸含量非常丰富。

高盐稀态发酵法酿造酱油的生产工艺中最关键的是低温制曲和酱醪发酵过程,它们关系着酱油品质的优劣和风味的好坏。其中,低温制曲有利于提高氨基酸生成率和原料利用率;酱醪发酵过程是形成香气风味物质的关键,期间参与的微生物众多,发生着许多缓慢的生化反应,酱醪中含有几十种氨基酸和几十种风味物质,使产品具有色香味俱全的特点。

【参考标准】

1. GB/T 18186—2000 酿造酱油。

2. SB/T 10312—1999 高盐稀态发酵酱油酿造工艺规程。

【工艺流程】

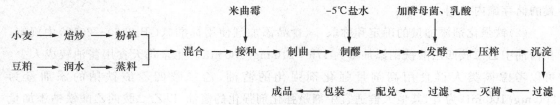

【任务实施】

1　原料准备

(1)菌种　沪酿 3.042 米曲霉、酵母菌。

(2)原辅料　豆粕、小麦、食盐等。

(3)器材　焙炒机、蒸锅、制曲机、发酵罐、压榨机、贮存容器等。

2　操作要点

2.1　原料及原料配比

原料配比(单位:kg):脱脂大豆 330,小麦 337,盐水 1380(20°Bé)

2.2　原料处理

(1)小麦筛选除杂后经高温(165℃)焙炒,然后冷却破碎。

(2)豆粕除杂后润水,水量为豆粕的 130%。加压 0.12 MPa 蒸煮,维持 15 min,蒸煮的熟料经冷却后含水量在 61% 左右,立即拌入经过焙炒的小麦粉,使熟料水分为 44%~45%,然后进行制曲。

2.3　制曲

采用沪酿 3.042 米曲霉制曲,每 1 g 种曲孢子数为 60 亿个,接种量为 0.3%。

送入曲箱后,调节品温至 28℃,使孢子发芽及菌丝生长。品温上升至 34~38℃,通风使品温维持在 33~34℃,16~18 h,曲料表面发白,进行第一次翻曲,翻曲后品温保持 28℃。再经 5~6 h,品温上升,曲料结块,产生裂缝,肉眼见曲料全部发白,进行第二次翻曲。之后品温保持 25~28℃,制曲时间约 40 h,成曲呈黄绿色,水分 32% 左右。

2.4　制醪发酵

成曲经破碎后拌和 20°Bé 盐水,泵入发酵罐。第 1 个月要求维持料温 15℃,不超过 20℃。在发酵过程中添加耐盐性呈味球拟酵母和鲁氏酵母,多种微生物协同作用,产生酯香,形成独特的酱香气味。1 个月后,使温度逐步上升至 30℃。当 pH 降至 5.2 时,酵母菌大量繁殖,开始酒精发酵。发酵温度保持在 28~30℃,最高不超过 35℃,发酵 2 个月。发酵 100 d 时,各项理化指标符合要求,即可压榨。如果设备允许,以发酵 6 个月为佳。

下曲后须及时通气搅拌。在前 10 d 通过对搅拌次数的调节,使盐水尽快地浸透于曲中,以后每隔 4~5 d 翻醪 1 次,酵母菌酒精发酵旺盛时,隔 3 d 翻醪 1 次。主发酵完成后,一般每月翻醪 1~2 次。搅拌时间宜短不宜长,还要注意掌握搅拌程度。

2.5　后处理

选用水压或油压机对成熟酱醪进行压榨处理。生酱油储存一周除去沉淀物后,用板式加热器 80℃ 灭菌,灭菌后的酱油泵入沉淀罐澄清一周后,再经硅藻土过滤机过滤,按照酱油等级,配兑成品酱油。

【任务评价】

评价单

学习领域	高盐稀态酱油生产				
评价类别	项目	子项目	个人评价	组内互评	教师(师傅)评价
专业能力(80%)	资讯(5%)	搜集信息(2%)			
		引导问题回答(3%)			
	计划(5%)	计划可执行度(3%)			
		计划执行参与程度(2%)			
	实施(40%)	操作熟练度(40%)			
	结果(20%)	结果质量(20%)			
	作业(10%)	完成质量(10%)			
社会能力(20%)	团结协作(10%)	对小组的贡献(10%)			
	敬业精神(10%)	学习纪律性(10%)			

[师徒共研]

　　高盐稀态发酵工艺因发酵时间长、发酵温度低、后发酵充分、成品风味醇厚鲜香等特点，已逐渐被众多厂家作为高档酱油的生产工艺。制曲过程中微生物繁殖生长造成的粮食损耗占总体的30%，如何降低粮食消耗，对酱油生产企业降低成本非常重要。减曲发酵，即取部分大豆、小麦等原料制曲，另一部分原料蒸熟后直接与之混合发酵的工艺。减曲发酵不仅可以能减少粮食和电能的消耗，而且可以减少人工和场地设备。

　　随着科研工作者对酱油用的米曲霉菌进行诱变育种，使蛋白酶活力有了成倍的提高。一般来说，成曲蛋白酶活力的提高，就已经能够满足蛋白质的分解需要，从而减少曲的用量。

　　减曲发酵不仅可以减少粮食和电能消耗，且可以减少人工和场地设备，对提高我国酱油生产技术水平和经济效益意义重大。试验结果表明，减曲工艺对高盐稀态发酵酱油的理化指标和感官风味有显著影响，随着减曲比例的提高，酱油的理化指标和感官风味均呈下降趋势，但适当减曲至10%～20%，对酱油理化指标和感官风味的影响较小。建议厂家可采用减曲比例为10%～20%进行酱油高盐稀态发酵酿造，可以在保证酱油质量的同时有效减低生产成本。

[知识链接]

1　高盐稀态酱油发酵基本知识

1.1　高盐稀态发酵工艺类型

高盐稀态发酵法是指曲中加入较多的盐水,使酱醪呈流动状态进行发酵的方法。因发酵温度的不同,有常温发酵和保温发酵之分。常温发酵的酱醪温度随气温高低自然升降,酱醪成熟缓慢,发酵时间较长。保温发酵也称温酿稀发酵,由于所采用的保温温度的不同,又分为消化型、发酵型、一贯型和低温型 4 种。

(1)消化型　酱醪发酵初期温度较高,一般达 42～45℃保持 15 d,酱醪充分分解,蛋白质分解速度甚快,此时已基本达到高峰。然后逐步将发酵温度降低,促使耐盐酵母大量繁殖,进行旺盛的酒精发酵,同时促使酱醪成熟。发酵周期一般为 3 个月,产品酱香气较浓,口味浓厚,色泽较其他型深。

(2)发酵型　温度先低后高。酱先低温缓慢分解,同时进行酒精发酵,然后发酵温度逐步上升至 42～45℃,使蛋白质分解作用和淀粉糖化作用完全,同时促使酱醪成熟。发酵周期三个月。

(3)一贯型　酱温度始终保持 42℃左右,耐盐耐高温的酵母菌会缓慢进行酒精发酵,一般只要 2 个月时间酱醪即成熟。

(4)低温型　日本采用的发酵技术,酱醪发酵初期温度控制在 15℃维持 30 d。此阶段维持低温的目的是抑制乳酸菌的生长繁殖,使酱醪能在较长时间保持 pH7 左右,使碱性蛋白酶充分发挥作用,有利于谷氨酸生成和提高蛋白质利用率。30 d 后升高温度,开始乳酸发酵。当 pH 下降至 5.3～5.5,温度到 22～25℃,酵母菌开始进行酒精发酵,2 个月后,pH 下降至 5 以下,蛋白质分解及酒精发酵基本结束,继续保持在 28～30℃ 4 个月以上,酱醪缓慢成熟,形成酱油的色泽和香气。

1.2　高盐稀态发酵工艺特点

高盐稀态发酵工艺通过原料焙炒蒸煮、低温制曲、酱醪发酵、压榨、过滤、调配等多道工序制成色、香、味俱全的高档酿造酱油。一般采用豆粕和焙炒粉碎小麦 1∶1或 3∶2 的比例来配料。在制曲上，多采用全自动机械通风制曲，温度易于控制，可保证米曲霉在低温状态下繁殖生长，使成曲的酶活力达到最高。成曲与20°Bé盐水混合成稀醪状态，长时间低温或恒温发酵，在发酵过程中添加耐盐性呈味球拟酵母和鲁氏酵母，多种微生物综合作用产生酯香，形成独特的酱香气味，这正是高盐稀态发酵工艺的核心之处。

2 高盐稀态发酵酱油质量要求

符合 GB 18186—2000 高盐稀态的要求。

2.1 感官特征

感官特性见表7-9。

表 7-9 高盐稀态发酵酱油感官特性

项目	高盐稀态发酵酱油（含固稀发酵酱油）			
	特级	一级	二级	三级
色泽	红褐色或浅红褐色，色泽鲜艳，有光泽		红褐色或浅红褐色	
香气	浓郁的酱香及酯香气	较浓的酱香及酯香气	有酱香及酯香气	
滋味	味鲜美、醇厚、咸甜适口		味鲜美，咸甜适口	鲜咸适口
体态	澄清			

2.2 理化指标

理化指标见表7-10。

表 7-10 高盐稀态发酵油理化指标

项目	特级	一级	二级	三级
可溶性无盐固形物/(g/100 mL)	≥15.00	≥13.00	≥10.00	≥8.00
总氮(以氮计)/(g/100 mL)	≥1.50	≥1.30	≥1.00	≥0.70
氨基酸态氮/(以氮计)(g/100 mL)	≥0.80	≥0.70	≥0.55	≥0.40
铵盐	其含量不超过氨基酸态氮含量的30%			

2.3 卫生指标

符合 GB 2717—2018《酱油》：菌落总数(CFU/mL)≤30 000，大肠菌群(MPN/100 mL)≤30，致病菌(沙门氏菌、志贺氏菌、金黄色葡萄球菌)不得检出，总砷(以 As 计)(mg/L)≤0.5，铅(Pb)(mg/L)≤1，黄曲霉毒素 B_1≤5。

3 高盐稀态酱油发酵工艺

高盐稀态发酵工艺先进，酿造的酱油具有酱香醇厚、酯香浓郁、味鲜美、回味无穷的优良品质。高盐稀态发酵工艺酿造酱油是酱油生产发展的趋势。

稀醪发酵法的优点：①酱油香气较好；②酱醪较稀薄，便于保温、搅拌及输送，适于规模的机械化生产。

缺点：①酱油色泽较浅；②发酵时间长，需要庞大的保温发酵设备；③需要酱醪输送和空气搅拌设备；④需要压榨设备，压榨手续繁复，劳动强度较高。

3.1　工艺流程

3.2　操作要点

3.2.1　盐水配制

食盐加水溶解，配制成 18～20°Bé，取清液使用。

3.2.2　制醪

低温成曲经破碎后拌和盐水，加盐水的数量一般约为成曲质量的 250%。为使酱醪初期发酵温度控制在低温，在夏季制醪盐水必须采取制冷措施。成曲和盐水在搅拌机内拌匀后，立即送入发酵容器。

3.2.3　发酵

成曲入发酵罐（图 7-4）后，第 1 个月要维持料温 15℃，不超过 20℃。1 个月后，调节发酵温度，使温度逐步上升至 30℃，乳酸菌开始发酵。当 pH 降至 5.2 时，酵母菌大量繁殖，开始酒精发酵。酱醪中的乳酸菌和酵母菌主要来自成曲，也可在发酵过程中添加。发酵温度保持 28～30℃，最高不超过 35℃，发酵 2 个月。此时，酒精发酵基本结束，蛋白质水解基本完成。发酵 100 d 时，各项理化指标符合要求，即可压榨。

如果继续发酵至 6 个月后，则酱醪压榨畅通，出油率也较高，故如果设备允许，以发酵 6 个月为佳。

同时，成曲下罐后，由于成曲孢子不易吸水，浮于表面，成曲含盐量少，易使曲中各类微生物繁殖而产生腐败臭豆豉味，影响质量。因此，下曲后须及时通气搅拌。

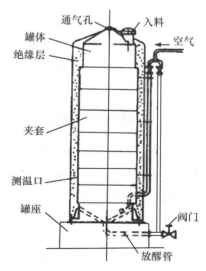

图 7-4　稀醪发酵罐

搅拌的目的：①防止成曲中有用微生物菌体自溶，防止有害微生物产酸或腐败物质；②将曲中大量的可溶性成分和酶溶解出来，促使酶充分发挥作用；③使酱醪浓度和温度保持均匀，保证发酵正常进行；④供给一定量的氧气，排除二氧化碳，有利于有益细菌和酵母菌的生长繁殖，提高酱醪质量和加速酱醪的成熟；⑤增加酱醪

接触空气的总面积,利于氧化酶的作用,使酱醪的色泽增深;⑥矫正成曲质量差的缺点。

成曲入池立即把酱醪搅匀,在前 10 d,通过搅拌次数的调节,使盐水尽快地浸透于曲中,以后每隔 4～5 d 翻醪 1 次,酵母菌酒精发酵旺盛时,隔 3 d 翻醪 1 次。主发酵完成后,需控制搅拌次数,一般每月 1～2 次已足够。搅拌时间宜短不宜长,以防止酱醪搅拌过度而使酱醪发黏,还要注意掌握搅拌程度,以防酱醪浓度不均而导致表层发霉。

成熟酱醪感官检查:酱醪滤液呈红褐色、澄清透明,具特有之酱香、酯香,滋味鲜美、浓厚,余味绵长,无异味。

理化检验:酱醪滤液盐分 16～18 g/100 mL,无盐固形物 ≥18 g/100 mL,氨基酸态氮 ≥0.8 g/100 mL,pH ≥4.8。

3.2.4 后处理

(1)压榨取油 目前一般高盐稀态发酵、固稀分酿发酵及天然露晒发酵工艺采用压滤法提取酱油。稀醪发酵成熟以后,一般用压滤机将酱油与酱渣分离。以采用南京通用机械厂生产的 JY-A 型压榨机为例,每套压榨机分三组,分别是自然滤流、预压和加压。

工艺流程:

成熟酱醪 ⟶ 输送 ⟶ 中转桶或罐 ⟶ 入压榨机 ⟶ 自然滤流 ⟶ 预压 ⟶ 重新码垛 ⟶ 加压 ⟶ 除沉淀物 ⟶ 生酱油

(2)浸取 首先抽取或自然淋出酱醪中的发酵汁液,称之为原油;提取原油后头滤渣用溶盐的四滤液浸泡,7 d 后抽取(淋取)二油;二滤渣用 18°Bé/20℃ 盐水浸泡,5 d 后抽取(淋取)三油;三滤酱渣改用 90℃ 热水浸泡,浸泡过夜即抽取(淋取)四滤液。抽取的四滤液应即加盐,使浓度达 18°Bé/20℃,供下批浸泡头滤酱渣使用。四滤渣应达到食盐含量 ≤ 2 g/100 g,氨基酸态氮 ≤0.05 g/100 g。

(3)杀菌、沉淀、调配 生酱油经过沉淀,80℃ 加热灭菌,再经沉淀过滤后,按照酱油等级,配兑成品酱油。

4 白酱油的生产工艺

白酱油实质上是淡色酱油,是以脱皮大豆和小麦为原料,在生产过程中采用低温、稀醪发酵等措施抑制色素的形成而得到的色泽浅、含糖量较高、鲜味较浓的酱油。

4.1 工艺流程

大豆 ⟶ 干炒 ⟶ 粉碎 ⟶ 脱皮 ⟶ 混合 ⟶ 浸渍 ⟶ 蒸煮 ⟶ 冷却 ⟶ 接种 ⟶ 制曲 ⟶ 成曲
（去皮小麦 ⟶ 混合）（种曲 ⟶ 接种）
成品 ⟵ 生白酱油 ⟵ 酱坯分离发酵 ⟵ 加盐水 ⟵ 成曲

4.2 操作要点

(1)原料处理 大豆用小火焙炒,脱皮后与脱皮麦粒混合,浸泡 3～4 h 后取出蒸煮,使蛋白质变性,出锅并迅速冷却,以防止不溶性多糖变成水溶性而影响产品色泽。蒸煮后的曲料冷却到 37℃,接入用炒麦粉拌和的种曲,接种量为 3%～5%,拌匀后入室制曲,控制品温 32～34℃,时间 40 h 左右。

(2)发酵　发酵操作前,清洗干净发酵容器,以免留在器壁上的老醪色泽带给新酱醪。制醪用盐水浓度 18～19°Bé,用量为原料量的 1.8～2.5 倍。在保证酱油理化指标的前提下,应适当多用盐水,加水量越大,褐变反应速度越慢。发酵期间不需要搅拌,控制发酵不超过 30℃,发酵 2～3 个月,时间不宜过长,以免增色且特殊风味变得淡薄。

(3)后处理　待酱醪发酵成熟后提取酱油,取出的酱油采用低温加热或不加热的方法灭菌,以保色泽。由于褐变反应随贮藏时间延长而加快,因此,白酱油不适宜长期保存。

5　技术经济指标

在酱油生产中,原料利用率、酱油出品率和氨基酸生成率等核算指标是考核酱油生产技术的主要数据。通过这些技术经济指标的检查,可以了解生产企业的水平,并据此以改进和提高管理水平。

5.1　原料利用率

酱油生产中的原料利用率主要包括蛋白质利用率和淀粉利用率。蛋白质利用率是通过测定氮素后计算的,所以蛋白质利用率和全氮利用率是一个含义,现多数企业蛋白质利用率在 70%～80%。

在酱油酿造过程中,原料蛋白质损失较少,而淀粉质损失较大,制曲时间越长,淀粉质损失也越多。特别是对于发酵周期较长,质量较优的酱油,其淀粉利用率反而较低,因此原料利用率应以蛋白利用率为主,以淀粉利用率为辅。

(1)蛋白质利用率(全氮利用率)　蛋白质利用率指酱油中全氮量折算成蛋白质量后,其数值与投入原料中蛋白质总量的百分比。

$$蛋白质利用率 = \frac{实际生产酱油成品中蛋白质含量}{原料中蛋白质含量} \times 100\%$$

$$= \frac{\dfrac{m \times \rho_N}{d} \times 6.25}{m_p} \times 100\%$$

式中:m—实产酱油量,kg;d—实际产酱油密度(20℃),g/mL;m_p—混合原料中蛋白质总量,kg;ρ_N—实测酱油成品中全氮含量,g/100 mL。

(2)淀粉利用率　淀粉利用率指酱油中还原糖量折算成淀粉后与投入原料中淀粉总量的百分比。

淀粉分解主要生成还原糖,故以还原糖计算。

$$淀粉利用率 = \frac{\dfrac{m_1}{d} \times m \times 0.9}{m_2} \times 100\%$$

式中：m_1—实产酱油量，kg；d—实际产酱油密度（20℃），g/mL；m—实测酱油中还原糖含量，g/100 mL；m_2—混合原料含淀粉总量，kg；0.9—还原糖换算成淀粉的系数。

5.2 氨基酸生成率

在酱油酿造过程中，原料蛋白质的水解产物中，氨基酸可占一半左右。氨基酸含量越高，表示分解越彻底，酱油的滋味越好。因此通过比较酱油中氨基酸态氮与全氮的比例，可以看出蛋白质分解的程度，判断出酱油生产的水平及成品质量的概况。

$$氨基酸生成率＝\frac{A_N}{T_N}\times100\%$$

式中：A_N—酱油中的氨基酸态氮含量，g/100 mL；T_N—酱油中全氮含量，g/100 mL。

一般酱油氨基酸生成率在50%左右。

5.3 酱油出品率

(1)氨基酸态氮出品率　即以成品中氨基酸态氮含量计算每1 kg原料蛋白质生产标准酱油的质量。

(2)全氮出品率　即以成品中全氮含量计算每1 kg原料蛋白质生产标准酱油的质量。

项目八
酱类加工

▶ **知识目标**

熟悉制酱的微生物种类,学会酱类酿造发酵原理及工艺。

▶ **技能目标**

能利用实训室进行典型产品生产加工,能判断产品生产中常见的质量问题,并采取有效措施解决或预防。

▶ **德育目标**

通过对各项工艺的环节的实践操作,培养学生有效组织,合理分工,相互协作,团队合作的能力,加强食品安全意识。

任务一 黄豆酱加工

【任务描述】

　　烀黄豆,摔成方,缸里窨成百世香;蘸青菜,调菜汤,捞上一匙油汪汪。这首童谣唱的就是东北大酱。东北人喜欢吃大酱,酱是老百姓每日开门七件事——柴米油盐酱醋茶之一,特别是在每年盛产青菜的春、夏、秋季节,对酱的需求更多。豆酱是以大豆为主要原料,通过微生物发酵酿制而成的易被人体消化吸收的一种半流动状态的发酵调味品。豆酱又称黄豆酱、大豆酱、黄酱,我国北方地区称大酱。其色泽为红褐色或棕褐色,鲜艳,有光泽;有明显的酱香和酯香,咸淡适口,呈黏稠适度的半流动状态。豆酱不仅可以调味,而且营养丰富,极易被人体吸收。豆酱与酱油相似,具有独特的色、香、味、形,是一种深受我国各地人民欢迎的传统的发酵调味品。

【参考标准】

　　GB/T 24399—2009　黄豆酱

　　SB/T 10309—1999　黄豆酱

【工艺流程】

　　选豆 ⟶ 清洗 ⟶ 泡豆 ⟶ 煮豆 ⟶ 培养（制曲）⟶ 大豆成曲 ⟶ 入发酵容器 ⟶ 加盐水 ⟶

　　打耙 ⟶ 日晒夜露 ⟶ 成品

【任务实施】

1　选豆

要求黄豆新鲜,颗粒均匀饱满,无杂质,无霉变。

2　泡豆

黄豆清洗干净,加水浸泡,加水量保证豆始终在水面以下。

浸泡时间:冬春 8～12 h,夏秋 6～10 h。

浸泡程度:掰开黄豆两边,豆子表面膨胀没有干心,剖开面光滑,豆子外皮轻轻一捏可脱落,表明豆子浸泡合适。

3 煮豆、冷却

在电磁炉上加热至熟,豆粒软烂。摊开冷却至 35℃以下。

4 接种米曲霉菌种,培养

按 500 g 干黄豆,1 g 曲精,30 g 面粉的比例,先把曲精和面粉混合均匀,再与煮熟的黄豆混匀,装在白瓷盘中,厚度 3 cm 左右,表面盖上湿纱布,放在培养箱中,调整至温度 30℃。等到豆子变白,结块。进行第一次翻曲(将豆子翻过来,搓开),然后再接着盖起来。等到豆子变为黄绿色,即为成曲。

5 发酵

采用日晒夜露,自然发酵。按干豆∶盐∶水＝1∶0.5∶2.5 的比例,先将盐水煮沸化开,冷却过滤。将曲料入缸,加入盐水,拌匀后,上面盖上纱布,放在阳光下晒,待其发酵。3 d 后每天早晚搅拌。发酵至酱体呈金黄色,有阵阵酱香,结束发酵。

6 煮酱灭菌、冷却、装瓶

灭菌温度 85～100℃,30 min。降温至 40℃以下,罐装。

【任务评价】

评价单

学习领域		黄豆酱加工			
评价类别	项目	子项目	个人评价	组内互评	教师(师傅)评价
专业能力 (80%)	资讯(5%)	搜集信息(2%)			
		引导问题回答(3%)			
	计划(5%)	计划可执行度(3%)			
		计划执行参与程度(2%)			
	实施(40%)	操作熟练度(40%)			
	结果(20%)	结果质量(20%)			
	作业(10%)	完成质量(10%)			
社会能力 (20%)	团结协作 (10%)	对小组的贡献(10%)			
	敬业精神 (10%)	学习纪律性(10%)			

[师徒共研]

1 豆酱生产中的安全隐患

（1）原料中微生物安全隐患　豆酱为发酵食品，黄豆作为主要原料，其存在的最大可能安全隐患就是是否会产生黄曲霉毒素。黄曲霉毒素是迄今为止发现污染农产品最强的一类毒素，也是一类强致癌毒素。黄曲霉毒素的各个菌种，在亚洲被广泛发现于豆酱及其发酵工艺中和其他的发酵食品中。目前国际上对黄曲霉毒素含量的检测已成为强制性技术措施，因而我国豆酱业加强对黄曲霉毒素的检测是十分必要的。

（2）发酵过程中的安全隐患　豆酱的发酵是利用适宜的温度及湿度，控制特定的有益微生物的生长进行生产。在发酵过程中虽然某些代谢产物具有一定的抑菌作用，但发酵程度控制不当和卫生条件差等所产生的安全隐患是不容忽视的。肉毒梭状芽孢杆菌（肉毒梭菌）是常见的食物中毒菌之一，是肉毒梭菌毒素中毒的病原菌。此外沙门氏菌的危害也不可忽视。黄豆酱产品卫生指标合格率低是国内黄豆酱中存在的普遍问题。

我国传统大豆发酵制品（除酱油外）的卫生指标，只有大肠菌群和致病菌两个项目。没有细菌总数的具体指标。

（3）含氮物的添加带来的隐患　发酵产品由于生产过程中工艺的稳定性与产品自身特点等因素的影响，很难设定氨基酸态氮的指标限值，而生产过程中氨基酸态氮的指标限值是否合格又是 QS 认证过程中比较关键的指标。

豆酱作为最为传统的大豆发酵制品，最为关键的指标就是氨基酸态氮，其含量代表了豆酱中氨基酸含量的高低，是大分子蛋白质被微生物酶系水解程度的指标。氨基酸含量越高，代表鲜味成分越多。在国内有些企业通过添加含氮物质提高氨基酸态氮的含量是不规范的，这会给产品带来一定的安全隐患，我们要对此进行严格控制。

（4）砷、铅及防腐剂的危害　砷是一种对人危害极大的元素，在食品中天然存在，也可因在运输加工过程中的污染而引入。它广泛存在于自然环境中，几乎所有的土壤都存在砷，其可引起食欲下降、胃肠障碍、末梢神经炎等慢性中毒。铅污染引起的慢性中毒主要表现为损害造血系统、神经系统和肾等。因而加强使用材料的重金属指标控制以及进入途径的分析是十分必要的。

此外，在产品中添加防腐剂的含量不符合标准，也会对消费者的健康造成威胁。GB 2760—2019《食品添加剂使用标准》中规定在豆制品中苯甲酸不得检出，山梨酸不得高于1.0 g/kg。

（5）物理性危害因素分析　豆酱中的物理性危害因素主要是指豆酱生产现场的操作和卫生条件。我国豆酱生产基本都是作坊式，工业化程度低，生产条件简陋，管理控制粗放，生产过程卫生条件差，生产用具不规范，这些都会给产品的质量带来安全隐患，对消费者的身心造成危害。

（6）转基因原料的安全性问题　近年来转基因食品越来越多地出现在人们的视线中,尽管它是为解决人口增长与粮食匮乏的危机发展而来的,但转基因食品的安全性是国际上存在较大争议的一个问题。因此给豆酱生产原料的安全性带来新的值得探讨的问题。由于转基因食品的安全性目前尚无国际标准,因此在产品标签上强化转基因原料的标识是很有必要的。目前我国在对转基因农产品原料的标识上有严格的要求和规定,豆酱及其制品也要对此做出标识。

2.豆酱中不安全因素的控制改进方向

（1）发酵技术的研究　酱类发酵剂一般来源于自然发酵的酱类。发酵剂质量的优劣直接影响到产品的口感、风味和香气等感官指标。实现纯种发酵是豆酱生产的一个重大转变,使得接种和培养方法实现了机械化或自动化。制曲工艺采用厚层通风法,提高了工作效率,降低了劳动强度,确保了产品质量。在发酵过程中增加特定活性微生物可提高酶的活性;采用细胞融合技术,加入具有特殊代谢能力的有益菌可改变产品的组成。新技术所采用的菌种都已经通过严格的鉴定和毒性检查。因此纯种技术的使用将减少微生物方面所带来的安全隐患。

应用酶制剂发酵技术还可改善产品的口味和营养。发酵过程中增加乳酸菌和酵母菌还可产生特定的风味物质和代谢产物。确保酶作用的最佳温度和时间,缩短发酵周期。采用这些技术可使产品达到规定的理化要求,使得产品质量趋于稳定,而且要改进最终产品的保藏方法,降低成品中盐、油脂和防腐剂的含量值。

（2）生产产业化的研究　我国豆酱生产大都是作坊式,生产设备一般都是非标准化设备,没有形成品牌效应和规模效应,加重了豆酱行业生产的混乱。豆酱发酵过程受主观和环境因素影响较大,部分工序还会凭经验操作而无具体控制指标,需要整个行业的改善,规范生产、稳定产品质量、确保产业的健康发展。要加强行业之间的技术交流与规范,借鉴其他行业的设备和生产经验,寻求一条机械化、产业化道路使得工艺控制和管理上有所提高和进步。

（3）产品质量体系的完善和标准的规范化　随着国家对食品企业和食品安全的规范和管理,食品生产企业的基本规范已经达到国家的基本要求。目前很多企业已经通过了ISO 9000 的认证,有些企业已经通过了 HACCP 质量控制体系的认证,这些对产品进入国际市场都很有帮助。

我国在2000 年颁布了豆酱类制品的专业标准 ZBX 66019—87《黄豆酱》,ZBX66017—87《甜面酱》,这个标准的制定和执行对行业的规范发展十分有利,但仍需进一步完善行业标准。

[知识链接]

1　黄豆酱营养分析

(1)黄酱的主要成分有蛋白质、脂肪、维生素、钙、磷、铁等,这些都是人体不可缺少的营养成分。

(2)黄酱富含优质蛋白质,烹饪时不仅能增加菜品的营养价值,而且蛋白质在微生物的作用下生成氨基酸,可使菜品呈现出更加鲜美的滋味,有开胃助食的功效。

(3)黄酱中还富含亚油酸、亚麻酸,对人体补充必须脂肪酸和降低胆固醇均有益处,从而降低患心血管疾病的概率。

(4)黄酱中的脂肪富含不饱和脂肪酸和大豆磷脂,有保持血管弹性、健脑和防止脂肪肝形成的作用。

2　黄豆酱风味

气味:具有正常的豆酱香气,气味香浓,无杂味。

色泽:颜色金黄至红棕,光泽好、不发乌。

滋味:味鲜美,甜咸适口。

体态:黏稠适度,无杂质。

3　黄豆酱风味来源

(1)与风味有关的微生物

①乳酸菌　有嗜盐片球菌、酱油片球菌、德氏乳杆菌,其抗盐能力不如鲁氏酵母、球拟酵母,但在18%盐浓度的酱醪中仍有很强的繁殖能力。在入缸发酵不久,酱醪 pH6.0 左右,是乳酸菌大量生长的时期,pH 低于 5 不能生长。该乳酸菌的最适生长温度 $20\sim30℃$,片球菌稍低些。

②酵母菌　一般可把酱醪中的耐盐性酵母分为 3 类:无乙醇发酵能力的酵母,如球拟酵

母;酒精发酵旺盛的酵母,是主要参与发酵的优势酵母,如鲁氏酵母和产膜变种;参与酱醪后熟发酵的易变球拟酵母、埃契氏球拟酵母、无名球拟酵母和酱醪接合酵母等。对于第一类酵母,其耐盐性较弱,在酱醪中数日后便急剧消亡,实际上在酱醪中参与发酵的主要是鲁氏酵母、接合酵母和球拟酵母。

在酱醪表面有时会产生好气的耐盐性产膜酵母,是给大豆酱风味带来不良影响的有害酵母,通过酱醪搅拌,把它们分散在酱醪中而防止发生。

鲁氏酵母发酵葡萄糖生成乙醇和少量的甘油,在高盐度时,可大量生成甘油和阿拉伯糖醇。易变球拟酵母用高盐度培养时,在好氧条件下可由葡萄糖生成大量的甘油的甘露醇。产膜酵母在好氧条件下在酱醪表面增殖分解苯丙氨酸生成苯甲醛,产生异臭味,其在厌氧条件下进行酒精发酵,则不会产生此味。

③霉菌　主要为米曲霉、酱油曲霉、高大毛霉、黑曲霉等。

(2)与风味有关的有机物　主要为酸、醇、酯、氨基酸等。

4　工业化黄豆酱生产过程

选豆 → 泡豆 → 蒸豆 → 冷却 → 拌料接种 → 制曲 → 发酵 → 煮酱灭菌 → 包装

4.1　选豆

黄豆酱的制曲过程与酱油制曲基本相同。将石块、碎豆、发生霉变的豆子挑选出来,保证豆子没有杂质。

4.2　泡豆

为提高效率,泡豆和蒸豆在同一锅炉罐内进行,装量不超过罐的 2/3,进水,水面高出豆面 20 cm 左右,吸水后,随时补加水,保证水面始终高于豆面。

浸泡时间:冬春 8～12 h,夏秋 6～10 h,时间过长,造成营养物质的流失。

浸泡程度:掰开黄豆两边,豆子表面膨胀没有干心,剖开面光滑,豆子外皮轻轻一捏可脱落,表明豆子浸泡合适,排干水,蒸豆。

4.3　蒸豆

蒸豆前,关紧锅盖,防止蒸汽外泄,打开蒸汽阀门,通蒸汽,继续排水,直到排水阀有大量蒸汽冒出为止。关闭排水阀,放尽蒸汽罐内蒸汽,直到气压为 0 MPa。再次通蒸汽蒸豆,压力达到 0.1 MPa 时,再放蒸汽,直到气压为 0 MPa。这样进行两次蒸煮后,才能保证煮熟、煮透。蒸豆过程中,锅炉罐要进行正反向转动,保证锅内黄豆煮的均匀。大约 50 min,黄豆就可以出锅了。

4.4　冷却

冷却要迅速,避免出现熟料挤压时间过长,导致蛋白质过度变性的现象。

4.5 拌料接种

拌料:就是在煮熟的黄豆中混入面粉。使用正规厂家生产的一等面粉。在搅拌机中进行。

接种:将冷却后的黄豆与面粉按1:1的比例混合均匀,同时加入总料0.1%的米曲霉曲精进行接种。拌料设备要保持卫生整洁。

接种温度控制在30～40℃。

4.6 制曲

就是使米曲霉在曲料上生长,使煮熟的豆粒在米曲霉的作用下产生相应的酶系。这些酶系发挥各自的作用,使豆瓣酱具有鲜美独特的风味。这是豆瓣酱制作中最为关键的工序。一般在通风制曲池中进行。

将拌好的料均匀摊开在曲池中,用耙子整平,保证原料在制曲池中平整均匀、厚薄一致。

米曲霉生长分4个阶段:

(1)米曲霉的发芽阶段　入池4～5 h后,吸收了曲料中营养成分的米曲霉开始发芽。温度控制在30～32℃。

(2)菌丝生长期　曲料入池后6～13 h,是菌丝生长期,温度要严格控制在33～37℃。可以通过打开门窗或开启风扇来通风,并且调节温度。在米曲霉生长到12 h左右时,在曲料的表面肉眼可以观察到少量菌丝,使曲料结块,通风受阻。这就需要第一次进行翻曲。用翻曲机打散曲料。翻曲可有效降温,并排出CO_2,补充新鲜空气。

(3)菌丝繁殖期　曲料温度显著上升,需氧量相应增加,要加强通风降温,保证曲室内空气流通。温度保持在35～38℃,严禁超过40℃。高温抑制曲霉菌的生长,超过40℃时间过长,米曲霉死亡,且会引起细菌的大量繁殖,导致制曲失败。另外,米曲霉菌丝抵抗干燥能力较弱。通过合适的培养控制,第一次翻曲后7～10 h,曲料表面就长满了白色的菌丝,同时曲料会再次结块,导致通风受阻,需进行第二次松曲降温,并供给新鲜空气。

(4)孢子着生期　经过第二次松曲,菌丝的生长旺盛期已经过去,米曲霉开始发挥作用,分泌蛋白酶、淀粉酶、谷氨酰胺酶等酶系,使曲料成分发生变化,逐渐变成灰绿色。这时曲料温度控制在28～32℃。

整个通风制曲时间在42～50 h。检验酶活力。

4.7 发酵

就是利用制曲过程中产生的蛋白酶、淀粉酶等分解豆中的蛋白质、淀粉,形成一定量的氨基酸、糖类等物质,赋予豆瓣酱特有的风味。

发酵在发酵池中进行。首先对发酵池进行清洗、消毒,可以使用二氧化氯兑水,进行喷施消毒。然后放入成曲,尽快加盐水,避免堆积过久,温度升高,使部分酶失去活性。盐水浓度17°Bé,加入的盐水量为成曲1.5倍。入池后进入发酵期。

发酵过程中及时要翻酱,保证发酵均匀。一般发酵的前3个月,每半月用抓斗翻酱一次,后 3 个月每月翻酱一次。温度严格控制在 40℃左右,随时检查发酵情况,并做好记录。6 个月后,发酵池中的黄豆已经呈现出鲜艳的金黄色,这就表明发酵已经完成,可作为生产黄豆酱的酱醅了。

发酵期间,对于每一个发酵阶段,检查氨基酸的变化,有利于控制发酵期间温度、水分及时间。

4.8 煮酱灭菌

煮酱锅内壁带有贴紧锅壁的铲子,要不停搅拌。灭菌温度 85～100℃,30 min。

4.9 冷却罐装

煮后酱进入储酱罐,降温至 40℃以下,罐装。及时清洗煮酱锅。

4.10 成品包装

在无菌车间进行,当天灭菌的成品必须罐装完,存放时间最多不超过 24 h,防止变质。

4.11 成品检验

食盐含量:12～15 g 每 100 g 酱醅。氨基酸态氮含量:大于等于 0.5 g 每 100 g 酱醅。总酸含量:不能高于 2.0 g 每 100 g 酱醅。水分:不低于 65%。无致病菌。

任务二　甜面酱加工

【任务描述】

甜面酱,又称甜酱,是以面粉为主要原料,经制曲和保温发酵制成的一种酱状调味品。其味甜中带咸,同时有酱香和酯香,适用于烹饪酱爆和酱烧菜,如"酱爆肉丁"等,还可蘸食大葱、黄瓜、烤鸭等菜品。

【参考标准】

SB/T 10296—2009　甜面酱

【工艺流程】

原料 ⟶ 加水 ⟶ 蒸面 ⟶ 冷却 ⟶ 接种 ⟶ 制曲 ⟶ 加盐水 ⟶ 前期发酵 ⟶ 后期发酵 ⟶ 精制 ⟶ 灭菌

成品 ⟵ 检验 ⟵ 包装

【任务实施】

1 选料

原料有食盐、饮用水、小麦粉等,其中小麦粉是加工的主料。

小麦粉:生产厂家对加工甜面酱的小麦粉精挑细选,首先小麦粉最好是高筋小麦粉,而且不能掺进任何食品添加剂。在日常饮食中,虽然食品添加剂能改善食品的色、香、味,但加工甜面酱时食品添加剂会影响甜面酱发酵的味道,甚至可能影响加工过程的安全性。

2 蒸料

工作人员需要更换工作服,按照消毒程序进行严格消毒,之后才可以进入车间工作。取50 kg 小麦粉,倒入蒸面机,加 15 kg 水,盖上盖子,启动蒸面机,上全汽后,蒸 2~2.5 min 后小麦粉基本蒸熟,蒸熟的小麦粉称为面料。面料应是蚕豆形的颗粒,浅黄色,半透明,不散、不黏,有一定的弹性,有浓郁的熟面香气,含水量一般为 35%~38%。

3 冷却

关闭蒸汽,出料口打开,通过传送带将面料输送至鼓风机,鼓风机对面料进行鼓风降温,使面料温度降至 35~40℃。

4 制曲

面料被输送到曲池中,面料铺开,曲池不宜太满,以免影响制曲环节。

制曲过程中,曲房的温度一般控制在 30~35℃,机房的湿度在 85% 以上,曲池的温度须严格控制在 30~38℃,制曲时间一般持续在 28~32 h。制曲过程中,为了控制面料温度,同时为专用菌种输送必需的氧气,需要对面料进行 3 个阶段的鼓风操作和 2 次翻曲操作。

鼓风操作:第 1 个阶段是静止培养期,在制曲开始 8 h 以内,每 1~2 h 鼓风一次,每次2~3 min。第 2 个阶段是间断鼓风期,在 8~12 h 之间,鼓风次数比静止培养期稍多,鼓风时间稍长。第 3 个阶段是连续鼓风期,在 12~32 h 之间连续鼓风。

翻曲操作:经过 3 个阶段的鼓风操作,面料的大部分水分被蒸发掉,制曲过程中,分 2 个阶段进行翻曲,第 1 次翻曲是在制曲开始后 15~17 h,启动翻曲机进行翻曲;第 2 次是在制曲开始后 20~22 h,来回翻一次,翻曲使底下的面料翻上来,使面料更均匀地接触氧气。制曲环节使面料发生明显的变化,由最初的黄色、湿润、有弹性,变为白色较硬的板结面块。此时的面料称为甜面酱成曲。

对成曲的水分和复合酶的活力等指标进行检测,水分指标达到每 100 g 含 20~25 g 水分,复合酶活力大于 800 酶活力单位就可以进行发酵操作了。

5　发酵

将甜面酱成曲送至发酵池,加入 13°Bé 的盐水,成曲:盐水＝1:1.2,发酵池的温度需要控制在 45～47℃,发酵池的温度对发酵起着至关重要的作用。发酵池温度过高会使甜面酱产生焦苦味,过低会增加酸度。

发酵分两个阶段完成:发酵开始 5 d 内,不需要对成曲进行任何操作,成曲会自然发酵;第 2 个阶段是发酵 5 d 后,成曲外观颜色变成黄白色,用手攥起来黏性较大,为了更充分的发酵需要用搅拌机搅拌成曲,第 1 次搅拌,发酵池底部的成曲被搅拌上来,与上面的成曲混合搅拌后,会散发出一些酱香,以后每天搅拌一次,持续约 20 d。

当整个发酵池内酱体细腻均匀,颜色红润,酱香扑鼻时发酵就基本结束了。发酵过程最终是小麦粉彻底改变原来的面目,变成了红褐色的甜面酱,甜味、鲜味等味道弥漫在发酵车间里。

6　检验

感官指标和理化指标见表 8-1、表 8-2。

表 8-1　感官指标

项目	要求
色泽	黄褐色或红褐色、有光泽
香气	有酱香和酯香气,无不良气味
滋味	甜咸适口,味鲜醇厚,无酸、苦、焦煳及其他异味
体态	黏稠适度,无杂质

表 8-2　理化指标

项目	指标
水分/(g/100 g)	≤55.0
食盐(以 NaCl 计)/(g/100 g)	≥7.0
氨基酸态氮(以氮计)/(g/100 g)	≥0.3
还原糖(以葡萄糖计)/(g/100 g)	≥20.0

【任务评价】

评价单

学习领域		甜面酱加工			
评价类别	项目	子项目	个人评价	组内互评	教师(师傅)评价
专业能力(80%)	资讯(5%)	搜集信息(2%)			
		引导问题回答(3%)			
	计划(5%)	计划可执行度(3%)			
		计划执行参与程度(2%)			
	实施(40%)	操作熟练度(40%)			
	结果(20%)	结果质量(20%)			
	作业(10%)	完成质量(10%)			
社会能力(20%)	团结协作(10%)	对小组的贡献(10%)			
	敬业精神(10%)	学习纪律性(10%)			

[知识链接]

1 甜面酱营养功效

甜面酱经历了特殊的发酵加工过程,它的甜味来自发酵过程中产生的麦芽糖、葡萄糖等物质。鲜味来自蛋白质分解产生的氨基酸,食盐的加入则产生了咸味。甜面酱含有多种风味物质和营养物,不仅滋味鲜美,而且可以丰富菜肴营养,增加菜肴可食性,具有开胃助食的功效。

2 甜面酱加酶发酵生产方法

加酶法生产甜面酱,改变了制酱工艺的传统习惯,简化了生产工序,改善了产品卫生,产品甜味突出,出品率高。

2.1 酶液的萃取

按原料总重量的13%称取麸曲(其中3.040麸曲10%,3.324麸曲3%),放入有假底的容器中,加入40℃的温水浸渍1.5～2 h放出。如此套淋2～3次,测定酶活力,一般每毫升糖化酶活力达到40单位以上时,即可应用。

2.2　燕面糕

面粉加入拌和机中,定量按 30% 加水,充分拌匀,不使成团,和匀后常压分层蒸料;加料完毕后,待穿气时开始计时,数分钟即可蒸熟;稍冷后用机械打碎,使颗粒均匀,在正常情况下,熟料水分为 35% 上下。

2.3　保温发酵

面糕蒸熟后,冷却至 60℃ 左右,下缸,按原料配比(面粉 100 kg 加酶液 13 kg 麸曲浸出液,食盐 16~17 kg,水 66~67 kg)拌匀后压实。此时品温约为 45℃,24 h 后,容器边缘部分已开始液化,有液体渗出。面糕开始软化,可进行翻酱,以后每天翻 2 次,保持品温 45~50℃。第 8 天根据色泽深浅可调高至 60~65℃,出酱前可升至 70℃,立即出酱。

在下缸第 4 天,可磨酱一次,使小块面糕磨细后,更有利于酶解。

3　怎样选择甜面酱

优质甜面酱应呈黄褐色或红褐色,有光泽,散发酱香及酯香气。无酸、苦、焦及其他异味,黏稠适度,无杂质。

咸甜适口、不苦不涩,面酱各项指标均应符合国家标准,滋味醇厚、无苦涩及其他异味。

色泽鲜亮、深浅适度,优质面酱呈金黄色或红褐色,光泽明显、细腻无渣、卫生合格、优质面酱口感特别细腻,微生物检验合格。

酱香浓郁、醇香明显。黏调适度、不稀不懈。

项目九
豆腐乳和豆豉生产

1. 了解腐乳及其他发酵豆制品的基本概念、分类以及菌种的培养。
2. 能陈述豆腐坯的制备原理。
3. 掌握发酵豆制品生产的原辅材料、发酵过程、生产工艺。
4. 熟悉主要种类的腐乳、豆豉的发酵工艺及操作要点。

1. 熟悉腐乳、豆豉及其他豆制品酿造各个环节并进行工艺控制。
2. 能进行腐乳、豆豉及其他制品的自然发酵酿制。
3. 能够进行对各类发酵豆制品的基本检验与鉴定(感官、理化、微生物)。

通过对各项工艺的环节的实践操作,培养学生有效组织,合理分工,相互协作,团队合作的能力。

任务一　豆腐乳的生产

豆腐乳即腐乳,是我国传统的发酵调味品之一。

腐乳是用豆浆的凝乳物经微生物发酵制成的一种大豆制品。大豆含有 $35\%\sim40\%$ 的蛋白质,营养全面丰富,种类齐全,是高营养价值的植物蛋白质资源。大豆制成豆腐乳后,不仅保留了自身的营养价值,而且去除了大豆中对人体不利的溶血素和胰蛋白酶抑制物;另外通过发酵,水溶性蛋白及氨基酸的含量增多,提高了人体对大豆蛋白质的利用率。在发酵过程中,由于微生物的作用,产生了相当数量的核黄素和维生素 B_2,因此腐乳不仅是一种很好的调味品,而且是营养素的良好来源。

【任务描述】

能够完成豆腐乳生产中豆腐坯的制作、前期培菌及后期发酵工艺的基本操作,具备分析与预防豆腐乳生产中常见质量问题的能力。

【参考标准】

SB/T 10170—2007　腐乳

【工艺流程】

豆坯制作 ⟶ 前发酵 ⟶ 加盐腌制 ⟶ 加卤汤腌制 ⟶ 密封 ⟶ 后发酵

【任务实施】

1　豆坯制作

将豆腐压成含水量约 70% 的豆腐坯,将豆腐坯切成 $3\ cm\times3\ cm\times1\ cm$ 的若干块。

2　前发酵

将豆腐块摆放在笼屉内,将笼屉中的温度控制在 $15\sim18℃$,并保持一定的湿度。约 $48\ h$ 后,毛霉开始生长,$3\ d$ 之后菌丝生长旺盛,$5\ d$ 后豆腐块表面布满菌丝。豆腐块上生长的毛霉来自空气中的毛霉孢子,而现代的腐乳生产是在严格无菌的条件下,将优良毛霉菌种直接接种在豆腐上,这样可以避免其他菌种的污染,保证产品的质量。

腐乳制曲

3 加盐腌制

当豆腐凉透后,将豆腐间连接在一起的菌丝拉断后,将长满毛霉的豆腐块分层整齐地摆放在瓶中(将广口玻璃瓶刷干净后,用高压锅在 100℃蒸汽灭菌 30 min),同时逐层加盐,随着层数的加高而增加盐量,接近瓶口表面的盐要铺厚一些。加盐腌制的时间约为 8 d。加盐可以析出豆腐中的水分,使豆腐块变硬,在后期的制作过程中不会过早酥烂。同时,盐能抑制微生物的生长,避免豆腐块腐败变质。

4 加卤汤腌制、密封、后发酵

4.1 配制卤汤

卤汤直接关系到腐乳的色、香味。卤汤是由酒及各种香辛料配制而成的,卤汤中的酒可以选用料酒、黄酒、米酒、高粱酒等,含量一般控制酒精含量在 12% 左右。加酒可以抑制微生物的生长,同时能使腐乳具有独特的香味。香辛料种类很多,如胡椒、花椒、八角、桂皮、姜、辣椒等。香辛料以调制腐乳的风味,也具有防腐杀菌的作用。

4.2 装瓶密封、后发酵

加入卤汤和辅料后,将瓶口用酒精灯加热灭菌,用胶条密封。在常温情况下,一般 6 个月可以成熟。

【任务评价】

评价单

学习领域		腐乳制作				
评价类别	项目	子项目	个人评价	组内互评	教师(师傅)评价
专业能力 (80%)	资讯(5%)	搜集信息(2%)			
		引导问题回答(3%)			
	计划(5%)	计划可执行度(3%)			
		计划执行参与程度(2%)			
	实施(40%)	操作熟练度(40%)			
	结果(20%)	结果质量(20%)			
	作业(10%)	完成质量(10%)			
社会能力 (20%)	团结协作 (10%)	对小组的贡献(10%)			
	敬业精神 (10%)	学习纪律性(10%)			

[师徒共研]

1. 发酵过程中的3点提醒

（1）初期发酵时不需要接种，菌种来源于空气中的毛霉孢子。

（2）前期发酵温度控制在15～18℃，该温度不适合细菌、酵母菌和曲霉生长，而适合毛霉生长。

（3）前期发酵后，加盐腌制和酿制卤汤密封腌制，进行后期发酵，食盐用量、卤汤中酒精含量以及香辛料酿制都是影响发酵和腐乳品质的关键环节。

2. 豆腐乳长白毛是怎么回事？

豆腐上生长的白毛是毛霉的白色菌丝。严格地说是直立菌丝，在豆腐中还有匍匐菌丝。

3. 为什么要撒许多盐，将长毛的豆腐腌起来？

使产品具有适当的咸味，与氨基酸结合增加鲜味。而且由于其降低产品的水分活度，能抑制某些微生物生长，具有防腐作用。

4. 我们平常吃的豆腐，哪种适合用来做腐乳？

含水量为70％左右的豆腐适于作腐乳。用含水量过高的豆腐制腐乳，不易成形。

5. 吃腐乳时，会发现腐乳外部有一层致密的"皮"，这层"皮"是怎样形成的呢？它对人体有害吗？它的作用是什么？

"皮"是前期发酵时在豆腐表面上生长的菌丝，它能形成腐乳的"体"，使腐乳成形。"皮"对人体无害。

6. 腌制腐乳时，为什么要随着豆腐层的加高而增加盐的用量，为什么在接近瓶口表面要将盐铺厚一些？

越接近瓶口，杂菌污染的可能性越大，因此要随着豆腐层的加高增加盐的用量，在接近瓶口的表面，盐要铺厚一些，以有效防止杂菌污染。

7. 怎样用同样的原料制作出不同风味的腐乳？

因豆腐含水量的不同，发酵条件的不同以及装罐时加入的辅料的不同，可以制成近百种不同风味的腐乳：红方因加入了红曲而呈深红色，味厚醇香；糟方因加入了酒糟而糟香扑鼻；青方因不加辅料，用豆腐本身渗出的水加盐腌制而成，绵软油滑，异臭奇香。

思政花园

食品生产企业应当就下列事项制定并实施控制要求，保证所生产的食品符合食品安全标准：

（一）原料采购、原料验收、投料等原料控制；（二）生产工序、设备、贮存、包装等生产关键环节控制；（三）原料检验、半成品检验、成品出厂检验等检验控制；（四）运输和交付控制。

——《中华人民共和国食品安全法》第四十六条

[知识链接]

1　豆制品分类

豆制品主要分为两大类,即发酵型和非发酵型豆制品。

发酵型豆制品是以大豆为主要原料,经微生物发酵而成的豆制品。是一类以霉菌为主要菌种的大豆发酵型调味品,如豆腐乳、豆豉、丹贝、纳豆等,其制备由来已久。非发酵型豆制品是指以大豆或其他杂豆为原料制成的豆腐,或豆腐再经卤制、炸卤、熏制干燥而成的豆制品,如豆浆、豆腐丝、豆腐皮、豆腐干、腐竹、素火腿等(表9-1)。

表 9-1　大豆加工制品

类别		系列	主要产品	风味	营养价值以及功效
传统豆制品	发酵豆制品类	豆酱系列	豆豉	颗粒完整,乌黑发亮,酱香、酯香浓郁,滋味鲜美,咸淡可口,无苦涩味,质地松软即化,且无霉腐味。	营养价值极高,在微生物酶的作用下产生的多种氨基酸及低分子蛋白质低聚肽类;具有降血脂、调节胰岛素等多种生理保健功能。
			纳豆	具有黏滑的外表,呈灰白色,其风味浓厚而又持久,口感酥软。	
		腐乳系列	红腐乳 白腐乳 臭豆腐等	表里色泽基本一致,滋味鲜美,质地细腻,咸味适口,无异味,块型整齐,厚薄均匀。	
	非发酵豆制品类	豆腐系列	豆腐	少许豆香气,倒出切开不塌、不裂、切面细嫩,尝之无涩味。	具有抗氧化的功效,所含的植物雌激素能保护血管内皮细胞,使其不被氧化破坏。
			干豆腐 豆干 豆腐皮 腐竹	具有豆香味。	

2　腐乳的定义、类型、品牌

2.1　定义

腐乳是一类以霉菌为主要菌种的大豆发酵食品,成干酪状。它口味鲜美、风味独特、质地细腻、营养丰富,是我国著名的具民族特色的发酵调味品。

2.2　工艺类型

(1)腌制型腐乳　豆坯加水煮沸后,加盐腌制,装坛加入辅料,发酵而成的腐乳。如四川大邑县的唐场豆腐乳。

（2）毛霉型腐乳 以豆坯培养毛霉,也可培养纯种毛霉,人工接种发酵而成的腐乳。即前期发酵主要是在白坯上培养毛霉,然后再利用毛霉产生的蛋白酶将蛋白质分解成氨基酸,从而形成腐乳特有的风味。

（3）根霉型腐乳 采用耐高温的根霉菌,经纯菌培养,人工接种,发酵而成的腐乳。利用根霉生产腐乳虽可以做到四季均衡生产,但有些根霉产生的蛋白酶活力低,致使成品风味差。少孢根霉(RT-3)有耐高温和蛋白酶活力高两个优点,利用它酿制的腐乳质量较好。

（4）混合菌种酿制的腐乳 考虑到毛霉和根霉的特点,采用二者混合菌种酿制的腐乳。

（5）细菌型腐乳 利用纯细菌接种在腐乳坯上,发酵而成的腐乳。如黑龙江的克东腐乳是我国唯一采用细菌进行前期培菌的腐乳。这种腐乳具有滑润细腻、入口即化的特点。

2.3 产品类型

（1）红腐乳 红腐乳简称红方,装坛前以红曲涂抹于豆腐坯表面,成品外表呈酱红色,断面为杏黄色,滋味鲜甜,具有酒香味的一种类型。

（2）白腐乳 白腐乳其颜色为乳黄色、淡黄色或青白色,酯香浓郁,鲜味爽口,质地细腻。

（3）花色腐乳 花色腐乳是添加了各种不同风味的辅料而制成的各具特色的腐乳,如辣味型、甜味型、香辛型和咸鲜型等。

（4）酱腐乳 酱腐乳是在后期发酵中以酱曲为主要辅料酿制而成的。

（5）青腐乳 青腐乳又名青方,俗称臭豆腐,产品表面的颜色均呈青色或豆青色,具有刺激性气味,但臭里透香。

3 腐乳生产工艺

3.1 主要原料

3.1.1 蛋白质原料

（1）大豆 蛋白质和脂肪含量丰富,蛋白质很少变性,未经提油处理,所以制成的腐乳柔、糯、细、口感好,是制作腐乳的最佳原料。

（2）冷榨豆饼 大豆用压榨法提取油脂后产物,习惯上统称为豆饼。将生大豆软化轧片后,直接榨油所制出的豆饼叫作冷榨豆饼。

（3）豆粕 大豆经软化轧片处理,用溶剂萃取脱脂的产物称为豆粕。用作豆腐乳的豆粕要求采用低温(80℃以下)真空脱除溶剂的方法,以便使豆粕中保留较高比例的水溶性蛋白质,以提高原料的利用率和品质。

3.1.2 水

豆腐乳的生产用水采用清洁而含矿物质和有机质少的水,城市可用自来水。一般有两点要求:一是符合用水的质量标准,二是要求水的硬度越小越好。因为硬度大的水会使蛋白质沉降,影响豆腐的得率。

3.1.3 胶凝剂

（1）盐卤($MgCl_2$） 它是海水制盐后的产品,主要成分是氯化镁,含量为29%,此外还有硫酸镁、氯化钠、溴化钾等,有苦味,又称为苦卤。原卤的浓度为 $25\sim28°Bé$,使用时适当稀释。新黄豆可用 $20°Bé$ 的盐卤,使用量为黄豆的 $5\%\sim7\%$。用盐卤做的豆腐香气和口味好。

(2)石膏($CaSO_4 \cdot 2H_2O$) 石膏是一种矿产品,由于结晶水含量的不同,有生石膏、半熟石膏、熟石膏及过熟石膏之分。生石膏要避火烘烤 15 h,手捻成粉为好。烘烤后石膏为热石膏($CaSO_4 \cdot 1/2H_2O$),熟石膏捻成粉后,按 $1:0.5$ 加入清水,用器具研磨,再加入 40℃温水 5 份,搅拌成悬浮液,让其沉淀去残渣后使用,用量为原料的 2.5%(实际熟石膏用量控制在 $0.3\%\sim0.4\%$ 为佳)。

(3)葡萄糖酸内酯 葡萄糖酸内酯是一种新的凝固剂,它的特性是不易沉淀,容易和豆浆混合。它溶在豆浆中会慢慢转变为葡萄糖酸,使蛋白质酸化凝固,这种转变在温度高、pH 高时转变快。如当温度为 100℃、pH 为 6 时转变率达 80%,而在 100℃、pH 为 7 时转变率可达 100%,在温度达 66℃时,所转变的葡萄糖酸即可使豆浆凝固,而且保水性好,产品质地细嫩而有弹性,产率也高。据试验,其用量为 $0.06mol/L$ 时,豆浆风味较好。葡萄糖酸内酯易溶于水,呈甜味,转变成葡萄糖酸后有酸味,而使豆腐酸味增大。故也有人考虑配成以葡萄糖酸内酯为基础的混合凝固剂葡萄糖酸内酯 $20\%\sim30\%$、石膏 $70\%\sim80\%$ 的混合物或氯化镁 $0.007 mol/L$ 与内酯 $0.001 mol/L$ 的混合物。这种混合凝固剂能提高豆腐的风味,但凝固反应快,操作要敏捷。

3.1.4 食盐

腌坯时需要多量食盐,食盐在豆腐乳中有多种作用,它使产品具有适当的咸味,与氨基酸结合增加鲜味。而且由于其降低产品的水分活度,能抑制某些微生物生长,具有防腐作用。对盐的质量要求是干燥且含杂质少,以免影响产品质量。

3.2 辅助原料

3.2.1 糯米

一般用糯米制作酒酿,100 kg 米可出酒酿 130 kg 以上,酒酿糟 28 kg 左右。糯米宜选用品质纯、颗粒均匀、质地柔软、产酒率高、残渣少的优质糯米。

3.2.2 酒类

(1)黄酒 其特点是性醇和、香浓、酒精含量低(16%),常用其做醉方。在豆腐乳酿造过程加入适量的黄酒,可增加香气成分和特殊风味,提高豆腐的档次。

(2)酒酿 发酵后,将糯米蒸熟后,经根霉、酵母菌、细菌等协同作用,经短时间(8 d 左右)发酵达到要求后上榨弃糟,使卤质沉淀。其特点是糖分高、酒香浓、酒精含量低(12%)、赋予腐乳特有的风味。常用于做糟方。

(3)白酒 腐乳生产中按要求使用酒精度在 50%(体积分数)左右白酒。

(4)米酒 是以糯米、粳米、和米为原料,小曲为糖化发酵剂,经发酵、压榨、澄清、陈酿而成的酿造酒,酒精含量 $13\%\sim15\%$(体积分数)。

3.2.3 曲类

(1)面曲 面曲也称面糕,是制面酱的半成品,用面粉经米曲霉培养而成。用 36% 冷水将面粉搅匀,蒸熟后,趁热将块轧碎,摊凉至 40℃后接种曲种,接种量为面粉的 0.4%,培养 2～3 d 即可,晒干后备用。100 kg 面粉可制面曲 80 kg,每 10 000 块腐乳用面曲 7.5～10 kg。

(2)米曲　用糯米制作而成,将糯米除去碎粒,用冷水浸泡 21 h,沥干蒸熟,再用 25～ 30℃温水冲淋,当品温达到 30℃时,送入曲房,接入 0.1%米曲霉(中科 3.863),使孢子发芽。待温度上升至 35℃时,翻料一次,当品温再上升至 35℃时,过筛分盘,每盘厚度为 1 cm。待孢子尚未大量着生,立即通风降温 2 d 后即可出曲,晒干后备用。

(3)红曲　是以籼米为主要原料,经红曲霉菌发酵而成。红曲霉红素和红曲霉黄素熔点为 136℃,微溶于水,溶于酒精、醋酸、丙酮、甲醇及三氯甲烷等有机溶剂中,芳香无异味,稀溶液呈鲜红色,经日光照射,能逐渐褪色。添加红曲色素(能溶于酒精)可把豆腐乳坯表面染成鲜红色,加快腐乳成熟,常用其做红方(红腐乳)。

3.2.4　甜味剂

腐乳中使用的甜味剂主要是蔗糖、葡萄糖和果糖等。它们的甜度以蔗精为标准,其甜度为 1:0.75:(1.14～1.75)。还有一类,它们不是糖类,但具有甜味,可作甜味剂,常用的有糖精钠、甘草、甜叶菊苷等。

3.2.5　香辛料

香辛料种类很多,应用最广的有胡椒、花椒、甘草、陈皮、丁香、八角、茴香、小茴香、桂皮、五香粉、咖喱粉、辣椒、姜等。使用香辛料,主要是利用香辛料中所含的芳香油和辛辣成分,目的是抑制和矫正食物的不良气味,提高腐乳的风味,并增进食欲,促进消化,具有防腐杀菌和抗氧化作用。此外还有玫瑰花、桂花、虾料、香菇和人参等,它们都是用于各种风味和特色腐乳的,虽然用量不多,但对其质量要求高。

4　菌种培养

4.1　发酵豆制品所需的微生物

传统发酵豆制品如腐乳、豆酱、豆豉、纳豆、丹贝等具有独特的风味,其风味来源于酿造过程中微生物发生的一系列生化反应。在传统发酵豆制品酿造中,对原料发酵成熟的快慢、成品颜色的浓淡以及味道的鲜美有直接影响的微生物是毛霉、曲霉、根霉、酵母、细菌类等。

4.1.1　毛霉

毛霉是食品工业中的重要微生物。毛霉的淀粉酶活力很强,可把淀粉转化为糖,而且还能产生蛋白酶,具有分解大豆蛋白质的能力,多用于制作豆腐乳和豆豉,对营养和风味具有很好的作用。参与发酵过程的毛霉或细菌除能分解蛋白质、淀粉、脂肪成为各类低分子化合物(如氨基酸、糖和脂肪酸等)外,还能合成酯等芳香物质,给腐乳增添特别的色和香。

4.1.2　曲霉

曲霉是发酵豆制品生产中使用的主要微生物,如制作腐乳、豆豉、豆酱时经常会使用到曲霉,对发酵豆制品的风味及色泽的形成起很大的作用。

4.1.3 根霉

根霉与毛霉同属毛霉科,在腐乳中的作用也相似。不同的是相对于毛霉来说,根霉的生长温度偏低、受季节性限制。

4.2 菌种培养

4.2.1 试管斜面接种

培养基:饴糖 15 g,蛋白胨 1.5 g,琼脂 2 g,水 100 mL,pH=6。

混合分装试管(装量为试管的 1/5),塞上棉塞,包扎后灭菌,摆成斜面,接种毛霉(或根霉),15～20℃(根霉 28～30℃)培养 3 d 左右,即为试管菌种。

4.2.2 三角瓶菌种

培养基:麸皮 100 g 蛋白胨 1 g,水 100 mL。

将蛋白胨溶于水中,然后与麸皮拌匀,装入三角瓶中,500 mL 三角瓶装 50 g 培养料,塞上棉塞,灭菌后趁热摇散,冷却后接入试管菌种一小块,25～28℃培养,2～3 d 后长满菌丝,有大量孢子备用。

灭菌条件:采用高压灭菌锅,0.1 MPa 灭菌 45～60 min。

5 豆腐坯制作

5.1 豆腐坯制作的工艺流程

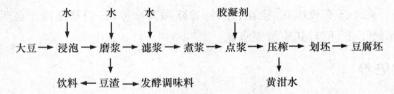

5.2 豆腐坯制作工艺及操作方法

5.2.1 大豆浸泡

(1)加水量 泡豆水的用量控制在 1∶2.5 左右,大豆 100 kg,水 200～250 kg。

(2)水质 用软水泡豆,有利于提取大豆蛋白,泡豆时间短。

(3)泡豆时间和水温 根据大豆的性质和季节气温的变化,一般春秋季节水温在 10～15℃,浸泡 8～12 h;夏季水温在 30℃,浸泡 6 h 即可;冬季水温在 0～5℃,浸泡 12～16 h。要求浸泡到豆的两瓣劈开,就可进入下道工序。

(4)泡豆水中加碱 生产中添加碳酸钠的量为干大豆的 0.2%～0.3%,泡豆水的 pH 为 10～12。

5.2.2 磨浆

(1)磨浆细度合理的颗粒粒度应在 15 μm 左右。

(2)磨浆和加水量在磨浆过程中,加水量控制在 1∶6 左右为宜,1 kg 浸泡的大豆加 2.8 kg

左右的水,另有部分水用于豆糊分离、豆渣复磨和洗涤豆渣。

5.2.3　滤浆

(1)滤浆是制浆的最后一道工序,目前普遍采用的设备是锥形离心机,转速为 1 450 r/min。离心机的滤布为孔径 0.15 mm(96～102 目)的尼龙绢丝布。

(2)腐乳生产用的豆浆浓度应掌握在 5°Bé 左右。对豆浆浓度的要求分为 2 种,即特大型腐乳的豆浆浓度控制在 6°Bé,小块型腐乳豆浆浓度控制在 8°Bé。

(3)豆浆浓度一定要控制住,磨浆、滤浆时均应控制合理的加水量,最后使每 100 kg 大豆出浆 1 000 kg。

5.2.4　煮浆

煮浆时要快速煮沸到 100℃,豆浆加热温度应控制在 96～100℃保持 5 min,豆浆不能反复烧煮,以免降低豆浆稠度,影响蛋白质凝固。

5.2.5　点浆与"蹲脑"

(1)豆浆在凝固时应控制 pH 在 6.6～6.8,目的是尽可能多地使蛋白质凝固,若 pH 偏高,用酸浆水调解,偏低以 1%氢氧化钠调节。

(2)点浆温度一般控制在 75～80℃。特大型(7.2 cm×7.2 cm×2.4 cm)腐乳和中块型(4.1 cm×4.1 cm×2.4 cm)腐乳点浆温度常在 85℃。

(3)浆的盐卤浓度要合适,生产上一般使用的盐卤浓度在 20～24°Bé,小白方腐乳在 14°Bé。加盐卤时,要与豆浆充分混合,才能均匀凝固。

(4)点浆结束后,蛋白质之间的联结仍在进行,豆腐脑组织结构也在进行,一般情况下小块型腐乳经 10～15 min 的蹲脑静置,这一过程又叫涨浆或养花。对特大型腐乳的蹲脑时间为 7～10 min。

(5)点浆的方法是将盐卤以细流缓缓流入热浆中,一边滴一边缓缓地搅动豆浆,使容器内豆浆上下翻动旋转,下卤流量要均匀一致,并注意观察豆花凝聚状态。在即将成脑时搅动适度减慢,至全部形成凝胶状态时,方可停止。然后再把淡卤轻轻地甩在豆腐脑面上,使豆腐脑表面凝固得更好。豆浆点花结束后,需静置一段时间,俗称"蹲脑"。

5.2.6　压榨

压榨也叫制坯,点浆完毕,待豆腐脑组织全部下沉后,即可上厢压榨。目前压榨设备有传统的杠杆式木制压榨床、电动液压制坯机等。上厢压榨是制坯的关键,当在预放有四方布的厢内盛足豆腐脑时,将厢外多余的包布向内折叠,将四周包住,包布应松紧一致,上厢完毕,其上放榨板块,并缓慢加压,其时应防止榨厢倾斜。榨出适量黄泔水后,陆续加大压榨力度、直到黄泔水基本不向外流淌为止。一般春秋季节豆腐坯水分应控制在 70%～72%,冬季为 71%～73%。小白方水分掌握在 76%～78%,最高可达 80%。

5.2.7　划坯

划坯是压榨成型的最后工序,压榨结束,揭开包布,暴露豆腐坯,并将其摆正,按品种规格划块。划块有热划、冷划两种,压榨出来的整板豆腐坯温度在 $60\sim70℃$,如果趁热划块,则划时要适当放大,冷却后的大小才符合规格,如果冷却划块,就按规格大小划块。划块大小各地区大同小异,上海地区生产通常规格为 $4.8\,cm×4.8\,cm×1.8\,cm$,称为大红方、大油方、大糟方及大醉方;江苏、南京地区生产规格通为 $4.1\,cm×4.1\,cm×1.6\,cm$,称为小红方、小油方、小糟方及小醉方。划块后送入培菌间,分装在培菌设备中发霉,进入前发酵。

6 腐乳发酵

腐乳发酵

腐乳的发酵是一个复杂的生化过程,发酵作用也是在贮存过程中进行的,参与该过程的有腐乳坯上的微生物及其产生的酶、配料上的微生物和它们的酶系。主料和辅料是反应基质,通过生化反应促使腐乳成熟并形成特有风味。毛霉(或根霉)型腐乳发酵工艺为:

前期发酵 ⟶ 后期发酵 ⟶ 装坛(或装瓶) ⟶ 成品

6.1 前期发酵

前期发酵是发霉过程,即豆腐坯培养毛霉或根霉的过程,发酵的结果是使豆腐坯长满菌丝,形成柔软、细密而坚韧的皮膜,并积累了大量的蛋白酶,以便在后期发酵中将蛋白质慢慢水解。应掌握毛霉的生长规律,控制好培养温度、湿度及时间等条件。

6.1.1 接种

(1)三角瓶中加入冷开水 400 mL,用竹棒将菌丝打碎,充分摇匀,用纱布过滤,滤渣再加 400 mL 冷开水洗涤 1 次,过滤,两次滤液混合,制成孢子悬液。

腐乳毛霉接种

(2)将已划块的豆腐坯摆入笼格或框内,侧面竖立放置,均匀排列,其竖立两块之间需留有一块大的空隙,行间留空间(约1 cm),以便通气散热,调节好温度,有利于毛霉菌生长。

(3)用喷枪或喷筒把孢子悬液喷到豆腐坯上,使豆腐坯的前、后、左、右、上五面喷洒均匀。

6.1.2 培养

培养的室温要求保持在 $26℃$,在 20 h 后才见菌丝生长,可进行第 1 次翻笼(上下笼格调换),以调节上下温度差,使生长速度一致;28 h 后菌丝已大部分生长成熟,需要第 2 次翻笼格;44 h 后进行第 3 次翻笼;52 h 后菌丝基本上长好,开始适当降温;68 h 后散开笼格冷却。

青方发霉稍嫩些,当菌丝长成白色棉絮状停止;红腐乳稍老些,呈淡黄色。

6.1.3 腌坯

当菌丝开始变成淡黄色,并有大量灰褐色孢子形成时,即可散笼,开窗通风、降温,停止发霉,促进毛霉产生蛋白酶,8~10 h 后结束前期发酵,立即搓毛。

(1)豆腐坯的摆放 进入腌坯过程,先将相互依连的菌丝分开,并用手抹倒,使其包住豆腐坯,放入大缸中腌制。大缸下面离缸底 20 cm 左右铺一块中间有孔直径约为 15 cm 的圆形木板,将毛坯放在木板上,要相互排紧,腌坯时应注意使未长菌丝的一面靠边不要朝下,防止成品变形。

（2）腌坯时间和用量　采用分层加盐法腌坯,用盐量分层加大,最后撒一层盖面盐。每千块坯(4 cm×4 cm×1.6 cm)春秋季用盐 6 kg,冬季用盐 5.7 kg,夏季用盐 6.2 kg。腌坯时间冬季约 7 d,春秋季约 5 d,夏季约 2 d。腌坯要求 NaCl 含量在 12%～14%,腌坯 3～4 d 后要压坯,即再加入食盐水,腌过坯面,腌渍时间 3～4 d。腌坯结束后,打开缸底通口,放出盐水放置过夜,使盐坯干燥收缩。

6.2　后期发酵

后期发酵是利用豆腐坯上生长的毛霉以及配料中各种微生物作用,使腐乳成熟,形成色、香、味的过程,包括配料装坛、灌汤、陈酿贮藏等工序。其目的:一是借食盐腌制,使坯体析出水分,收缩变硬;二是借助各种霉所分泌的酶类进行分解,成为简单的物质,通过装坛陈酿起复杂的生化反应,赋予豆腐乳以细腻柔糯和鲜味,并形成特有的色、香、味、体等特色。

6.2.1　配料与装坛

取出盐坯,将盐水沥干,点数装入坛内,装时不能过紧,以免影响后期发酵,使发酵不完全,中间有夹心。将盐坯依次排列,用手压平,分层加入配料,如少许红曲、面曲、红椒粉,装满后灌入汤料。配料与装坛是豆腐乳后熟的关键,现以小红方为例,说明豆腐乳的生产方法。

小红方每万块(4.1 cm×4.1 cm×1.6 cm)用酒精度为 15°～16°的黄酒 100 kg,面曲28 kg,红曲 4.5 kg,糖精 15 g。一般每坛为 280 块,每万块可盛 36 坛。

（1）染坯红曲卤配制　红曲 1.5 kg,面曲 0.6 kg,黄酒 6.25 kg。浸泡 2～3 d,磨碎至细腻成浆后再加人黄酒 18 kg,搅匀备用。

（2）装坛红曲卤配制　红曲 3 kg,面曲 1.2 kg,黄酒 12.5 kg,浸泡 2～3 d 后再加入黄酒57.8 kg,糖精 15 g(用热开水溶化),搅匀备用。

（3）红方装坛方法　将腌制的咸坯放入染色盘,盘内有红卤汤(以黄酒与红曲、面曲混合,使酒精含量 12%),块块搓开,要求全面染到,不留白点。染好后装入坛内,然后将装坛红曲卤灌入,至液面超出腐乳约 1 cm 每坛按顺序加入面曲 150 g,荷叶 1～2 张,食盐 150 g,最后加封面烧酒 150 g。

6.2.2　灌汤

配好的汤料灌入坛内或瓶内,灌料的多少视所需要的品种而定,但不宜过满,以免发酵汤料涌出坛或瓶外。注意:青方腐乳装坛时不灌汤料,每 1 000 块盐坯加 25 g 花椒,再灌入7°Bé 盐水(豆腐浆水掺盐或腌坯时流出的咸汤)。

红方腐乳一般用红曲醪 145 kg 与面酱 50 kg 混合后磨成糊状,再加黄酒 255 kg,调成10°Bé 的汤料 500 kg,然后加 60%(体积分数)白酒 1.5 kg,溶解糖精 50 g,药酒 500 g,拌匀后即为红方汤料。

上海白方装坛时,每坛装 350 块(3.1 cm×3.1 cm×1.8 cm),在坛内腌制 4 d,用盐量为 600 g,可用灌卤盐水与新鲜毛花卤加冷开水制成 8～8.5°Bé,灌至坛口为宜。每坛加封面黄酒 250 g。

6.3 封口贮藏

封口时,先选好合适的坛盖,坛盖周围撒些食盐,然后水泥浆封口,在水泥上标记品种和生产日期,封口时要严防漏气。水泥浆封口也不可过厚,避免水泥浆水落于坛内,造成腐乳发霉变酸。装坛灌汤后加盖(建议采用瓷坛,并在坛底加一两片洗净晾干的荷叶,然后在坛口加盖荷叶),再用水泥或猪血拌熟石膏封口。在常温下贮藏,一般需 3 个月以上,才会达到腐乳应有的品质,青方与白方腐乳因含水量较高,只需 1～2 个月即可成熟(注意事项:坛子要采用沸水灭菌后,倒扣沥水降温到室温才可装坛)。腐乳在贮藏期内可分别采用天然发酵法和室内保温发酵法进行发酵。

(1)天然发酵法 是利用较高的气温使腐乳发酵。腐乳发酵后即放在通风干燥处,利用户外的气温进行发酵,注意要避免雨淋和暴晒。红方一般贮藏 3～4 个月,在南方地区可根据当地室温而定,如上海小白方只需 30～40 d 便成熟,不宜久藏。

(2)室内保温发酵法 室内保温发酵法多在气温较低、不能进行天然发酵的季节采用,需要采用加温设备。室温要保持在 35～38℃,红方经过 70～80 d 成熟,青方则需 40～50 d 成熟。红方是否能进行正常发酵,与所用辅料的质量有关,其中黄酒的质量最重要。若加入的黄酒质量不好,则易在发酵中变酸,生成产膜酵母,导致腐乳滋味变坏,甚至发臭。因此,必须保证黄酒的质量。另外,包装的坛、罐一定要洗净。装入玻璃罐的腐乳应灌满腐乳汤,排除空气,并外加塑料盖拧紧。

7 成品

腐乳贮藏到一定时间,当感官鉴定口感细腻而柔软、理化检验符合标准要求时,即为成熟产品。

8 其他类型腐乳生产

8.1 腌制型腐乳

豆腐坯加水煮沸后,加盐腌制,装坛加入辅料,发酵成腐乳。这种加工方法的特点:豆腐坯不经发酵(无前期发酵)直接装坛,进行后发酵,依靠辅料(如面糕曲、红曲米、米酒或黄酒等)进行生化变化而成熟。如四川唐场腐乳、湖南慈利无霉腐乳、浙江绍兴棋方腐乳等均为腌制型腐乳。

(1)工艺流程

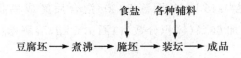

（2）产品特点及优缺点　该工艺所需厂房设备少，操作简单。缺点是因蛋白酶源不足，后期发酵时间长，氨基酸含量低，色香味欠佳，产品不够细腻。

8.2　细菌型腐乳

细菌型腐乳生产的特点是利用纯细菌接种在腐乳坯上，让其生长繁殖并产生大量的酶。操作方法是将豆腐经 48 h 腌制，使盐分达 6.8%，再接入嗜盐小球菌发酵。这种方法不能赋予腐乳坯一个好的形体，所以在装坛前须加热烘干至含水量 45% 左右，方可进入下道工序。该产品成型性较差，但口味鲜美，为其他产品所不及。

8.3　王致和臭豆腐

王致和臭豆腐以其"闻着臭，吃起来香"的特色闻名于全国，它的颜色为淡青色，外面包裹薄层絮状长菌丝，质地细腻而完整不碎。其工艺特点是：①白坯含水最较低，仅有 66%～69%；②前期培菌时间较短，只需 36 h；③腌坯时用盐量较少，一般为 11%～14%；④用低盐水做汤料，辅料中仅加少许花椒进行后期发酵。腐乳发酵后使一部分蛋白质的硫氨基和氨基游离出来，产生硫臭和氨臭，又因减少了食盐的抑制作用，故分解较彻底，成品中氨基酸的含量特别丰富，尤其是含有较多的丙氨酸，具有独特的甜味和酯香味。

8.4　河南酥制培乳

这种酥制培乳醇香浓厚，品味精良，其工艺特点主要体现在装坛后的发酵过程中。装坛时每 1 kg 乳坯用黄面酱 12.5 kg 及茴香面 100 g，将辅料粉末逐层拌匀，在 23～27℃ 的条件下放置 2～3 d，添加煮沸的汤料 7.5 kg 以及黄酒 250 g，汤料和黄酒分 3 次添加，每日一次，最后用 2.5 kg 黄面酱封口，天然晒露 4 个月即成。

8.5　桂林腐乳

桂林腐乳产于广西桂林，具有 300 多年的历史，属于白腐乳，颜色为淡黄色，质地细腻，气香味鲜。主要品种有辣椒腐乳、五香腐乳和桂花腐乳。

桂林腐乳采用酸水点脑，白坯含水量为 69%～71%，每坛装 80 块，坛内加 20%（体积分数）的三花米酒 4 g，同时添加其他配料。五香腐乳中，每万块加香料 1.5 kg，食盐 50 kg，其中香料的组成为：八角 88%、草果 4%、良姜 2%、陈皮 4% 以及花椒 2%。辣椒腐乳和桂花腐乳则需另添加辣椒粉或桂花香料。

8.6　别味腐乳

所谓的别味腐乳就是加入不同辅料配制成各种花色品种，如虾子腐乳、火腿腐乳、五香腐乳、白菜辣腐乳、玫瑰腐乳、香菇腐乳及霉香腐乳等。

8.6.1　装坛方法

（1）红色品种（大块、虾子、火腿、玫瑰、香菇）　先用红曲糕涂到腌好的豆腐坯上，六面见红，再将主要辅料与面曲拌匀，每装一层豆腐毛坯撒一层，装好后加入所需要的汤料后封坛。

（2）白色品种（五香、桂花、甜辣）　将主要辅料与面糕拌匀，装一层腌好的豆腐毛坯撒一

层,装好后,灌汤封坛。

(3)白菜辣腐乳　先将辣椒抹到腌好的豆腐毛坯上,每块用腌白菜叶包好。装入坛内,逐层加入面糕,装好后加汤料封坛。

(4)霉香腐乳　将豆腐乳毛坯直接装入坛内,装一层豆腐毛坯,撒一层食盐,每坛用食盐1.1 kg,第二天灌入汤料,在坛口上再加食盐0.05 kg,然后封坛。

8.6.2　各种主要辅料加工方法

(1)虾子　将虾子装入布袋中,蒸熟备用。

(2)火腿　将火腿先切成块,加入酱油20%、食盐2%及适量的花椒、大料、桂皮等,用蒸汽蒸熟后切成小薄片备用。

(3)糖渍陈皮　鲜橘皮切成碎块,加入砂糖50%、水适量用文火煮1 h浓缩成糊状备用。

(4)辣椒糊　辣椒粉50%、面糕20%、红曲糕35%,混合均匀,调成糊状备用。

(5)腌白菜　新鲜大白菜除去老皮及嫩心,只留菜叶,每100 kg加盐12 kg,每天翻一次,1个月后封缸。储存到春天,取出晾至半干。加五香粉3%,姜丝0.1%,入坛自然发酵1~2个月后备用。

(6)香菇　香菇用水浸泡,待发起后捞出洗净,切成块状,加食盐4%和适量的五香粉蒸熟备用。

(7)红曲膏　红曲100 kg,加黄酒30 kg浸泡半日,用磨研成细膏再加入黄酒400 kg调匀即成。

8.6.3　装坛用汤料配方

(1)甜汤料　黄酒80 kg,白酒5 kg,砂糖15 kg,糖精10 g。先用白酒300 g将糖精溶化,然后混合调匀。适用品种为五香、白菜辣腐乳两种。

(2)普通调料　按品种特点配制成有一定特色的咸淡适中的汤料。

(3)霉香汤料　用白酒加水,调至酒精含量为20%~22%。

8.6.4　装瓶用汤料配方

将已成熟的坛装腐乳用于瓶装,坛内的原汤不足,必须另行配制。

(1)甜红汤料　适用于大块、虾子、火腿、玫瑰、香菇等品种。配方为原汤40 kg,黄酒46 kg,红曲膏4 kg,糖精2 kg,砂糖8 kg。调制方法:先将黄酒、砂糖、红曲膏混合上锅常压蒸20~30 min,务必使容器密闭,不让酒精挥发。稍凉后加入糖精,然后再加入原汤,夏季加少量防腐剂。玫瑰乳汤料中按上述配方调制外,另加玫瑰香精50 g,调制时与糖精一同加入。

(2)甜白汤料　适用于桂花、甜辣二品种。配方为原汤40 kg,黄酒50 kg,糖精酒2 kg,砂糖8 kg。与甜红汤料调制方法相同。

(3)酒汤料　适用于五香、霉香、白菜辣三品种。配方为原汤40 kg,黄酒60 kg调匀(每1 kg糖精用30 kg白酒化开称糖精酒,原汤指发酵成熟时的腐乳坛内的原汁)。要求黄酒含酒精15°~16°,白酒含酒精60°。

284

任务二

豆豉生产

豆豉是中国传统特色发酵豆制品调味料。豆豉以黑豆或黄豆为主要原料,利用毛霉、曲霉或者细菌蛋白酶的作用,分解大豆蛋白质,达到一定程度时,加盐、加酒、干燥等方法,抑制酶的活力,延缓发酵过程而制成。

据记载,豆豉的生产,最早是由江西泰和县流传开来的,后经不断发展和提高传到海外。日本人曾经称豆豉为"纳豉",后来专指日本发明的糖纳豆。东南亚各国也普遍食用豆豉,欧美则不太流行。豆豉富含蛋白质、各种氨基酸、乳酸、磷、镁、钙及多种维生素,色香味美,具有一定的保健作用,我国南北部都有加工食用。

【任务描述】

能够完成豆豉生产各操作环节并进行工艺控制,能进行豆豉的自然发酵生产,能够进行豆豉质量的基本检验与鉴定(包括理化、感官、微生物检验),能运用相关长知识解决豆豉生产过程中的质量问题,会进行成本分析。

【参考标准】

T/GZSX 014—2018　豆豉

【工艺流程】

原料的选择、处理 ⟶ 制曲 ⟶ 洗霉 ⟶ 拌料、发酵 ⟶ 成品

【任务实施】

1　湖南浏阳豆豉

1.1　原料的选择、处理

选用颗粒饱满、新鲜、无虫蛀霉变的黑豆或黄豆为原料进行浸泡,浸泡时间冬季为 4～6 h,春、秋季为 3～4 h,夏季为 2～3 h,待浸到有 80% 左右的豆粒表皮无皱纹时,即可放掉浸泡水,让豆粒在浸泡池中继续润水一段时间,直至豆粒无皱纹、含水量为 50% 左右时蒸豆,常压蒸料约需 2 h;加压至 98 kPa 蒸料 20～30 min。熟豆以豆粉熟透过心、手捏呈粉状、口尝无豆腥味、含水能达 55%～56% 为宜。

1.2　制曲

将熟豆冷却至 35～38℃ 后装入簸箕,料层周边厚度为 4 cm,中间为 1.5～2 cm,转入

28～30℃曲室培养。约经 18 h，豆粒表面呈现白点。再过 6～10 h，品温升至 31℃，曲料略有结块。培养 4 h 后，品温高达 35～37℃，豆粒布满菌丝且结块。这时可进行第一次翻曲，打散曲块，并互换上下簸箕的位置，使品温相对平衡。翻曲后品温降至 32℃ 左右。待品温又升至 35～37℃ 时，可开窗通风，使品温降为 32～33℃。保持此温度约 68 h 时，曲料再次结块，并出现嫩黄绿色的孢子，进行第二次翻曲。以后维持品温为 28～30℃，直至 96 h 左右，待孢子呈暗黄绿色时，即可出曲。

成曲含水量为 21% 左右，曲粒松散，表皮有皱纹，有曲香。

1.3 洗霉

将成曲用簸箕扬，或用清水淘洗，减少或去除曲粒表面的曲霉分生孢子和菌丝，而保留曲粒内部的菌丝，曲粒洗霉后，应堆集 1～2 h，并按此时曲粒的含水量，适量分次洒水，以曲粒含水分为 85% 左右为度。

1.4 拌料、发酵

在上述豆豉曲中，按配方加入辅料。湖南浏阳豆豉的配方为：黄豆 100 kg、食盐 8.5 kg、辣椒粉及生姜粉各 1 kg，拌匀。将此物料分层装入陶坛或塑料桶，并层层压实。装满后，以食用塑料薄膜密封坛口，加盖，置于 35℃ 的发酵室中进行发酵。若以黄豆曲制醅，通常发酵 7 d 即可成熟，但冬季需 30 d 以上。

1.5 成品

豆豉发酵成熟后，即可包装为成品。也可晾晒或风干至水分为 20%，即成为干豆豉。

【任务评价】

评价单

学习领域		豆豉加工			
评价类别	项目	子项目	个人评价	组内互评	教师(师傅)评价
专业能力(80%)	资讯(5%)	搜集信息(2%)			
		引导问题回答(3%)			
	计划(5%)	计划可执行度(3%)			
		计划执行参与程度(2%)			
	实施(40%)	操作熟练度(40%)			
	结果(20%)	结果质量(20%)			
	作业(10%)	完成质量(10%)			
社会能力(20%)	团结协作(10%)	对小组的贡献(10%)			
	敬业精神(10%)	学习纪律性(10%)			

[师徒共研]

传统豆豉生产过程中需要注意什么?

(1)豆豉生产季节多为冬、春两季。

(2)拌料时注意不要擦破豆粒表皮,以免影响成品外观质量。

(3)入池熟化,料面必须封盐,同时注意检查堵缝。

[知识链接]

1　豆豉的定义及分类

1.1　豆豉的定义

豆豉是以整粒大豆,即黑豆或黄豆(或豆瓣)为原料,经蒸煮发酵而成的调味品。以黑褐色或黄褐色、鲜美可口、咸淡适中、回甜化渣、具豆豉特有的豉香气为佳。因营养丰富、药用价值高而深受广大人民的喜爱,并广为流传,长期食用可开胃增食。豆豉含有丰富的蛋白质(20%)、脂肪(7%)和碳水化合物(25%),且含有人体所需的多种氨基酸,还含有多种矿物质和维生素等营养物质。

我国较为著名的豆豉有:广东阳江豆豉、开封西瓜豆豉、广西黄姚豆豉、山东八宝豆豉、四川潼川豆豉、湖南浏阳豆豉和永川豆豉等。

1.2　豆豉的种类

1.2.1　以原料划分

(1)黑豆豆豉　如江西豆豉、浏阳豆豉、临沂豆豉等,均采用本地优质黑豆为原料生产豆豉。

(2)黄豆豆豉　如广东阳江豆豉,上海、江苏一带的豆豉等,均采用黄豆生产。

1.2.2　以状态划分

(1)干豆豉　发酵好的豆豉再进行晒干,成品含水量25%～30%。干豆豉多产于南方,豆粒松散完整、油润光亮,如湖南豆豉和四川豆豉。

(2)湿豆豉　不经晒干的原湿态豆豉,含水量较高,水豆豉多产于北方,由一般家庭制作,豆粒柔软粘连。如山东临沂豆豉。

(3)水豆豉　制曲后采用过饱和的浆液,让曲在淹水条件下较长时间发酵,其中成品为浸渍状的颗粒。

(4)团块豆豉　是以豆泥做成团块,制曲和发酵同时进行,并配合以适当烟熏,成品为团

块,风味独特,有豆豉和烟熏味,以刀切碎经蒸炒后食用,非常爽口。

1.2.3 以发酵微生物种类划分

(1)毛霉型豆豉 如四川的潼川、永川豆豉,在气温较低(5~10℃)的冬季利用空气或环境中的毛霉菌进行豆豉的制曲。

(2)曲霉型豆豉 上海、武汉、江苏等地生产的豆豉,它是利用空气中的黄曲霉进行天然制曲的,采用接种沪酿3.042米曲霉进行通风制曲。一般制曲温度26~35℃。

(3)细菌型豆豉 如临沂豆豉,将煮熟的黑豆或黄豆盖上稻草或南瓜叶,使细菌在豆表面繁殖,出现黏质物时,即为制曲结束之时。用细菌制曲的温度较低。

(4)根霉型豆豉 如东南亚带的印度尼西亚等国广泛食用的一种"摊拍"就是以大豆为原料,利用根霉制曲发酵的食品。培养温度28~32℃,发酵温度为32℃左右。

1.2.4 以口味划分

(1)淡豆豉 发酵后的豆豉不加盐腌制、口味较淡,如传统的浏阳豆豉。

(2)咸豆豉 发酵后的豆豉在拌料时加入盐水腌制,成品口味较重。大部分豆豉属于这类。

1.2.5 以辅料划分

包括酒豉、姜豉、椒豉、茄豉、瓜豉、香豉、酱豉、葱豉、香油豉等。

2 豆豉生产工艺

辅料

大豆 → 清选 → 浸泡 → 蒸煮 → 冷却 → 制曲 → 选曲 → 拌曲 → 发酵 → 水豆豉 → 干燥 → 干豆豉

2.1 选料与浸泡

以大豆为原料,黑豆、黄豆、褐豆均可,以黑豆为佳。黑豆皮较厚,制出的成品色黑,颗粒松散,不易发生破皮烂瓣现象,且含有黑色素,营养价值较高。挑选颗粒饱满的新鲜小型豆或大豆,称取大豆入池,加水淹没,水超过豆面30 cm左右,成用1:2份清水浸泡,一般冬季5~6 h,其余季节3 h。大豆浸泡后的含水量在45%左右为宜。

2.2 蒸豆

蒸豆的目的是使大豆组织软化,蛋白质适度变性,以利于酶的分解作用。同时蒸豆还可以杀死附着于豆上的杂菌,提高制曲的安全性。蒸豆的方法有两种。

(1)水煮法 清水煮沸,投豆2 h后再煮。

(2)汽蒸法 将浸泡好的大豆沥尽水,直接用常压汽蒸2 h左右。工业生产量较大,大都采用旋转武高压蒸煮罐0.1 MPa压力蒸1 h。蒸好的熟豆有豆香味,用手指捻压豆粒能成薄片且易粉碎,测定蛋白质已达一次变性,含水量在45%左右,即为适度。水分过低对微生物生长繁殖和产酶均不利,制出的成品发硬不酥;水分过高制曲时温度控制困难,杂菌易于繁殖,豆粒容易溃烂。

2.3　制曲

制曲的目的是使蒸熟的豆粒在霉菌的作用下产生相应酶系,为发酵创造条件。一般制曲过程中都要翻曲两次,翻曲时要用力把豆曲抖散,要求每粒都要翻开,不得粘连,以免造成菌丝难以深入豆内生长,致使发酵后成品豆豉硬实、不疏松。传统豆豉制曲都不接种,常温制曲自然接种,利用适宜的气温、湿度等条件。促使自然存在有益豆豉酿造的微生物生长、繁殖并产生复杂的霉系,在酿造过程中产生丰富的代谢产物,使豆豉具有鲜美的滋味和独特的风味。由于所利用的微生物不同,制曲工艺也有差异,现分别介绍如下。

2.3.1　曲霉制曲

(1)天然制曲　因米曲霉是中温型微生物,天然制曲时常在温暖季节制曲。大豆经蒸煮出锅后,经冷却到35℃移入曲室,装入竹簸箕,内厚2 cm,四周厚,中间薄,品温在26～30℃培养,室温在25～35℃培养,最高不超过37℃。入室24 h品温上升,豆豉稍有结块;48 h左右菌丝满布,豆粒结块,品温可达37℃,进行第一次翻曲,用手搓散豆粒,并互换竹簸箕上下位置使温度均匀,翻曲后品温下降至32℃左右。再过48 h品温又回升到35～37℃,开窗通风降温,保持品温在33℃左右。之后曲料又结块,且出现嫩黄绿色孢子,进行第二次翻曲。以后保持品温28～30℃,6～7 d出曲。成曲豆粒有皱纹,孢子呈暗黄绿色,用手搓可看到孢子飞扬,掰开豆粒内部大都可见菌丝。水分含量在21%左右。天然制曲受季节气温的限制,不能常年生产,其制曲周期较长,制约了豆豉生产的发展。近年来,采用酿造酱油优良菌株沪酿3.042接种制豆豉曲,制曲周期为3 d,可以常年生产。

(2)纯种制曲　多采用沪酿3.042米曲霉。大豆经煮熟出锅,冷却至35℃,接入沪酿3.042种曲0.3%,大豆量5%的面粉拌匀入室,装入竹簸箕中,厚5 cm左右。拌和的方法是:先分出一半的种曲和大豆拌和,另一半种曲与面粉拌和,再将拌过曲的面粉与大豆拌和。大豆表面黏附面粉,可以吸收表面水分,使之成为不粘连状态的颗粒,有利于通气和二氧化碳的排除,有利于米曲霉生长,并诱发其孢外酶的分泌,增加淀粉含量,也增加糖化酶的含量,加强糖化能力,对改进豆豉的风味有利。同时面粉使豆粒表面较干,可抑制细菌繁殖,有利于提高制曲质量。保持室温25℃,品温25～35℃,温度90%以上,22 h左右可见白色菌丝布满豆粒,曲料结块;品温上升至35℃左右,进行第一次翻曲,搓散豆粒使之松散,有利于分生孢子的形成,并不时调换上下竹簸箕位置,使品温均匀一致;72 h豆粒布满菌丝和黄绿色孢子即可出曲。

2.3.2　毛霉制曲

(1)天然制曲　大豆经蒸煮出锅,冷却至30～35℃,入曲室上簸箕或晒席,厚度3～4 cm,冬季入房,室温2～6℃,品温5～12℃。制曲周期因气候变化而异,一般15～22 d。入室3～4 d豆豉可见白色霉点,8～12 d菌丝生长整齐,且有少量褐色孢子生成,16～20 d毛霉

变老,菌丝由白色转为浅灰色,质地紧密,直立,高度为 0.3~0.5 cm,同时紧贴豆豉表层有暗绿色菌体生成,即可出曲。每 100 kg 原料可得成曲 125~135 kg。

(2)纯种毛霉制曲 自然毛霉制曲,毛霉适宜生长温度为 15℃,高于 20℃或低于 10℃,毛霉的生长都要受到抑制,所以一般在冬季生产。毛霉制曲周期长不利于生产的发展。四川省成都市调味品研究所从自然发酵豆豉曲中分离出纯种毛霉,经过耐热驯化,定名为M.R.C-1 号菌种,具有在 25~27℃温度下生长迅速,菌丝旺盛适应性强,蛋白酶、糖化酶等主要酶系活力高的特点,制成的曲质量好,不受季节性限制,可以常年生产,制曲周期由 15~21 d 缩短到 3~4 d。制成品的感官、理化和卫生指标均能达到优质毛霉型豆豉的质量标准。

纯种毛霉制曲,大豆蒸煮出锅,冷却至 30℃,接种纯种毛霉种曲 0.5%,拌匀后入室,装入已杀菌的簸箕内,厚 3~5 cm,保持品温 23~27℃。入室 24 h 左右,豆粒表面有白色菌点,36 h 豆粒布满菌丝略有曲香;48 h 后毛霉生长旺盛,菌丝直立,由白色转为浅灰色,此期间温度极易升高,应采用开启门窗翻曲等措施降低温度,使品温不超过 31℃。3 d 后毛霉生长减弱,菌索部分倒毛,孢子大量生成,把曲染成灰色即可出曲。筛取部分成熟的毛霉孢子,在40℃以下烘干,备作下批豆豉曲制作的菌种,可省去种曲的制备。

(3)细菌制曲 水豆豉及一般家庭制作豆豉大都采用细菌制曲,多在寒露之后春分之前制曲。家庭小量制作时,大豆水煮,捞出沥干,趁热用麻袋包裹,保温密闭培养,3~4 d 后豆粒布满黏液,可牵拉成丝,并有特殊的豆豉味即可出曲。

较大量的水豆豉制曲时,常采用豆汁和熟豆制曲。豆汁制曲是把煮豆后过滤出的豆汁放于敞口大缸中,在室温下静置陈酿 2~3 d,待略有豉味产生时搅动一次;再静置培养 2~3 d,豉味浓厚并微有氨气散出,以筷子挑之悬丝长挂,即成豉汁。

熟豆制曲是在竹箩中进行,箩底垫以 10 cm 的新鲜扁蒲草。扁蒲草俗名豆豉叶,茎短节密而扁,匍匐生长,叶似披针,肉质肥厚,表面光滑,保鲜力强,能充分保持水分,使豆粒表面湿润。在扁蒲草上铺上 10~15 cm 厚的熟豆,表面再盖 10 cm 左右的扁蒲草,入培养室培养。培养 2~3 d 后翻拌一次,再继续培养 3~4 d 即成熟。成熟的豆豉曲表面有厚厚一层黏液包裹,并有浓厚的脂香味。因为竹箩体积大,制曲入箩的豆也不多,豆粒含水量又大,制曲过程中温度不易升得过高,只能在室温下徘徊。室温 20~23℃时,制曲时间需要 6~7 d,若一批接着一批生产,可利用上批生产的豉汁为菌母,进行人工接种培养,接种量为 1%,这样可以大大缩短培养时间。

无论是豆汁制曲还是熟豆制曲,它们都是利用空气中落入的微生物及用具带入的微生物自然接种繁殖而完成制曲过程的。体系中微生物区系复杂,枯草杆菌和乳酸菌是占优势的菌群。

3 制醅发酵

豆豉制曲方法不同,产品种类繁多,制醅操作也随之而异,分别介绍如下。

3.1 米曲霉干豆豉

(1)水洗 目的在于洗去豆豉表面附着的孢子、菌丝和部分酶系。因为豆豉产品的特点,要求原料的水解要有制约,即大豆中的蛋白质、淀粉能在一定的条件下分解成氨基酸、糖、醇、酸、酯等以构成豆豉的风味物质,经过水洗去除菌丝和孢子可以避免产品有苦涩味。同时洗去部分酶系后,当分解到一定程度继续分解受到制约,使代谢产物在特定的条件下,在成形完整的豆粒中保存下来,不致因继续分解,而使可溶物更多从豆粒中流失出来,造成豆粒溃烂、变形和失去光泽,因而能使产品保持颗粒完整、油润光亮的外形和特殊的风味。

将成曲倒入盛有温水的池中,洗去表面的分生孢子和菌丝,然后捞出装入筐中用水冲洗至成曲表面无菌丝和孢子,且脱皮甚少。整个水洗过程控制 10 min 左右,避免因时间过长豆豉曲吸水过多而造成发酵后豆粒容易溃烂。水洗后成曲,水分在 33%~35%。

(2)堆积吸水 水洗后将豆曲沥干、堆积,并向豆曲间断洒水,调整豆曲含水量在 45% 左右。水分过高会使成品脱皮、溃烂,失去光泽;水分过低对发酵不利,成品发硬,不酥松。

(3)升温加盐 豆曲调整好水分后,加盖塑料薄膜保温。经过 6~7 h 的堆积,品温上升至 55℃,可见豆曲重新出现菌丝,具有特殊的清香气味,即可迅速拌入食盐。

(4)发酵 成曲升温后加入 18% 的食盐,立即装入罐中至八成满。装时层层压实,盖上塑料薄膜及盖面盐,密封置室内成室外常温处发酵,4~6 个月即可成熟。

(5)晾豉 将发酵成熟的豆豉分装在容器中,放置阴凉通风处晾干至水分在 30% 以下即为成品。

3.2 米曲霉调味湿豆豉

(1)晾晒扬孢 将成曲置于阳光下晾晒,使水分减少便于扬去孢子,避免产品有苦涩味。在晾晒过程中紫外线照射可以消灭成曲中的有害微生物,有利于制醅发酵。成曲晒干后扬去孢子备用。

(2)装坛 与食盐、香料等混匀,加入晒干去衣的成曲拌匀,装入缸中置阳光下。待食盐溶化,豉醅稀稠适度即可装坛。

(3)原料配比 大豆 100 kg,西瓜瓤汁 125 kg,食盐 25 kg,陈皮丝、生姜、茴香适量。

(4)发酵 豉醅装坛后密封置室外阳光下发酵 40~50 d 即可成熟,成品即西瓜豆豉。以其他果汁或番茄汁代替西瓜瓤汁即为果汁豆豉、番茄汁豆豉。

3.3 毛霉型豆豉

(1)拌料 将成曲倒入拌料池内,打散加入定量食盐、水,拌匀后浸焖 1 d,然后加入白酒、酒酿、香料等拌匀。

(2)发酵 将拌匀后的醅料装坛或浮水罐中,装时层层压实至八成满,压平,盖塑料薄膜及老面盐后密封。用浮水罐装的不加老面盐,加上倒覆盖,罐沿加水,经常保持不干涸,每 7~10 d 换 1 次水,以保持清洁。用浮水罐发酵的成品最佳。装罐后置常温处发酵 10~12 个月即可成熟。

(3)原料配比 大豆 100 kg,食盐 18 kg,白酒 3 kg(体积分数 50% 以上),酒酿 4 kg,水 6~10 kg(调整醅含水量在 45% 左右)。

3.4 细菌型水豆豉

先洗净浮水坛,准备好原料。老姜洗净刮除粗皮,快刀切细至米粒大小的姜粒。花椒去

除籽和柄,选择干净、个头较小、肉质结构紧密的腌制萝卜晒蔫、洗净,快速切成豆大的萝卜粒。按 20 kg 黄豆的豆豉曲、40 kg 豉汁、15 kg 萝卜粒、2 kg 姜粒、8 kg 食盐、50 g 花椒的比例配料。将食盐投入豉汁,搅动使全部溶解,再按豆豉曲、花椒、姜粒、萝卜粒的顺序一一投入,入浮水坛。入坛后盖上坛盖,掺足浮水,密闭发酵 1 个月以上则为成熟的水豆豉。

3.5　无盐发酵制醅

以上的醅中均加入一定量的食盐,起到防止腐败和调味的作用。由于醅中大量食盐的存在抑制了酶的活力,致使发酵缓慢,成熟周期长。采用无盐制醅发酵摆脱了食盐对酶的活力的抑制作用,发酵周期可以缩短到 3～4 d,同时利用豆豉曲产生的呼吸热和分解热可以达到防止发酵醅腐败的温度。

(1)米曲霉无盐发酵　成曲用温水迅速洗去豆粒表面的菌丝和孢子,沥干后入拌料池,洒入 60℃ 左右的热水至豆曲含水量为 45% 左右。立即投入保温发酵罐中,上盖塑料膜后加盖面盐,保持品温在 55～60℃,56～57 h 后出醅入拌料中,加入 18% 的食盐,拌匀装罐或装入其他容器内,静置数日待食盐充分溶化均匀即可。如无保温发酵容器,成曲拌入热水至含水量为 45% 左右,并加入 4% 的白酒,加塑料薄膜及其他保温覆盖物,促使堆积升温,56～72 h后即可再拌入 18% 食盐。加白酒的目的是预防自然升温产生腐败。

(2)毛霉曲无盐制醅　成曲测定水分,加 65℃ 热水至含水量 45%,加入白酒、酒酿,迅速拌匀,堆积覆盖使其自然升温或入保温发酵容器中,保持品温 55～60℃,56～57 h 后,加入定量食盐即得成品。

3.6　团块豆豉

团块豆豉的制曲和发酵同时进行。大豆经浸泡蒸煮后,熟豆趁热放于石臼中捣制或用粉碎机粉碎成豆泥,同时加入香料及质量为干豆子质量 6%～8% 的食盐,拌和均匀。把豆泥捏制成卵圆形的团块,每块湿重约 250 g。整齐地排列在篾制的篓内,篓底垫上一层薄薄的稻草,装好后表面再盖一薄层稻草。

把装好团块的篾篓移入培菌室,将室温控制在 25℃ 左右,保持室内湿度为 90% 以上,培养 4～5 d 时团块面就可以形成浆液层,长出散点状的菌斑,这时便逐渐开启门窗通风,以降低湿度,使面团表面逐渐干燥,使菌从内部深入,再经过 5～6 d 培菌结束。

在培菌过程中 pH 较低,霉菌和酵母在团块表面生长占优势,随着培养时间的延长,pH 逐渐升高,霉菌生长受到抑制,细菌取代霉菌,成了占优势的种群,团块内部的发酵基本上是由细菌所控制。

通过培菌发酵的豆豉团块,再经过烟熏更有利于贮放和显著提升香味。烟熏的方法是将豆豉团块整齐排列在稀孔篾箅上,架于烟塘之上。塘内以锯末或木柴生烟,以生柏桠升烟最为理想。间歇熏烟可以使水分缓缓蒸发,水分析出、吸收交替的过程可以把烟气成分带入团块内部,有利于熏心,同时低温烟中苯并芘的含量低,可以避免致癌物质导入成品。因此,最好每日烟熏 3 次,每次熏 90 min 共熏 3～4 d。掌握"见烟不见火"的原则,把熏烟温度控制在 35℃ 以下。经过烟熏的团块豆豉,可以敞放保存 3～4 个月,团块豆豉食用前应洗净烟尘,切细成小块,煎炒或蒸煮作为菜肴。

4　洗曲

豆豉成曲附着许多孢子和菌丝,若不清洗直接发酵,则产品会带有强烈的苦涩味和霉味,且豆豉晾晒后外观干瘪,色泽暗淡无光。但洗曲时应尽可能降低成曲的脱皮率。豆豉的洗涤方法有两种。

人工洗曲:豆曲不宜长时间浸泡在水里,以免含水量增加。成曲洗后应使表面无菌丝,豆身油润,不脱皮。

机械洗曲:将豆曲放在铁制圆筒内转动,使豆粒互相摩擦,洗去豆粒表面的曲菌;洗涤后的豆豉,用竹箩盛装,再用清水冲洗 2～3 次即可。

5　发酵与干燥

豆曲经洗曲之后即可喷水、加盐、加盖、加香辛料,入坛发酵。拌料后的豆曲含水量达 45％左右为宜。

发酵容器最好采用陶瓷坛,装坛时豆曲要装满,层层压实,用塑料薄膜封口,在一定温度下进行厌氧发酵。在此期间利用微生物所分泌的各种酶,通过一系列复杂的生化反应,形成豆豉特有的色香味。这样发酵成熟的豆豉即为水豆豉,可以直接食用。水豆豉出坛后干燥,水分含量降至 20％左右,即为干豆豉。

6　豆豉的质量标准

豆豉的感官指标和理化指标分别见表 9-4、表 9-5。

表 9-4　豆豉的感官指标

项目	指标
色泽	黄褐色或黑褐色
香气	具有豆豉特有的香气
滋味	鲜美、咸淡适口、无异味
体态	颗粒状,无杂质

表 9-5　豆豉的理化指标

项目	豆豉	干豆豉
水分/(g/100 g)	≤45.00	≤20.00
总酸(以乳酸计)含量/(g/100 g)	≤2.00	≤3.00
氨基酸态(以氮计)含量/(g/100 g)	≥0.60	≥1.20
蛋白质含量/(g/100 g)	≥20.00	≥35.00
食盐含量/(g/100 g)	≤2.00	—

[知识拓展]

1 纳豆的生产工艺

起源于中国古代,自秦汉(公元前221—公元220年)以来开始制作,由黄豆通过纳豆菌(枯草杆菌)发酵制成豆制品,具有黏性,气味较臭,味道微甜,不仅保有黄豆的营养价值、富含维生素 K_2、提高蛋白质的消化吸收率,更重要的是发酵过程产生了多种生理活性物质,具有溶解体内纤维蛋白及其他调节生理机能的保健作用。富含多种营养素,常吃可以预防便秘、腹泻等肠道疾病,提高骨密度,预防骨质疏松,还可以双向调节血压,溶解陈旧血栓斑块,调节血脂,能消除疲劳,综合提高人体免疫力。

纳豆是日本一种历史悠久的传统大豆发酵食品,是将大豆煮熟后,接入纳豆菌经繁殖发酵后而形成的外表带有一层薄如白霜的纳豆菌的发酵食品。

纳豆芽孢杆菌是此种发酵作用的必需微生物。纳豆芽孢杆菌在分类学上属于枯草芽孢杆菌纳豆菌亚种,为革兰阳性菌,好氧,有芽孢,极易成链。

纳豆具有降低胆固醇,促进消化,软化血管,增强免疫力,预防癌症、高血压、血栓症以及延缓衰老,提高脑力和记忆力等功效。如纳豆菌可杀死霍乱菌、伤寒病菌、大肠杆菌O157:H7等,起到抗生素的作用;纳豆菌还可以灭活葡萄球菌肠毒素,因此食用纳豆有强身壮体防病的作用。

1.1 工艺流程

精选大豆 → 清洗 → 浸泡约12 h、沥干 → 蒸煮 → 冷却、接种纳豆菌 → 发酵

成品纳豆 ← 检验 ← 后熟 ← 打码 ← 包装 ← 4℃放置1 d

1.2 操作要点

(1)将大豆彻底清洗后用3倍量的水进行浸泡。浸泡时间是夏天8~12 h冬天20 h。以大豆吸水质量增加2~2.5倍为宜。

(2)将浸泡好的大豆放进蒸锅内蒸1.5~2.5 h,或用高压锅煮10~15 min。在实验室也可用普通灭菌锅在充分放气后,121℃高温高压处理15~20 min。以豆子很容易用手捏碎为宜,宜蒸不宜煮,煮的水分含量太多。

(3)在大豆被蒸熟前,在浅盘中铺好锡箔纸,用筷子等尖细物在锡箔上打多个气孔,灭菌备用。搅拌时所用的橡胶手套也要用开水灭菌。

(4)大豆蒸熟后,不开蒸锅的盖子,直接倾去锅内的水。将蒸锅的大豆无菌转移到灭菌盆或罐内,立即盖盖,以免杂菌污染。

(5)在已灭菌的杯中用10 mL开水溶解盐(约0.1%)、糖(约0.2%)和0.01%纳豆芽孢杆菌(或市售纳豆发酵剂,可按其说明使用)。如果觉得体积太小,不易均匀喷洒于大豆中,

也可用 20～30 mL 的水。将混合液喷洒于大豆中搅拌均匀。

（6）把接种好的大豆均匀地平铺于铺好菌的锡箔纸上，厚 2～3 cm，不宜太厚。将锡箔纸折过来（或用另种锡箔纸）铺盖于豆层上面。若没有锡箔纸或不想用这种铺法，也可在笼屉、高粱秆盖帘等上下可充分透气的盛具上先铺一层绢纱或食品尼龙纱（事先蒸煮灭菌），然后在上面再铺接种好发酵剂的大豆，厚 2～3 cm，上面也盖上一层纱。

（7）37～42℃培养 20～24 h。也可以在 30℃以上的自然环境中发酵，时间适当延长。当发酵结束后，揭掉锡箔纸或纱时，会看到豆子表面部分颜色发灰，室内飘满纳豆的芳香。稍有氨味是正常的，但氨味过于强烈，则可能有杂菌生长。

（8）发酵好的纳豆，还要在 0℃（或一般冷藏温度）保存近 1 周进行后熟，便可层现纳豆特有的黏滞感、拉丝性、香气和口味，要增进纳豆的口味，必须经过后熟。如果冷藏时间过长，产生过多的氨基酸会结晶，从而使纳豆质地有起沙感。因此，纳豆成熟后应该进行分装冷冻保藏。

1.3 纳豆的营养价值

纳豆的原料是大豆，大豆本身就是含有高蛋白的营养食品，所以纳豆也是有营养的豆类食品之一。

纳豆是煮熟的食品，但它比煮熟的大豆蛋白质、纤维、钙、铁、钾、维生素 B_2 的含量都高，特别是纤维、钙、铁、钾的含量甚至超过了通常公认的营养价值高的鸡蛋，但纳豆的维生素 A 和维生素 C 的含量为零，而煮熟的豆角可以补充纳豆这方面的缺陷，所以纳豆与豆角或其他在营养上可以互补的食品一起吃更好。

纳豆在制作过程中，原料大豆所含的氨基酸、高蛋白不仅没有减少、破坏，反而由于发酵将大豆蛋白质分解，使纳豆的消化率（85%）比煮熟的大豆（68%）还高，因而营养也更容易吸收了。具体地说，在 100 g 食品的可食部分的营养中，纳豆比煮熟的大豆的蛋白质高 0.5 g，纤维高 0.2 g，钙含量高 20 mg，铁含量高 1.3 mg，钠含量高 1 mg，钾含量高 90 mg，维生素 B_2 含量高 0.47 mg。

纳豆含有大量的皂苷素，由于纳豆比大豆容易消化，所以纳豆里的皂苷素比大豆里的更容易为人体吸收。皂苷素是一种遇水便溶解、遇热便分解的物质，因此，在豆腐、豆浆中含量很少。皂苷素不仅能够改善便秘，还可以减少血脂、预防大肠癌、降低胆固醇、软化血管、预防高血压和动脉硬化、抑制艾滋病毒等。

纳豆里还含有很多对人体有益的酶，如过氧化物歧化酶（SOD）、过氧化氢酶等。由于经过发酵，纳豆里还含有游离的异黄酮类物质，该物质和上述酶一样，对活性氧（自由基）具有很强的解毒作用，因而对人体抗癌、防止老化有效。

纳豆黏液里含的吡啶二羧酸，对痢疾杆菌、O157 原发性大肠杆菌、伤寒沙门菌等，都有强烈的抑制作用。

2　丹贝

2.1　概述

丹贝是印度尼西亚的传统食品,是大豆经浸泡、脱皮、蒸煮后,接入霉菌,在37℃下于袋中发酵而成的带菌丝的黏稠状饼块食品。

发酵过程是由根霉属的霉菌(少孢根霉、葡枝根霉、米根霉和无根根霉)完成的,其中以少孢根霉发酵为最好,它能发酵蔗糖,有很强的分解蛋白质和脂肪的能力,能产生诱人的风味。

2.2　丹贝的生产工艺

2.2.1　传统丹贝生产工艺

传统丹贝生产工艺流程如下:

大豆 ⟶ 选豆 ⟶ 清洗 ⟶ 浸泡 ⟶ 脱皮 ⟶ 蒸煮大豆 ⟶ 香蕉叶包裹 ⟶ 发酵

灌装成品 ⟵ 胶体磨浆 ⟵ 蒸煮灭菌 ⟵ 配料混合 ⟵ 磨酱

(1)原料及处理

①原料的要求　制造丹贝对原料没有特殊要求,但最好选用油脂含量低,蛋白质和糖含量高的大豆。

②浸泡　一般大豆在冬季浸泡12 h,在夏季6～7 h。在气温高于30℃的季节,为了防止细菌繁殖,在浸泡大豆的水中添加0.1%左右乳酸或白醋,降低浸泡液pH至5～6,或在浸泡液中添加乳酸菌,使其在浸泡过程中产生乳酸。较低pH适合于少孢根霉生长。

③去皮　大豆的吸水量一般达到大豆质量的1～2倍,将吸水后的大豆放在竹篓中,脚踏或置于流水中强力搅拌,尽量除掉皮。

④蒸煮　将脱皮后的大豆放在100℃水中煮60 min左右,然后将煮熟的大豆捞起,放在容器中摊开,使表面水分蒸发,同时进行冷却。当熟大豆温度降至90℃时,拌入1%的淀粉,并充分混合,使部分淀粉糊化,以促进霉菌发育。

(2)接种发酵菌

方法1:制备孢子悬液或孢子粉。将少孢根霉接种在斜面培养基上(培养基应含有大豆提取物、硫酸镁、碳酸钙、葡萄糖、自来水和琼脂),在25～28℃下培养7 d时,产生大量的孢子囊,然后用2～3 mL无菌水把这些孢子囊从斜面上冲洗下来,制成孢子悬液接种;或把这些孢子从斜面上刮下来,冷冻干燥成孢子粉,用于接种。

方法2:将少孢根霉接种在米粉、细麦麸、米糠等物料上。在28～32℃下培养3～7 d,然后冷冻干燥制成种曲粉。接种量要视孢子悬液和种曲粉中活孢子数而定,一般情况下100 g

原料约接种孢子 10^6 个。

（3）发酵

①发酵条件　丹贝发酵的最佳温度为 30～33℃。丹贝的发酵时间随发酵温度而定，一般说来，温度高，发酵时间短；温度低，发酵时间长。在 35～38℃ 下发酵时间需 15～18 h；在 32℃ 下需 20～22 h；在 28℃ 下需 25～27 h；在 25℃ 下则需 80 h。

②发酵容器　传统方式多采用香蕉叶，而现在则多采用打孔的塑料袋（盘）、打孔加盖的金属浅盘、竹筐等，孔径为 0.25～0.6mm，孔距为 1.2～1.4mm。小孔的作用是排除丹贝发酵过程蒸发出的过量水分，同时小孔也是气体扩散的通道。装好发酵物料的塑料袋或金属浅盘一定要扎口或加盖，否则物料表面的水分会大量蒸发，影响少孢根霉的生长。同时由于物料大面积与空气接触，过量的氧可以使孢子较早形成，致使产品变黑，影响外观。

③物料厚度　丹贝的发酵袋、盘或其他容器所装物料的厚度一般 2～3 cm，若太薄则占用较多的发酵器具，太厚则造成中间发酵不充分，菌丝因缺氧不能很好地生长，易产生"夹生"现象。

2.2.2　现代加工工艺

丹贝现代加工工艺流程如下：

大豆筛选、清洗 → 热处理 → 机械去皮 → 浸泡（1%乳酸 pH 4.0～5.0）→ 沥干

成品 ← 油炸 ← 加辅料 ← 切片 ← 恒温培养 ← 装盘 ← 接种霉菌发酵剂 ← 冷却

参考文献

[1] 杨昌鹏. 发酵食品生产技术[M]. 北京:中国农业出版社,2014.

[2] 赵长富. 发酵食品生产技术[M]. 北京:中国农业大学出版社,2014.

[3] 刘冬. 发酵工程[M]. 2版. 北京:高等教育出版社,2013.

[4] 杨国伟. 发酵食品加工与检测[M]. 北京:化学工业出版社,2011.

[5] 徐凌. 食品发酵酿造[M]. 北京:化学工业出版社,2011.

[6] 余乾伟. 传统白酒酿造技术[M]. 2版. 北京:中国轻工业出版社,2017.

[7] 张惟广. 发酵食品工艺学[M]. 北京:中国轻工业出版社,2013.

[8] 刘明华. 食品发酵与酿造技术[M]. 武汉:武汉理工大学出版社,2011.

[9] 蒋煜. 浅谈基础发酵食品深加工[J]. 民营科技,2018(07):69.

[10] 贾金滢,杨立风,刘光鹏. 微生物在食品加工中的应用[J]. 食品研究与开发,2018,39(11):214-219.

[11] 傅航,余健霞. 乳酸菌发酵在食品加工中的应用[J]. 黑龙江科技信息,2017(13):44.

[12] 蒋煜. 浅谈基础发酵食品深加工[J]. 民营科技,2018(07):69.

[13] 贾金滢,杨立风,刘光鹏. 微生物在食品加工中的应用[J]. 食品研究与开发,2018,39(11):214-219.

[14] 傅航,余健霞. 乳酸菌发酵在食品加工中的应用[J]. 黑龙江科技信息,2017(13):44.

[15] 杨道文. 啤酒标生产加工工艺要点[J]. 广东印刷,2012(01):33-35.

[16] 李培辰. 绿色啤酒麦芽加工工艺研究[J]. 中国新技术新产品,2009(18):118.

[17] 王同军. 米醋的加工技术[J]. 科学种养,2013(08):57-58.

[18] 周钰欣. 五种食醋质量及香味物质特征分析研究[D]. 西北农林科技大学,2014.

[19] 宗强. 白酒专家点评川酒新品[N]. 中国企业报,2015-12-08(023).

[20] 刘丽军. 白酒加工工艺中投水量对淀粉糊化度的影响[J]. 中外企业家,2014(06):218+257.

[21] 王红,彭瑾,朱宽正,等. 白酒塑化剂危害及应对措施[J]. 中国卫生检验杂志,2014,24(04):601-606.

[22] 卢中明,沈才洪,张宿义,等. 白酒标准现状及发展研讨[J]. 酿酒科技,2010(12):96-98.